神秘事典

外星人就隐藏在我们身边

《飞碟探索》编辑部 / 主编

敦煌文艺出版社

图书在版编目（CIP）数据

神秘事典：外星人就隐藏在我们身边 / 《飞碟探索》
编辑部主编. —— 兰州：敦煌文艺出版社，2015.1
　　ISBN 978-7-5468-0800-0

Ⅰ．①神…　Ⅱ．①飞…　Ⅲ．①地外生命 - 普及读物
Ⅳ．①Q693-49

中国版本图书馆CIP数据核字（2015）第004158号

神秘事典：外星人就隐藏在我们身边

《飞碟探索》编辑部　主编

出　版　人：吉西平
责任编辑：董宏强
选题策划：祁　莲　南蓓蓓
特约编辑：卞　婷
封面设计：壹诺设计

敦煌文艺出版社出版、发行

本社地址：（730030）兰州市城关区读者大道568号
本社邮箱：dunhuangwenyi1958@163.com
本社博客（新浪）：http://blog.sina.com.cn/lujiangsenlin
本社微博（新浪）：http://weibo.com/1614982974
0931-8773084（编辑部）　　0931-8773235（发行部）

小森印刷（北京）有限公司
开本 787 毫米×1092 毫米　1/16　印张 23　插页 2　字数 350 千
2015 年 6 月第 1 版　　2015 年 6 月第 1 次印刷
印数：1～10 000

ISBN 978-7-5468-0800-0
定价：38.00元

目 录

第四辑

真实
or谎言

未被承认的真相

第一辑

发往宇宙的漂流瓶

文_苏逸平

深邃迷人的美丽星空，是人类自有文明以来无时无刻不着迷的对象。自从天文学家告诉我们宇宙有多么遥远、壮美之后，"和外星人联系"便成了许多人的梦想。在浩瀚宇宙的无限星系中，是不是有着和人类一样聪明、一样拥有文明的智慧生物呢？

其实，在无限宽广的太空之中，已经有了一封送给外星人的信。此刻它正静静地以令人难以想象的飞快速度在星空中驰骋。如果有一天，真的有外星文明的智慧生物捡到它，就可以传递地球人"走入星际交流"的美梦。

这样的一封信，当然不是平常那种封了信封、贴上邮票的信。它位于一艘无人太空船——"先锋10号"的外壁上，是一封用金属镌刻而成的图示信息。在图的右方镌刻着一男一女，伸手做出打招呼的友善手势；左方则清楚地标示着太阳在银河中的方位，以及地球在太阳系中排行第三的位置。

携带这封信的信差——"先锋10号"，是第一艘离开太阳系的人造物体，它是NASA在1972年3月2日发射升空的无人太空船。它创下的纪录包括：第一个拍摄到木星特写镜头；第一个安然通过火星与木星之间有如地雷区般的小行星带。

1985年6月13日，这艘短小精悍的太空船，更飞越了当时距离太阳最远的海王星，成为第一个离开太阳系的人造物体。它当时的速度高达每秒14千米，创下了有史以来人造物体的最快速度，也是人类文明史上一项历史性的新纪录。

目前，"先锋10号"正稳定地向宇宙远方而去。2001年4月28日，天文学家仍然接收到来自"先锋10号"的极其微弱的讯号。当时太空船距离地球117.3亿千米，几乎是太阳和冥王星之间的距离——59亿千米的两倍。期待有一天，它能够真正将信息传到外星生命的手中。

西方的文学中，常常有漂流瓶的浪漫情节：浩瀚大海中，将一封信放入瓶中漂流，等待有朝一日被有缘人拾获。

在无尽的宇宙中，"先锋10号"扮演的就是这样的角色。我们希望有一天，真能出现电影中的浪漫结局，使它成为我们和外星文明联系的重要信差。

UFO，敌人？朋友？！

文_陶　晶

据"解密"计划报告说，一些供职于美国战略空军指挥部的军事和情报目击者，以及其他一些核专家已经自愿提供UFO真实存在的证据，并表示对我们所拥有的核武器的担忧。

此项计划已经获得了许多由熟知内幕的人士提供的第一手证据，这些确凿的证据证明，UFO至少从20世纪50年代开始，就已经监视我们的核设备了。但UFO并非心存敌意，很清楚的一点是，它们非常关注人类的大规模毁灭性武器。据统计，UFO在美国战略空军指挥部核发射区的上空，曾使超过一打的洲际弹道导弹脱机。

陆军上校德瓦尼·阿尼松说："我是玛尔斯特姆空军基地的空军第二十师最高机密管理官员，我曾经看过一条从我们的通信中心发送来的信息。信息上说，在地下飞弹发射室附近发现了一个UFO。它是一个类似金属质地的圆形物体，据我所知，所有的导弹都被迫关闭了系统，停止了运转，所以它们无法恢复到发射模式状态。"

罗伯特·萨拉斯上尉（战略空军指挥部导弹发射执行官员）说："UFO事件发生于1967年3月16日上午，在奥斯卡航线，五个发射控制设备之一分派给战略导弹空军490中队。我接到一个我的上层安全警卫打来的电话，说他和另外几个警卫发现一些奇怪的光在发射控制设备上空盘旋。我说，你的意思是UFO吗？他说，

他并不知道它们到底是什么，但是它们发出光芒并且在盘旋。它们不是飞机，也不是直升机，它们不发一点儿声响。片刻之后，我们的导弹一个接一个地停止运行。我的意思是导弹进入了一种'不能使用'的状态，它们都不能被发射了。这些导弹是'民兵1号'导弹，都是尖端装有核弹头的导弹。战略空军指挥部非常关注这个事件，因为他们对此无法做出解释。"

陆军上校罗斯·戴德里克森（美国空军原子能委员会）说："从美国空军退役后，我加入了波音公司，负责报道所有'民兵'导弹的核舰队。在这个事件中，他们的确拍到了UFO跟踪正在升空的导弹，并向其发射了一束光线使之失效的画面。我还知道一些诸如两三个核武器进入太空后被外星人摧毁之类的事件。

"我们的政府发射了一枚将在月球表面爆炸的核武器。当该武器飞向月球时，外星人摧毁了它。显然，地球上任何政府的太空爆炸计划都不被外星人接受。事实一次又一次地证明了这一点。"

罗伯特·雅各布教授（美国空军1369摄影中队中尉）说："我们对将用于定点发射核武器的弹道导弹进行试验，我的任务是监测在西部试验区域内每一个失效导弹的拍摄仪器……画面上出现了一些东西，当它飞入画面的时候，向弹头发射了一束光。现在我还记得，所有的导弹都以每小时几千千米的速度飞驰，所以这个东西对着弹头发射了一束光，击中了弹头，弹头便翻滚跌落于空中。这个物体以每小时1.7万千米～2.2万千米的速度飞向别处。"

哈兰德·本特利先生说："我在进行一项研究核工程学的项目，并且从1963年以来一直按合同工作。我是在加利福尼亚州的一个机构从事机密工作，对此我不想说太多。1967年或1968年，我们的宇航员正在做一个环绕月球的飞行，我听他们说，他们看到一个'妖怪'：它是另一种类型的飞船，有大门可以看到里面。他们能够看到某种形态的生物，但他们并没有描述这些生物，只是拍了图片。他们说，它是一个碟状的飞行器。他们还说，当他们飞向那里时，它立刻消失得无影无踪。"

"解密"计划是一个非盈利性的研究机构和公众兴趣团体，已经有上百个来自军队、情报、政府和公司的目击者加入其中了。

震惊！有关UFO的民意调查

文_赵 群

在典型的外星人劫持案中，当事人都说自己被某种神秘的力量麻痹并被带到一间小圆屋里，然后几个大眼睛、灰皮肤、无毛发、身材矮小的东西对他们进行一番检查和研究。这些检查往往是细胞组织取样、皮下植入，而且它们对当事人的生殖器及直肠似乎特别感兴趣。监督这种强制性检查的一般是一个看似女性的块头较大者。等到被劫持者清醒过来时会发现自己在床上或汽车里，完全不记得刚才的遭遇，而刚才的经历往往成为一段已经神秘消失的时间。

几百名被劫持者在接受精神病医生、心理学家和治疗专家催眠后，描述着同样的故事。这些被劫持者来自世界各地，有着不同的年龄、不同的性别和不同的种族。由于每一个被劫持者的记忆都是在催眠状态下才恢复的，所以一定还有更多的人遭遇过外星人，而自己不知道。

尽管外星人给被劫持者施予有效的记忆缺失，但还是有症状表现出来。可怕的记忆最终会形象地出现在这些人的梦里。事实上许多当事人都被告知，他们记忆中的劫持只是一场梦，但是一些特殊的临床症状还是泄露了他们不同寻常的经历。

哈佛大学医学院的精神病学教授约翰·曼克对这些症状很熟悉。他对被劫持者的详细研究，最早始于对现在被称之为"创伤后精神紊乱症"的临床接触。这些人的症状中，有的是做奇怪的噩梦，梦中有被劫持的片段；有的则是"小灰人"对自己全面检查的详细记忆。这种痛苦的记忆也发生在那些参加过越战的老兵身上，他们承受着战争中那些关于屠杀和死亡的痛苦记忆。而被劫持者不同，他们的记忆是个人化的，并且在很多情况下痛苦还在继续。对于这种症状的治疗，医生通过催眠来释放患者受抑的记忆。在十几年前，曼克医生就在一些寻求治疗的病人身上用过这种方法。那些病人总梦到大眼睛怪物，或被强迫进行身体检查。这种奇怪而可怕的噩梦折磨着他们，更糟糕的是他们的这些噩梦里还总是伴随着大段的记忆缺失。只有在催眠状态下，许多病人才能详细地回忆起类似的经历。曼克医生所接触的病人并没有编造那些记忆，也不想相信外星人的存在。这些病人首次描述他们的经历时，那些媒体还没有作为谈资来报道这类劫持事件。大多数病人只是单纯地想要摆脱那些噩梦，并对那些令他们恐惧、发疯的奇怪形象做出解释。

但是随着时间的推移，由治疗专家引荐给曼克医生的病人在不断增多，这些人在治疗过程中回忆起的事情令专家们感到不安。似乎很清楚的一点是，在美国周期性被"某人"或"某种东西"劫持并施以检查的人数越来越多，并且是从他们童年时就开始了。和曼克医生一起从事研究的罗伯特·毕格鲁，记录了这些被劫持者的所有情况。令他好奇的是，究竟是什么样的人会被选为典型的劫持对象？

罗波尔调查公司

美国人口分布广泛。据官方统计，这个具有3亿5千万人口的"大熔炉"，是由不同种族、文化、年龄和经济阶层的人构成的。想用传统的随机取样的方法，来发现被劫持者的共同特征都是相当艰巨的任务。

总部设在纽约的罗波尔调查公司，花了很多的时间来确定民意调查的对象。他们的统计数据不是简单地根据年龄、性别随机抽选的，而是根据最新人口普查数据反映出的每一个种族、政治派别和受教育程度的百分比来特别组合的。这样从相对较少的抽样调查者中，罗波尔调查公司就能确定整个社会族群的动向，同时他们的数据还经常能反应这些族群微妙的心理变化。

1992年他们把自己的一些特别问题加到三份针对不同人群的调查问卷中，旨在不透露调查意图的情况下，了解美国人被外星人劫持的人数和其他情况。

巧妙的设计

因为大部分UFO劫持案都牵扯到记忆缺失这个环节，所以调查公司的组织者意识到，他们不能直接问被调查者是否遭遇过外星人劫持。同样的，由于调查是以面对面直接提问的方式进行的，所以被询问的人也有可能担心，如果承认事实的话会被认为是疯了。其实，被劫持者甚至是在恢复那段记忆之前就记得某些事情，虽然发生在他们身上的事情不为一般人所认同。

因此，组织者罗伯特·毕格鲁同那些治疗过被劫持者的专家们共同拟定了一份"确定指标项"，并将它们掺杂到诸如肥皂的香味、番茄酱的甜度等一些问题的调查当中。

但是，那个"确定指标项"会使毕格鲁和他的研究组确信，他们能区分出哪些是真正遭遇过外星人劫持的人，哪些是想象力过度的幻想。

测试还设计了一些检测被测者可信度的问题。例如："你是否记得看过或听到过'TRON-DANT'这个词（毕格鲁编造的词），并且知道它对你有特别重要的意义？"如果是肯定的回答，则被测者就会自动被排除在统计范围之外，不考虑他的其他回答。

令人吃惊的结果

这一调查的结果，令他们大吃一惊。

罗波尔调查了大约6000名有代表性的成年人（抽样误差仅在1.4%），其中有2%的人曾经遇到过一般UFO劫持案的大概经历。这一数据等于说，美国大约有3300万人遭遇过UFO劫持！仔细看看这些人的特别经历，你会发现他们都非等闲之辈。

报告的结果被秘密地分发给美国精神病协会的每一个成员。此后，它又为临床心理学家和治疗那些精神紊乱症的专家们提供了参考。

谁是被劫持的对象

罗波尔调查公司以前的统计数据表明，大约1%的美国成年人能被归于他们称之为"有影响的人"。他们的年龄在35岁~45岁之间，收入高于平均水平，且有一定的社会地位和政治权利。他们是"潮流的领衔人物"，界定着普遍承认的道德品行和公共政策。他们是领导者，而非跟随者。罗波尔的调查通常是集中在这批非常注重自己观点的人群身上。新的调查结果表明，这些"领衔人物"中似乎有相当多的人遭遇过此类劫持。

罗波尔是从以下问题着手此次调查的：

你见过鬼吗？

你感觉到，似乎你像是离开过自己的身体的情况吗？

你见过不明飞行物吗？

你经历过醒来后不能动弹，却分明感觉有奇怪的人或什么其他东西在你的屋里的情景吗？

你记得你曾看到过确实在空中飞翔，尽管无法解释的情况吗？

你记得在屋里看见过不知道什么原因引起的不同寻常的光线或光球吗？

你记得无论是你小时候还是成年后见过的令你恐怖的东西，如怪物、巫婆、魔鬼或者邪恶的形象之类的东西，在你的卧室、壁橱或其他什么地方吗？

你是否经历过一段时间——如1小时——或更长一点的时间缺失现象吗？

你是否有过关于不明飞行物的活灵活现的梦境吗？

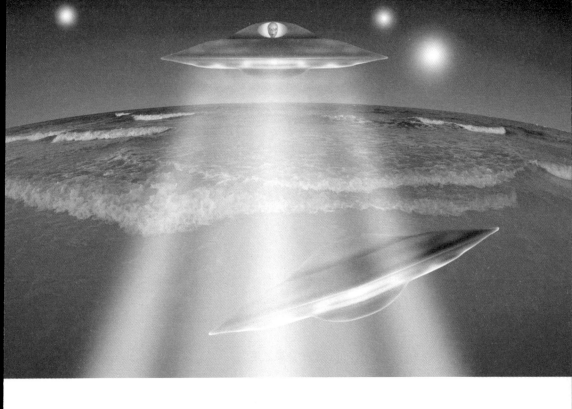

你发现过自己身上的一些令你困惑的疤痕，却不知道在哪儿弄的及怎么弄的吗？

但是，这一结果却是令人们意想不到的。它显示，发生过此类事情的人数远远超出调查者的预计，而且这些答案还来自一个较为可靠的群体中。

为什么劫持

报告表明，被劫持者的选定并没有性别和种族的界限，人数远远超出所期望的"有影响力的群体"。偏向受过更高教育、有着更好社会意识的人，可能仅仅是个巧合，或者这正好反映了外星人想测试这些人体特征中的基因潜质。

美国人有被劫持经历的人数，比专家预计的更多，这让人难以理解。因为如果3300万这个数字是真实的话，那么劫持发生的频率足以让人们有所注意。而且如果情况真是这样的话，则会有更多的人目击过劫持事件。然而，如果这些活动的"策划者"是非人类的更高级生命，那么它们的活动可能是没有办法被人类发现的。

　　注重对人体皮肤及生殖器官的取样，似乎说明它们对人类的生理结构和繁衍形式很感兴趣。如果这些研究是为了人类种族的利益，那么受害者所报告的强制性的侵犯和接下来的创伤后综合症就是令人怀疑的，尽管它们所施加的记忆缺失在很大程度上是成功的。这也证实了一个理论，即劫持者对我们人类大脑的了解比我们自己更深入。也许它们对我们施加的种种手段，就像我们关注濒临灭绝的动物，并在拯救它们时使用镇静剂一样——劫持者对我们人类有类似的使命。

抹去心灵之疤

　　被劫持者通常会受到身体被侵犯过的折磨（类似被强奸），由于害怕还会引起相关的心理隔绝，这往往是被劫持记忆的持续作用。现实是被劫持事件很可能将来还会发生，这使事情更加复杂。约翰·曼克博士和其他治疗专家们都认为：有一点是很重要的，那就是理疗师们并不认为被外星人劫持的记忆是"发疯"的表现。他指出，对这些有过可怕经历的受害者的有效治疗是，认可他们被压抑的记忆，承认那一切都是真实的，无论理疗师个人相信与否。当病人说出他们的经历后，似乎就能在某种程度上恢复驾驭自己生活的能力。

外星人：用物理效应净化空气

文_傅民杰

　　早在44亿年前，地球上的生命是完全有规律而独立出现的，而地球和太阳系才形成于45.7亿年前。当然，这并不排除完全有另外一种可能，外星文明首次访问地球时，把从"时间窗口"的持续时间比我们地球还长的某一颗其他行星的云层中拿来的原始生命形式的水滴带到地球的云层中。不过，这种可能性极小，因为在这种情况下，外星文明未必只局限于把生命的"种子"播撒到地球上，还会把成熟的生命"种子"播撒到所有行星的云层中。当然，外星文明也访问过金星，发现金星大气中充满碳酸气，于是，用高科技手段将金星大气中的全部碳酸气除掉，可是，迄今为止，也没发现那里出现生命的痕迹。

　　外星人参与地球生命演化的历史遗迹，大概是在最近7.5亿年里被发现的。根据通过宇宙信息场从外星人那里获得的信息，外星人恰好是在约7.5亿年前访问过地球，如果外星人提供的这一信息不是假的。然而，能证明外星人参与过地球生命圈演化的证据是后来才被发现的，不过，这不取决于从外星人那里获得的信息，因为俄罗斯飞碟学家对出现在俄罗斯境内的阿尔汉格尔斯克尘埃和普列谢茨克尘埃的罕见现象进行了分析和研究，进而证实了上述推断。

　　据从莫斯科收到的来自阿尔汉格尔斯克州国民防卫机关、卫生防疫站、气象局等信息来源的报告，1983年12月15日8时~12时，在普列谢茨克区范围内降下大量深灰色尘埃，沉降面积达12800平方千米。

在此之前，从12月13日～15日，曾刮起一场暴风雪，不过，这场暴风雪几乎在大面积降尘之前就已经结束。根据当地国民防卫机关操作值班员的首次观测评估，这次大面积降尘范围约为2000平方千米，降尘层的厚度达4厘米。降尘时的气温为-6℃，西风5米/秒。在卡涅沃乡附近，有一个锥顶状广场被降尘覆盖，呈等边三角形，很像一个花瓣状，还带有单个斑点。另据卡尔戈波尔市区的国民防卫机关报告，那里的夹雪降尘面积达6000平方千米，沉降物厚度达6厘米。州执委会主席的第3个报告称，普列谢茨克区的降尘面积达5000平方千米。一架观测直升机起飞巡察，共发现1万平方千米范围的降尘区域。此外，还接到国民防卫总部发来的一份电报报告：自1983年12月15日7时～12时，在与科恩湖比邻地区，黑灰色降尘厚度达5厘米。经国民防卫机关工作人员用仪器对降尘检测表明，降尘没有放射性。另据目击者报告，在降尘期间，即便在白天也黑如深夜。

此外，还接到在1983年12月14日降尘之前对降尘区的观测报告，曾有一个光球与地面呈一定倾角飞向天空，在场的目击者有10人。因为1983年12月14日，该地区曾刮起暴风雪，那个光球是夜间在低于云层的高度被发现的。从卡尔戈波尔地区和科恩湖地区都能看见那个光球。在云层高度小于1.5千米的情况下，无论观测方位，还是距普列谢茨克宇宙发射场的距离（150千米），均排除了这是从普列谢茨克宇宙发射场发射火箭的可能。根据理论上的计算判断，在无降雪的情况下，只要高度不超过1.5千米，距离在138千米之内是能够看见那个光球的。这就是说，那个莅临这里的光球可能是实地侦察该地区的UFO。

要知道，在当地对沉降物的分析确定，沉降物中的有色金属紫铜和铅的含量高于极限允许标准。由于对这些大范围降尘的来源及其全部特性还尚不清楚，所以在降尘区进行了连续两周检疫。由国民防卫机关和卫生防疫站将收集的降尘样品送交几个科研所进行化验分析和研究。

由于这些降尘地区没有道路和居民点，所以对借助直升机巡察所测定的约10000平方千米的降尘面积的评估是最可信无误的。然而，这些降尘在地面上所形成的花瓣状外形，不符合小型核爆炸时沉降物所形成的放射性尘埃区的外形，要知道，这些大范围降尘在地面形成的外形较核爆炸扩散得相当快捷。因此可以断定，这些尘埃不可能是从某个点源被抛放和沉降下来的，而是从一个直径超过20千米~25千米的垂直的圆柱体中被抛放和沉降下来的。这一降尘在地面形成的花瓣状降尘带的总长度为160千米，这比发生核爆炸时的放射性核污染区要小得多。这说明，那个抛降尘埃的圆柱体的高度不大，它比核爆炸时产生的蘑菇云高度15千米~20千米要小得多。根据由地上核爆炸所决定的依从关系，在风速5米/秒的情况下，在1立方米大气中的大粒级尘粒数量为零，而在100千米距离内，从1526米高空沉降的尘粒直径为50微米~500微米。由于降尘成分不是由一种成分构成，因此可以认为，在科涅沃乡附近上空明显高于冬季降雪云层高度的1.5千米高度，那种载运尘埃物的神奇的圆柱形装置，对该地区进行了降尘。

如果地面降尘所形成的花瓣状降尘带的西部扇形弧角为44°，其最大宽度在距初始沉降点100千米距离内，那么，地面花瓣状降尘带的面积在其已知宽度80千米、长度160千米的情况下为10000平方千米。然而，这44°的扇形弧角不能让我们认为，这种尘埃的大密度抛降是在那个花瓣状扇形降尘带的顶尖位置的上空进行的，而且降尘只是在水平空气涡流的作用下，在尘埃物被运抵高度点抛降时扩散开来的。风速在11米/秒的情况下，如果降尘距离为160千米，那么降尘时间应为2.2小时，而降尘高度应为1.5千米，降尘速度应为0.65千米/小时，或18厘米/秒。以这种速度沉降的球状尘粒的密度为3克/cm³，尘粒直径为40微米。

很显然，运送和抛降尘埃的技术手段和工具绝不是我们地球上的技术所能完成的。在尘粒密度为1.5克/cm³的情况下，要容载下3亿吨这样的尘埃，则需要500万辆运煤车厢，这列车厢总长可达5万千米。由此看来，如果从这列运动速度为火箭速度3.5千米/秒的列车上卸载尘埃，其卸载速度应为2万吨/秒。

这一切究竟意味着什么？研究人员对来自空中的大范围降尘事件全面调查、取样分析和研究求证后认为，有"某人"借助某种高科技手段从某处收集了总量不少于3亿吨的尘埃状煤灰，并将它抛降到没有任何道路和居民点的地区。考虑到眼

下主要的煤炭需求者是那些位于市郊的大型火力发电站，这些电站通过自身的旋风离尘器和电动除尘器将锅炉燃烧时产生的粉煤灰扬尘的97%～98%回收。可是，在过去不少于18年的时间里，这些火力发电站已将数量如此巨大的粉煤灰排放到整个地球的大气层中。这就是说，有"某人"将这些被排放到地球大气层中的粉煤灰收集起来，然后长期存放在某个地方，再统一把它们变成高价硫酸盐，最后，为了某种目的再把这些收集后经化学处理的粉尘——高价硫酸盐运至普列谢茨克地区，用了4小时的时间将其抛降到地上。

通常，天空降尘是一种自然过程。尘埃要是只飘落到柜橱后面，或沉降到类似偏僻的地方及广阔地域，就会在那里形成黄土层，而不是以这种速度，也不是从整个地球上空沉降。只有智能生物或高智能生物才能对降尘的熵的过程产生影响。此外，还有"某人"在用硫酸对人类工业化活动排放到大气层中的这些粉尘进行化学处理。要做到这一点，需要5700万吨硫，这一需求量比世界硫的总产量还多，

1983年，全世界硫的总产量只有4500万吨。

要破解此谜，必须首先去研究一下全球性问题，在这些问题中才能找到对此谜的如下破解。根据反射光谱和借助向金星发射的行星探测器确认，金星的云层是由硫酸雨构成的，科学家们也开始在地球上寻找这种硫酸雨。实际上，科学家在地球大气层20±2千米的高空中发现了微薄的烟雾，这些烟雾就是由雾滴状硫酸雨组成的，其浓度高达60%。这种硫酸雨是由进入大气层的硫的氧化物（SO_2和SO_3）组成，并在不低于这一高度的大气层中富集。由于大气中的沉降物受到酸的"沐浴"，从而形成硫酸雨。在大气层中，这一高度的硫酸雨之所以具有如此高的浓度，是因为在硫酸具有极强的吸水性特点的情况下，这些硫酸雨的液滴在这一高度及气压的条件下，再也不能保持更大的水分。这些硫酸雨雾气能把来自太阳的百分之几的阳光反射回宇宙空间，因此减少了太阳常数。

处于目前间冰期阶段的太阳的气候稳定性很小，太阳常数又下降得相当大，为3%～5%。在悲剧理论中的一种分支理论认为，太阳已失去稳定性，它正在向第二个稳定态——冰期态过渡。前不久已确定，在这一过渡期内，地球北半球的一次冰期需持续15年，其后，在地球目前的温带地区的夏季里，雪不再融化。夏季不化雪的地区已扩展到欧洲、亚洲、北美洲等地区的北部，还有南北半球的高山地区。然后，这些地区在长达几千年乃至几万年的时间里，与永久冻土带接壤的周边地区将变成厚达2千米的冰川。

据1941年至1947年的测量资料，许多气象站对太阳常数的测定结果表明，二战前后，太阳常数有随时间下降的趋势。早在20世纪60年代，世界气候学家已对此表现出担忧和不安。可是，到了1968年，太阳常数曾升至过去的水平。然而，通过天文卫星的观测，既没发现太阳常数的变化，也没发现其突变。后来才终于搞清，太阳常数的变化和突变同大气层中硫酸云的密度变化有关。气候学家认为，这是地球大气层发生某种自净化的自然过程的结果，尽管从那以后地表平均气温再度开始下降。然而，气候学家再也不会忧心忡忡了。

对地球大气中硫酸雾形成根源的文献分析表明，是工业革命从根本上增加了靠燃用煤炭向大气中对硫的排放。其他一些根源还有，在采油和石化加工过程中，含硫废弃物通过石化厂火炬燃烧后的排放，以及从矿物中提炼有色金属时的废气排放。目前，这些污染源已占硫自然进入大气中数量的1/3。况且，1983年4月，墨西哥的埃尔奇乔小火山爆发，火山喷出的熔岩流经石膏层，由于石膏层受热排出大量硫化物，这次火山喷发创纪录地喷出1000万吨含硫气体。据卫星资料显示，这次火山爆发喷出的大量含硫气体，在半年时间里遍布地球的整个平流层。

据研究资料显示，1995年是全球气温观测史上最暖的年份，因此，外星人进行一次全球大气净化行动，以此消除了大气中的硫酸雾，提前防止了全球性气候悲剧和冰期的到来。为此，外星人在数年间收集了我们向大气中排放的飞尘并把它存放在某个地方，当积攒到足够数量时，再借助它们的物理效应系统，让积攒的这些飞尘穿过大气层中的硫酸雾层，这样一来，硫酸雾滴一旦遇上尘粒，就会使尘粒中所含的金属氧化物变成硫酸盐。

研究人员考虑到阿尔汉格尔斯克尘埃中每一种元素的含量和这些元素的高化合价，于是对可能进入高价硫酸盐中的硫的总量进行了测算。这一总量同阿尔汉格尔斯克尘埃中的硫的总量相当准确地吻合——这一计算的硫含量值为220毫克/克，而化验分析的硫含量值为217.5毫克/克。要出现这种可能，只能是用强硫酸对氧化物和氧化物的水合物进行处理，而大气层中硫酸雾中的硫酸浓度为60%，这从数量上进一步证实了"外星人参与了地球大气层净化"的假说。

摩亨·佐达罗之劫

文_刘莉华

　　被科学界列为世界上难解的三大自然之谜之一的"死丘事件"，大约发生在距今3600余年前的某一天：位于印度河中央岛屿的一座远古城市里的居民，几乎在同一时刻全部死去，古城也随之突然毁灭。

　　摩亨·佐达罗是印度河流域最大的文明古城，位于今巴基斯坦信德省拉尔卡纳县境内。在当地方言中，摩亨·佐达罗的意思是"死亡之丘"。该城遗址于1922年被印度考古学家拉·杰·班纳等人首次发现，因城中遍布骷髅，所以称之为"死丘"。根据碳14的测定，摩亨·佐达罗的存在年代为公元前2500年～公元前1500年间。虽然摩亨·佐达罗的历史比古埃及和美索不达米亚略晚，但其影响范围更大，在距它几百千米以外的北方，人们发现了布局相同的城市和规格一致的造房用砖。

　　从对遗址的发掘来看，摩亨·佐达罗非常繁荣。它占地8平方千米，分为西面的上城和东面的下城。上城居住着宗教祭司和城市首领，四周有城墙和壕沟，城墙上筑有许多岗哨。上城内建有高塔、带走廊的庭院、有柱子的厅以及举世闻名的摩亨·佐达罗大浴池。浴池面积达1063平方米，由烧砖砌成，地表和墙面均以石膏填缝，再浇上沥青，因而滴水不漏。浴场周围并列着单独的洗澡间，入口狭小，排水沟设计非常巧妙。和上城相比，下城设置比较简陋，房檐低矮，布局也不规整，可能是市民、手工业者、商人以及其他劳动群众的居住之地。

此城具有相当明确的建设规划，总体来说布局科学、合理，而且已经具备现代城市的某些特征。整座城市呈长方形，上下两城的街区均由纵横街道隔成棋盘形状。居民的住宅多为两层楼房，临街一面不开窗户，以避免灰尘和噪音。几乎每户都有浴室、厕所以及与之相连的地下排水系统。此外，住宅大多于中心地方设置庭院，四周设居室。给人的印象是：该城清洁美丽，居民的生活安详舒适。这座城市已经达到了相当高的文明水平，考古学家从遗址中发掘出大量精美的陶器、青铜像以及各种印章、铜板等，还发现了两千多件有文字的遗物，包括五百多个符号。

在对古城的发掘中，人们发现了许多人体骨架，从其摆放姿势来看，有人正沿街散步，有人正在家休息。灾难是突然降临的，几乎在同一时刻，全城四五万人全部死于来历不明的横祸，一座繁华发达的城市顷刻之间变成废墟。

对于"死亡之丘"毁灭的原因，科学家从不同的角度做了种种推测。

有些学者如威尔帕特等，从地质学和生态学的角度进行了解释，认为"死丘事件"可能是由于远古印度河床的改道、河水的泛滥、地震以及由此而引起的水灾造成的。然而，有些学者不赞同上述说法，他们认为如果真的发生了特大洪水的袭击，城内居民的尸体就被洪水冲走，城内不会保存如此大量的骸骼，而且考古学家在古城废墟里也没有发现遭受特大洪水袭击的任何证据。

有些学者猜测，可能是由于远古发生过一次急性传染疾病，从而造成全城居民的死亡。然而这一说法也有漏洞，因为无论怎样严重的传染病，也不可能使全城的人几乎在同一天同一时刻全部死亡。从废墟中骸骼的分布情况看，当时有些人似乎正在街上散步或在房屋里干活，并不像患有疾病。古生物学家和医学家经过仔细研究，也否定了因疾病传播而导致死亡的说法。

于是，又有人提出了外族人大规模进攻、大批屠杀城内居民的说法。可是入侵者又是谁呢？有人曾提出可能是吠陀时代的雅利安人，然而事实上雅利安人入侵的年代比这座古城毁灭的年代晚得多，相隔几个世纪。因此，入侵说也因缺少证据而不能作为定论。

在对"死丘事件"的研究中，科学家又发现了一种奇特的现象，即在城中发

现了明显的爆炸留下的痕迹：爆炸中心的建筑物全部被夷为平地，且破坏程度由近及远逐渐减弱，只有最偏远的建筑物得以幸存。科学工作者还在废墟的中央发现了一些散落的碎块，这是黏土和其他矿物质烧结而成的。罗马大学的意大利国家研究委员会的实验证明：废墟当时的熔炼温度高达14000℃～15000℃，这样的温度只有在冶炼场的熔炉里或持续多日的森林大火的火源里才能达到。然而岛上从未有过森林，因而只能推断大火源于一次大爆炸。

其实，印度历史上曾经流传过远古时发生过一次奇特大爆炸的传说，"耀眼的光芒""无烟的大火""紫白色的极光""银色的云""奇异的夕阳""黑夜中的白昼"等等描述都可佐证，核爆炸是致使古城毁灭的真凶。可历史常识又告诉我们，直到第二次世界大战的末期，人类才发明和使用了原子弹，远在距今3600余年前，是绝不可能有原子弹的。

也有人认为，在宇宙射线和电场的作用下，大气层中会形成一种化学性能非常活泼的微粒，这种微粒在磁场的作用下聚集在一起并变得越来越大，从而形成许多大小不等的球形"物理化学构成物"；在形成这种构成物的同时还能产生大量的有毒物质，积累多了便会发生猛烈的爆炸。随着爆炸开始，其他黑色闪电迅速引爆，从而形成类似核爆炸中的链式反应，爆炸时的温度可高达15000℃，足以把石头熔化。这个温度恰好与摩亨·佐达罗遗址中的发掘物相一致。所以考古学家推测，摩亨·佐达罗可能是先被有毒空气袭击，继而又被猛烈的爆炸彻底摧毁。而在这次大爆炸中，至少有3000团半径达30厘米的黑色闪电和1000余个球状闪电参与。

还有人认为，摩亨·佐达罗毁于外星宇宙飞船。英国学者捷文·鲍尔特和意大利学者钦吉推测，3500万年前，一艘外星人乘坐的核动力飞船在经过印度上空时，可能意外地发生了某种故障而引起爆炸，以致造成巨大的灾难。然而外星人是否存在迄今还是一个未解之谜，故这种观点也是证据不足。

对以上几种观点，现在还难以判断真伪。但是，我们生活的地球，是个十分有趣而又非常复杂和充满神秘的世界。正是这样一个不可思议的、奇妙的世界，给我们提供了一个永无止境的探索空间。

科学的研究：斯通亨奇与麦田怪圈

文_郦　冰

在阿尔弗雷德·沃特金斯发现雷伊线的秘密之后，人们便开始对巨石建筑拥有的能量进行了研究。

沃特金斯甚至认为，这些雷伊线通过的地区由于具有强大的宇宙能量，所以农作物与动物的生长情况较为良好。也许正是因为雷伊线附近特殊的能量，才使得作物田上不断出现神秘的圆状圈。

1995年夏天，中华UFO科学学会理事长江晃荣博士到英国与研究神秘圆状圈的专家柯林等人共同探讨神秘的圆状圈，并亲自坐直升机由上空观察，也到达出现神秘圆状圈的作物田现场去研究、测定能量的分布，得到了满意的研究结果。

江晃荣博士一行主要是以著名的古文明遗迹——斯通亨奇环状石列为例进行了研究。在斯通亨奇环状石列附近有巨石文明、人造金字塔山以及埃夫伯里环状石列等，并且在以这些古文明遗迹为中心的半径20千米范围内的地方，经常出现神秘的圆状圈。这一区域也是英国农业极为发达的地方。在这些地方出现的神秘的圆状圈渐趋复杂，而且是有意义的符号，并且这一区域也是1976年首度出现符号文字与目击UFO的地方。

目前，有关神秘圆状圈的形成原因以及生成机制已经有了许多理论，分别是：①气象因素——也许是飓风类自然力；②火球现象——等离子体所形成；③肥料——施肥引致的化学现象；④与地底考古遗迹有关联；⑤飞机机翼造成的旋涡；⑥UFO的降落痕迹或是所放出的能量；⑦人造卫星科技——星际战争实验；⑧人为恶作剧；⑨地球能量；⑩地球外部大气层释放的能量——高度复杂的自然反应。

以上这些理论中，已经有一部分被认为是不可能的。有些麦田上的神秘圆状圈是人为的恶作剧，这是可以确定的，但它只占每年出现的圆状圈的极少部分，而且很容易辨别。许多出现过神秘圆状圈的地点附近都曾出现过UFO，而随即就有神秘圆状圈陆续被发现，并且已经有了相当多可靠的目击者——在科学上应当如何解释呢？

UFO与神秘圆状圈的形成经常被认为是一种等离子体现象。等离子体是指物理学上的正、负电荷的数量或密度基本相等时，形成的一种电中性物质的集合体。等离子体也可以存在于固体（金属中的受激电子）和液体（水中溶解的盐类）中，但一般认为它与气体的关系更为密切。当持续为固体加热时，固体先是熔化，随后是汽化，最后，电子脱离某些中性气体原子和分子而形成正离子与电子的混合物，但在整体上仍保持电中性的电荷密度。当气体大部分被电离之后，它的特性就要发生重大变化，与固体、液体、气体大不相同，称为物质的第四态，以独特的方式与自身、电磁场及周围环境相作用。等离子体可以看成是离子、电子、中性原子和分子以及光子的混合物。其中一些原子电离，而另一些电子与离子重新组合成中性粒子、光子不断地产生又被吸收。据估计，宇宙中有99％以上的物质是以等离子态存在的，大多数明亮的恒星（包括太阳）都是等离子体态。

虽然地球上的大多数物质不是等离子体，但在闪电、火焰以及气体放电灯管（氖灯）中都可以发现等离子体。

在某些气候条件下，天空所产生的等离子体经常会被误认为是UFO，也有一些等离子体会在作物田上形成圆状圈，但像英国所出现的、形状复杂的圆状圈则几乎不可能是等离子体所造成的。

大家都曾听过有些神秘圆状圈是人为恶作剧的传说，这些人很快就学会了复制形状漂亮的神秘圆状圈，但却像是往钻石堆中洒上玻璃串珠般，人为制作的圆状圈令人觉得很不协调。

有一位电视节目制作人兼新闻记者，叫做约翰·马克尼斯的，曾花了两年时间研究人为恶作剧的圆状圈，也曾用了几小时的时间和恶作剧者在现场共同制作。最有名的恶作剧者要算大卫·克劳瑞以及东格·鲍威，他们曾提及自己恶作剧的动机——并不是自己故意要这么做，而是好像有人或是别的东西迫使他们这么做。另外一群曾承认在英国中部制作神秘圆状圈的年轻人表示，当他们制作最后一个时，有一个很大、金黄色的火球飞在空中。由于距离他们很近，因此他们非常害怕，他们觉得那个火球是在监视他们。

1991年，当两个神秘圆状圈形成的几天前，附近天空出现了奇妙物体，物体内部还发出亮光。这一景象曾被照相机捕捉，录像机也录到了直径20厘米左右的圆盘物体。这种小圆盘表面有光线反射，录像时间约为5分钟。另一电视台工作人员曾跟踪拍摄神秘圆状圈达6年之久，其间也曾目击并拍到过圆筒状物体飞过神秘圆状圈的上空。

一位叫做乔瑟的英国人驾着她的迷你车正沿着A272号公路行驶，旁边坐着她的情人特德。突然间，他们看到一个橘红色的大火球由天空降落，就在他们不远处。当他们离开公路，往小路前进几百米后，汽车车灯与引擎同时熄灭，而车子停下的位置刚好是在麦田的对面，旁边是橘红色发光亮点。当他们下车检查汽车的电子系统时，突然看到有几位长得高大、人类模样的生物飘浮在空中。这些生物穿着银色紧身衣，外表看起来与人类相似，但却有着发红光的眼睛。他们两位顿时失去了知觉，醒来后时间已经过去两小时了。在这段"时间空白"中，他们无法清楚得记得所做过的事，但清醒后却发现他们的汽车已经离开原位置向南行驶了24千米！就记忆所及，他们隐约记得这些生物告诉他们说"这是我们的地盘"。附近麦田上也曾出现过单圆圈、同心圆等圆状图案，圆圈之间还有直线相接，是典型的符号文字。而在同一地点附近，之前也曾有相同的圆状圈出现，当时曾有多位居民目击UFO的出现。

研究人员将神秘圆状圈上的植物砍伐、磨碎后进行蒸馏，蒸馏液经过烘培后

会得到粉状结晶。这一结论是由德国首先发现，之后再经由英国UFO实验室确认的。在显微镜下观察得到的粉状结晶，发现与从一般的作物中得到的结晶有明显不同。专家认为，这种差异很有可能是因残存的能量引起的。随后，进一步的传统植物学分析程序由美国知名的生物物理学家列宾格德主持，在位于密西根的生物物理实验室进行。

列宾格德发现了一些重要结果：首先，植物细胞壁的凹陷处已经破碎，在神秘圆状圈作物内留下疤痕，他认为这可能是由于低剂量的微波辐射所造成的；其次，他发现了植物苞鳞组织的导电性比对比组要高；第三，也是最重要的结论是，来自神秘圆状圈的作物的种子发芽之后，产量比原来高27％！此外，植物的根系也分布得更宽广，植物也长得更高大。

测定电磁效应的结果更显示了有趣的异常现象。研究首先选定哑铃形的圆状圈进行了实验，结果表明，圆状圈内部的磁能比外部的磁能大到近10倍！其他形状的圆状圈也有类似的电磁分布。

柯林曾经与其他研究人员共同探测了神秘圆状圈的能量分布，并绘制了圆状圈内外能量线的分布图。他们发现，这种能量线的分布与圆形巨石文明（如斯通亨奇环状石列）的能量分布十分类似，而且在欧洲各地出现的作物田上的神秘圆状圈，实际上与欧洲出土的古坟或古洞穴中所遗留的图案也十分类似。这一切都表明了以古文明遗迹为中心向外延伸的能量分布，显然与神秘圆状圈的出现有着很密切的关联。也许正是因为这些巨石的能量，才使得作物田上不断出现神秘的圆状圈，从而产生了一门新学科：圆状圈作物学，英国也因此成为这一学科的发源地了。

886宗月球之谜

文_傅民杰

      自从伽利略把自制的望远镜对准月球时起，这颗由无生命的岩石构成的地球卫星便开始变成生机勃勃的活天体。

      19世纪末，几乎每天对月球静海中环形山上空的观测都会有惊人的发现，曾记录下在其中一个环形山的谷底出现类似星状闪光和脉动式蓝色火光现象，而且迄今为止从未停息过，有时，这些发光体似乎朝环形山边缘陡峭的峰顶缓慢"攀爬"。前不久，英国天文学家盖尔·舍利在月面上发现的多条发光带有时以400千米/小时的速度朝危海方向急速运动。但是，对这种神秘现象还尚未找到解释，倘若不认为这是日本人和英国人的奇谈怪论的话，他们认为，这好像是有人在月面上点燃的焰火信号……

      即便在今天还有人认为，在大部分月球环形山中发生的某些复杂过程，都是陨星和彗星撞击月球时留下的遗迹。1972年，德国天文学家在月球的盖罗多特环形山附近发现一个"光束喷泉"，它以1.3千米/秒的速度升高至200千米高，同时朝阿里斯塔赫环形山方向移动，最后渐渐消失。在埃拉托芬环形山的边缘时而会出现黑色斑点，时而又会出现闪光的斑点，它们出现后，便朝环形山的底部运动。在普罗科尔环形山中还发现奇异的闪光，这种闪光现象能从红色变成绿色。在乔菲勒环形山的中心还出现过类似"……""——"和摩尔斯电码符号形状的耀眼闪光，可是，尚不能对这些奇异的闪光符号的含义进行破译。美国人曾在维泰洛环形山中拍摄到两块巨石的照片，令人费解的是，这两块巨石还能在月面上缓缓运动，后面还留下清晰可辨的滑动痕迹。更让人百思不得其解的是，其中一块巨石沿着环形山的斜坡向下"爬行"，而另一块则向上"攀爬"。此外，英国人还在一个环形山的底部发现一些黑色斑点，这些斑点却能刁钻古怪地改变自己的形状：它们时而增大，时而缩小。借助滤光片对其进行拍摄发现，在这个环形山的底部聚集着一种怪异的气体，它能吞噬掉光谱中的蓝光。

苏联著名天体物理学家尼·阿·科泽廖夫在对月球环形山进行系统观测时首次发现，阿里芬斯环形山释放出的各种气体能放射出荧光，经检测，在这些炽热的气团中含有二氧化碳和分子氢。1958年，科泽廖夫证实，月球上存在活动频繁的活火山。苏联科学家这一轰动世界的新发现曾引起美国专家莫名其妙的反应：他们开始对有关月球怪异现象的所有新情报谨慎保密，与此同时，派遣天文学家、美国中央情报局空中特异现象顾问勒·阔佩尔前往苏联拜见科泽廖夫，并就他们感兴趣的一系列月球之谜为难科泽廖夫。由于他们之间的会谈已远远超出学术交流的范围，科泽廖夫立刻明白了他们的来意，并礼貌而果断地中止了会谈。

1970年，英国天文爱好者仲·利昂纳尔出版了他的一部月球自我观测总结专著。他在这部专著中写道："月球满月时的亮度是太阳亮度的1/440。"同时向科学家提出相当多的未解之谜。仲·利昂纳尔在专著中列举的一系列月球之谜更令美国职业天文学家出乎意料：他们保密的所谓"全部月球之谜"早已被英国天文爱好者仲·利昂纳尔在整整20年的时间里借助一部家用望远镜观测过了！正当仲·利昂纳尔准备再版这部专著时，美国人匆忙将10000幅月球照片公之于众，与此同时，还公布了《P-277技术总结报告》。在该报告中，美国人明确指出了579宗月球之谜，其中许多月球之谜同仲·利昂纳尔及其他国家天文学家已发现的月球之谜相吻合。这些月球之谜是：时而变宽又时而变窄的底部发光的长长沟壑；环形山底部出现脉动式运动的十字状不明物体；能不断改变自己色泽和高度的圆顶盖形建筑物……于是，美国人做起手脚，开始欺骗世界舆论：他们借助现代电脑合成技术，根据月球原始照片伪造出100幅虚假月面照片公之于众。然而，在这些月面照片的赝品中还保留着多少事实真相？不难推测，美国人保留的是在近地宇宙空间寻找地外文明的秘密计划，他们想捷足先登，抢先掌握外星先进技术。

与此同时，40余年来，日本、澳大利亚和德国的天文台及其他一些国家的天文研究中心都对月面进行了仔细观测，有时直接公布他们对月球怪异现象的观测结果。例如，在月球"静海"附近曾发现一片被烧熔过的土壤，能使这里的土壤达到烧熔的温度是我们地球上的工程师所能达到的最高温度的100倍。然而，更为神秘的是，在月面上还发现一些神奇的符号和不明物体。

很快，美国人发现对这些月面新发现加以保密毫无意义。当他们向仲·利昂纳尔展示月面出现怪异符号的照片时，仲·利昂纳尔却用嘲笑的目光看着这些照片说："这些月面照片早已在我的收藏之列。"在这些月面照片上显示出字母、文字、神秘的标识符号、图案和尚无法解释的不明物体。在其中一幅照片上以极高的分辨率拍下的拉丁字母"S"实在让人惊异不已。此外，还拍下一行很像古代文字的神秘符号。在"伊姆鲍鲁斯海"地区还拍摄到字母A、Y、P、X，而在普拉顿环形山的斜坡上还拍摄到字母E和F。圆环包围中心十字状的图案曾在月面的许多地方出现——这是最古老的雅利安人的"生命之树"的象征和标志。在似乎坐落在一个长方形基础上的凯普莱尔环形山中拍到一个方圆6千米的大得惊人的十字。在另一些环形山的边缘还发现许多被称做X状的蓝色和黑色的十字，这些十字好像是提醒人们注意月球上某些地方的标志符号。

日本天文学家在波法戈尔环形山中拍摄到许多几何图形，这些图形接近正方形、圆形、椭圆形和三角形。日本天文学家马丘义拍摄到一个很像古代大型攻城臼炮的装置。他在《东京报》上发表的配插了许多月面照片的文章标题是"波法戈尔环形山的怪异图形与奇遇X状物"。这里说的怪异图形是指月面上出现的各种几何图形，而X状物似乎是一种大型挖掘机械，它会运动，能构成弯曲绵延的阵容，还能改变自己的形状并紧紧"咬住"环形山那陡峭的崖壁。英国天文学家仲·利昂纳尔有机会使用美国最大的天文望远镜观测到月球环形山的类似特点。他还在他出版

的另一本新书中指出："月球上的某些物体很像技术产物。"在美国人送给仲·利
昂纳尔的一系列月球照片中，有一幅摄于布里阿德环形山：这里有一台偌大的机
械，看样子可能是因发生事故而被毁，它的直径约5千米。有专家认为，这台超巨
型机械是一部巨大的齿轮传动系统的残骸，还有专家倾向于认为，他们在这个环形
山中发现一部巨大的能源发生器的废墟，这究竟是哪种能源发生器却不得而知。

　　美国NASA的代表维特科姆在一次秘密谈话中对仲·利昂纳尔说："似乎在整
个月球上都散落着金属物，其中部分是废弃物，很显然，这些金属物是人造的。"

仲·利昂纳尔说："我发现过这样一些很像天线的装置，还发现过一些标明那里蕴藏着铁矿、铀矿和钍矿的标志性符号。似乎月球在很早以前就已被开发过，甚至现在仍在继续开发。"

最早开发月球的先驱者们究竟是谁？当然是具有高科技水平的外星文明的代表。在历届举行的许多次天文月球学家学术研讨会上，与会者们都公开讨论过这一与地外文明密切相关的月球话题。

1973年，被隐秘的德国火箭设计大师维尔涅尔·芬·布拉温的一段重要讲话被公之于众："月球上存在地外势力，并且比我们想象得要强大得多。不过，我无权说出其中的细节，我只能说数学不会欺骗。"眼下已十分清楚，移居美国的德国火箭专家曾谈及过的地外势力能改变他设计的一枚月球火箭的飞行轨道。前不久，美国NASA的一位不愿意透露自己姓名的研究人员宣称："布拉温暗示，月球上的外星人基地拥有强大的能源……"

现在，一批曾参与"月球"计划的美国资深科学家和著名航天员都在抨击美国国会，一致要求把隐藏多年的他们经历的有关外星飞行器的见证和事实公之于众，公开承认月球是UFO基地。但迄今为止却毫无回应。

当时，国际天文学家协会针对月球上长期频繁出现的费解的图案、神秘的符号、各种不明运动物体和大型设施，公开发表了正式承认月球之谜的新目录，从而把月球之谜的总数从600宗增至886宗。科学家们还遗憾地补充道："对月球研究项目的拨款已大大缩减，因此，揭开月球之谜的日子还遥遥无期，尽管美国人仍在继续他们对月球怪异现象的研究。"

1999年曾出现一个尚未得到官方承认的《月球之谜目录》，排在该目录第一位的是中国天文学家毛刚的报告，他在月面照片上辨认出外星人的脚印。然而，天文学上的"侦探们"却偏偏没能识破这些月球照片的伪造之处，盲目地认为这些月面脚印是那些侏儒外星人留下的。

俄罗斯工程生物定位协会会员奥·伊萨耶娃的新发现也尚未得到证实：她用特异内析法对一系列月球照片进行分析和研究，最后探明，在月球一片碎块岩地区的岩块中发现含有锝元素。要知道，在地球上要得到这种元素只能用人工方法。人们不禁要问：这种锝元素是怎样跑到月球上的？是否在月岩中原先含有这种元素？抑或是在某个实验室里制造出来的？此谜迄今悬而未解。

英国天文学家对照从太空中拍摄的月球照片，并对月球背面地图深入研究后发现，那里有一座六角形环形山，它根本不是圆形，而是一个规则的正六边形！可是，谁也不想承认这一被发现的事实。英国一家学术期刊曾发表一份对月球内部构造的最新研究报告，该报告承认，月球的核心是液态的，其密度极高且很坚固。我们暂且不急于去仔细研究提出该假说的科学依据。

有人还提出另一个新假说认为，月球的核心似乎是个"早产儿"，它并非坚固可靠。该假说是依据对月面振荡的综合计算得出的。

然而，官方的月球学说忽视了近年来的一些最大的发现。譬如，1994年，美国月球自动探测器在月面上发现一个面积为800米×800米的正方形场地，在这个正方形场地的中心有一个洼地，经常有不明物体从这个洼地中冒出来。当专家们看到这幅月面照片时，自然会联想到"城市"或"古城堡遗址"这些文明的产物。有些天文学家认为，月面上的这些设施是首批来月球开发的先驱者们废弃的月球老基地。这一发现真够轰动！但对这些月球照片尚无科学的分析。要知道，月面上类似令人生疑的人造设施已超过130个。有些设施看上去像是有围墙环绕的废墟，这很像第一批月球征服者居民点的遗址，但迄今为止尚无人对这些月面上的最大发现进行认真分析和研究……

在国际航天组织的档案中，能找到深度超过10米的、几何形状规则的月球沟壑资料。飞碟学家推断，这些沟壑是另类文明在月球上进行探矿和寻找含氧土壤的文明活动时留下的痕迹，因为从月球的土壤中可以提取所需的氧。可是，人们对这一意外的发现再度失去兴趣。

要知道，官方正在遥远的宇宙深处寻觅另类文明的遗迹。当然，在这里用严肃认真的态度对待问题谁也不会反对：最现代化和价值连城的科学仪器及设备正在卓有成效地完成人类赋予它们的宇宙使命，但令人遗憾的是，通常，我们对离我们最近的天体——月球，却表现出一种令人费解的漠不关心。参加过美国"阿波罗"计划的25名航天员不止一次地声明，他们在月球上亲眼目睹了一些符号和标志物，它们酷似英国麦田里多次出现的神秘象形图案——麦田圈。

可是，有人却嘲笑这一切，并把它们视为"幻觉"或人为闹剧的产物。

航天员们很早就想听一听有关无数宗月球之谜中已获确认的明朗化的东西。然而，科学家们终于被迫承认："今天，我们只能确认一点——月球绝不是一个寒冷的死寂天体，那里在无时无刻地发生着某些热过程。须知，对月球的研究需要时间，需要谨慎地得出结论。可是，我们再也不能把月球视为我们太阳系的次要成员了。"

这就是官方科学所能说出的一切。不过，我们还要补充一点，天文爱好者比那些拥有强大的现代化观测手段的职业天文学家得出的发现还要多。很显然，不久的将来，那些天文爱好者会接连得出震惊世界的结论。

"阿波罗"的太空奇遇

文_吴再丰

1969年5月18日，"阿波罗10号"启程向月球进发。组员有指令长托马斯·斯坦福德、指挥舱驾驶员约翰·扬格、登月舱驾驶员尤金·塞南。这次任务是为"阿波罗11号"的登月进行实地训练，5月21日飞船平安进入月球轨道。那天下午，宇航员用29分钟飞过月面的半海、危海和兰利纳斯环形山上空，整个过程进行了实况转播。

需要指出的是，这里的实况转播并不是同步播出的，而是由地面控制人员仔细审查通过后再播放。事实上，在进入月球轨道的第二天，登月舱发生了意外事故，宇航员经历了真正的可怕体验，可是这一切并没在电视上播放。

5月22日早上，塞南和斯坦福德从布劳恩指挥舱爬过连接隧道到达史努比登月舱。不久，指挥舱与登月舱做编队飞行，当下降到月面上空142千米时，正式开始了登月的实地训练。当史努比登月舱下降到距月面14.5千米时，一个UFO突然垂直浮出，向史努比登月舱"致意"。这天，"阿波罗10号"的乘员不仅目击到UFO，而且用16毫米胶卷记录下当时的情景，只是所拍的胶片没全部公开。

与此同时，史努比登月舱启动上升火箭，使登月舱重新上升与指挥舱会合。就在这一瞬间，不知何故舱体的螺栓突然断裂，登月舱的下降部分脱离，上升部分激烈地打转，上下颠簸。斯坦福德当机立断进行手动控制，大约1分钟后才稳住舱体。

对此，美国航空航天局的结论是地面控制中心的技术人员按错了开关。事后，在检查宇航员拍摄的照片时，明显看到在月面的正上空有雪茄形UFO，它悬停在空中，而且在其旁边还有两个碟形UFO正在飞翔。

那么，登月舱的螺栓断裂事件与雪茄形的UFO之间，究竟有没有关系？

不过，许多学者认为照片中的物体不是UFO，他们提出下列三点反对意见：

①是舱内照明的反射（虚像）；

②由于舱内器具无重力，飘在镜头前无意中照到的；

③拍到"阿波罗"飞船外的附件（像喷嘴或投影机那样的东西）。

但笔者认为，这三种情况在物理上均不可能发生。首先，舱内照明是有可能映在窗上构成虚像，但是"阿波罗"飞船内采用间接照明，而且不使用可能构成像照片中虚像的荧光灯或无罩灯泡。

其次，在宇航员拍外景时，是把相机紧贴在窗上拍摄的。虽说舱内是无重力环境，东西会随意飘浮，但是那些东西不会插入窗子与相机之间。

第三，虽然有可能拍下"阿波罗"飞船外的附件，但是像照片中那样形状的附件没安装在"阿波罗"飞船上。即使有非常相似的投影机，但灯光部分是小孔，不是照片上所见的圆柱形。

另一方面，"阿波罗"计划中担任地面通信联络的负责人莫利斯·夏特兰也证实："阿波罗10号"遭遇过UFO。他说："'阿波罗10号'在绕月球轨道运转时，两个UFO从月面起飞，尾随'阿波罗10号'，直至返回飞行中。"

"阿波罗11号"的遭遇

1969年7月20日，"阿波罗11号"完成人类历史上第一次成功登月。据说，当阿姆斯特朗与奥尔德林登上月面后，发生了一件极不寻常的事。奥尔德林与美国航空航天局的飞行控制台之间，曾有这样一段对话。

奥尔德林："哎呀，那是什么，它到底要干什么……我想知道这究竟是怎么回事。"

飞行控制台："喂，怎么啦，那儿有什么东西，请详细告知。"

这之后的几秒间出现喀喀的噪声。控制台几次反复呼叫："这儿是休斯敦，'阿波罗11号'请回答。"

奥尔德林："这儿的东西都非常巨大。实在太大了，天啊！我无法相信……而且，在我的外围有其他飞碟……排列在环形山边缘的那一边……这些家伙正在月面上监视着我们。"

事实上，就在"阿波罗11号"进入月球轨道的第一天，他们便遇上了UFO。关于那时的情况，还留在三人返回地面后进行的访谈录中。

奥尔德林："在进入月球轨道的第一天，在很近的地方看到了那个。"

科林斯："如果往窗外看，偶可以发现那个UFO。"

奥尔德林："一开始以为那是土星火箭的助推器。但是呼叫地面飞行控制台后得知土星火箭的助推器在相距1000海里之外，因此我们不知如何是好。"

科林斯："确实是有什么东西在那里。尽管觉得好像有过震动，但那或许是心理作用。"

阿姆斯特朗："觉得它或许是来自梅西耶。"

不管怎么说，"阿波罗11号"的宇航员只是见到了硕大无比的UFO，还没给他们的安全带来什么危险。可是，"阿波罗13号"的命运却大不一样，险些葬身宇宙。

遭遇UFO大编队

1970年4月11日，"阿波罗13号"从肯尼迪航天中心升空，执行登月飞行。意想不到的是，这次飞行却成为"阿波罗"计划中唯一的失败飞行。从飞行记录来

看，这次飞行从一开始就麻烦不断。首先，贮氧箱在起飞前显示超出预想的高压。其次，临发射前，原先确定的宇航员托马斯·马丁格里少校因患风疹无法飞行，由宇航员约翰·施韦加特代替。第三，液氧输出阀在最初的运行中关闭不上，直到经过几次循环后才关上。第四，出发后S2级中央发动机提前停止了。第五，土星5型火箭的第二级发动机进入轨道时多喷射了9秒，等等。尽管如此，"阿波罗13号"起飞后仍按预定计划的位置与速度进入通向月球的惯性轨道。但在平安度过13小时后，飞船发生了原因不明的速度变化，接着麻烦发生了。

13日晚，发射后的第56个小时，航程40万千米，已接近月球了。突然一声爆炸声，服务舱的一个贮氧箱爆炸了，氧气顷刻之间泄漏无遗，另一个贮氧箱也在漏气。漏气的反作用力使飞船滚动、头部下沉。更为严重的是，氧气是人须臾不可分离的东西，一旦漏光，那将……危机还不止于此，爆炸使三个燃料电池中的两个失灵。失去能源，不但飞船无法控制，而且还会将宇航员置于宇宙的奇寒之中。更使人不寒而栗的是，燃料电池是饮用水的来源，一旦没有水，那后果……幸好登月舱完整无损，为了确保维持生命装置系统的电源，指令长拉佩尔决定启动登月舱的燃料电池。

事实上，从"阿波罗13号"去月球的路上拍摄的照片可以看到，它遭遇了最大规模的UFO编队。令人遗憾的是，美国航空航天局对这样的事实没有做出任何表态，就连探索外星智能的SETI计划对这件事也没有回应。这不能不让人怀疑，SETI计划只是当局转移一般人视线的工具。

现在，我们回头说当时"阿波罗13号"飞船上面临困境的宇航员。完成登月任务已是不可能了，而且由于惯性飞行也不能中途折回。为此，组员们不得不把登月舱当救生艇使用，将制导飞船的自动操纵装置转换到登月舱。所有组员移住到登月舱，暂时停止指挥舱的一切机能。

根据休斯敦的指示，组员们继续往前飞。这时因为飞船离月球已太近了，月球引力拉着飞船，要调头的话，登月舱的发动机推力太小。如果使用服务舱的主发动机，一是怕因发动机启动和关闭使飞船产生震动而进一步受损，二是要消耗大量的燃料。借助月球引力继续往前飞，让飞船绕过月球，再启动登月舱的发动机，使其进入一条返回地球的自由轨道。这样既可以节省燃料，又可以借助月球引力加快飞船的速度，还可以减少飞船进一步受损的可能。但是登月舱内的温度不是为这种情况设计的，所以宇航员不得不切断暖气，与宇宙的奇寒环境做斗争。

按计划，飞船将在80小时后返回地球，宇航员在这段时间也与地面控制中心保持密切联系。最终飞船于美国东部标准时间13时07分落在太平洋上，"阿波罗13号"的宇航员死里逃生。

对"阿波罗13号"的事故，调查委员会经过几个月的调查，公布了长达1000余页的报告。报告列举了三个不同的因果关系，都是因为非常不自然的原因引起的。即便是事故调查委员会也无法做出事故原因的明确结论。当然，公开的报告完全没有谈到遭遇UFO的事实。但是，如果看一下"阿波罗13号"所拍的照片，我们就知道事故并不像报告中所写的那样简单。

众多的媒体刊登了美国航空航天局内部流传的有关"阿波罗13号"事故的种种臆测和情报。负责制造登月舱的洛克威尔公司的总工程师，就"阿波罗13号"遭遇的UFO事件对记者做了这样的讲述："对于UFO而言，明显是以月球为基地，飞往月球的'阿波罗'飞船完全处于UFO的监视之下。它们好像已经知道了美国航空航天局想在月面上爆炸核装置的计划，为了阻止这一行动，有意识地让服务舱的贮氧箱发生爆炸。"

负责"阿波罗"计划通信联络的工程师莫里斯·夏特朗也认为，"阿波罗13号"携带了秘密货物——预定在月面爆炸的核装置。利用前两次在着陆点留下的地震计测量核试验的影响，以探查月球深部结构的组成。

此外，当时美国陆军顶级火箭专家、陆军宇宙开发计划局负责人帕特里克·鲍威兹少校警告说："如果地球人类想登上月球，就有可能遇到来自其他天体的智慧生物，它们将阻止登月的行动。为此，我们的太空船或许有必要装载武器也未可知。"

然而，"阿波罗13号"飞船是否真的搭载了小型核装置，至今还是个不解之谜。

遭遇神的"阿波罗"航天员

文_吴再丰

在1971年7月26日，"阿波罗15号"飞船开始了人类第四次登月的尝试。登月地点在月球表面的亚平宁山脉和哈德来谷地之间。尽管途中发生了一点意外，但飞船仍于7月30日平安抵达月面。

7月31日上午9时，沃登留在指挥舱绕月球飞行，斯科特和欧文乘登月舱降落月面，二人共滞留66小时56分，使用月面车进行了18小时37分的月面活动。

斯科特觉察到，从他们乘登月舱降落月面起就受到UFO的监视（有他们拍摄的照片为证）。直到他们飞离月面，监视才告解除。

另外，从"阿波罗15号"的经历也能说明问题。第一，斯科特没能用钻头在月面上钻出1.5米以上的深孔，而且钻头被紧紧咬住，拔不出来。8月2日，斯科特和欧文再次去到钻孔的地方，费了好大的劲儿才把钻头拔出。这意味着月面1.5米以下的地层存在超硬度的保护膜物质。

因此，地面控制中心的约瑟夫·阿伦指示中止作业。宇航员将大约77千克的岩石样本带回地球，其中欧文发现的"创世纪石"最著名。

第二，用安装在月面车上的电视摄像机向地球实况转播登月舱从月面起飞的情景时，电视上出现了碎片飞溅起来的样子。尽管摄像机继续两天实况转播，但休斯敦不允许月面车的摄像机追拍登月舱的上升，使期望意外收获的人十分不满。究其原因，应当是当局害怕有不明物体闯入摄像机的镜头中。

在此期间，指挥舱里的沃登曾吃惊地听到（录音机同时录到）一个很长的哨声，随着声调变化，传出了20个字组成的一句重复多遍的话。这个陌生的、发自月球的语言切断了同休斯敦的一切通信联系。它是来自月球上智慧生物的声音吗？美国航空航天局的研究人员至今没能破译出来，此事还是一个未解的谜。

"阿波罗15号"绕月球飞行期间曾连续拍下14张照片，清晰地记录下宇宙中UFO飞行的情况。UFO的外形看上去像在微妙地变化，事实上这是由于引力使包裹机身的空间扭曲所致，UFO机体本身并没有变形。最初的5张照片从正侧面拍下了碟形UFO，清晰地照出机身下面的力场。

最值得注意的是第11张照片，是用500毫米望远镜拍摄的。在照片中，UFO呈现红肠那样的外形，这是UFO特有的瞬间断续飞行技术造成的。

再者，"阿波罗15号"于施洛特斯峡谷一带拍摄了两张照片，上面可以清楚地看到金字塔状物体投在月面上的阴影。很明显，那里有一个建筑物密集区。

还有两张照片是由"阿波罗15号"的宇航员用250毫米望远镜从头顶上拍摄的碟形UFO在施洛特斯峡谷上空飞行的状态。在其中一张照片上，UFO呈现出倾斜飞行的姿势，上部可以看到圆锥形的外形，侧面有上下登机口的凹陷处。

对此，有不少人以下列理由认为不是UFO：

①照到了指挥舱窗上的水滴；

②"阿波罗"投影机的光打到了月面的环形山上。

事实上，所谓"照到了指挥舱窗上的水滴"的说法，从一开始就被排除在外了。众所周知，在空调普及的情况下，室内的温湿度会自动调节，不会有水滴等沾在窗上。更何况是到月球去的"阿波罗"飞船，没有窗上会产生积存水滴的理由。再说宇宙空间无重力，不可能引起水滴往下落的现象。

从月球归来的詹姆斯·欧文感触很深，在接受记者采访时，他说："人祈祷众神是祈求各种事情。但是通常祈求神时，无人体验到神直接给予答复。即使祈求很多回，神总是沉默无语，什么也不直接回答。在我的想法中，神与人类就是那样的关系。"

但是在月球上不一样，被祈求的"神"直接做出了回答。没有看到"神"的模样，也听不到"神"的声音，但是知道自己身旁便是活生生的"神"，并且感到"神"与自己之间确实存在着相互交流。如果看一下欧文拍的照片，我想欧文的表述就不难理解了。

欧文所说的心灵感应是外星人开发的技术，还是生来就具备的能力，我们不知道。尽管如此，这也从根本上改变了文明的概念。

与此同时，欧文肯定地说，"阿波罗8号"指令长鲍曼所说的"看到圣诞老人"，指的就是UFO。

从月球归来后，欧文辞去了美国航空航天局的工作，变成传教士，并不惜豁出后半生去寻找"诺亚方舟"。

不单是欧文，凡是去过月球的"阿波罗"宇航员，返回地球后都大大改变了人生观。过分虔诚的奥尔德林返回后精神出现异常，直至住院治疗。

设想一下，呈现在眼前的是奇形怪状的巨大建筑物，直径10余千米的UFO以超常的航行技术在空中自在地飞翔，由此精神上出现波动也是理所当然的。但是，当局为避免引起恐慌，除了隐瞒真相别无他法。

确认月面上的建筑物

"阿波罗16号"飞船于1972年4月16日从地球起飞，组员有指令长约翰·扬，指挥舱驾驶员托马斯·马丁格里，登月舱驾驶员查尔斯·杜克三人。

当飞船穿越月球背面的金斯环形山时，宇航员用250毫米望远镜连续拍摄了8张照片。将其中一张的局部放大，巨大挖土机状的物体宛然展现在眼前，底部因为笼罩在影子中看不清楚，但是箱形的主体上部有像潜水艇的突出物，从那里有臂状物体向上方伸展。或许是正在挖掘什么，从伸长臂膀的下方清楚地映出影子。

因为是连续拍摄的，所以与其他照片对照有一点时间差。正是这个时间差，使我们清楚地看到了向上伸展的摇臂的运动状态。

再者，从"阿波罗17号"飞船拍摄的照片来看，清晰地拍下了月面被人工挖掘的痕迹，挖掘岩壁的高度约4000米。如果地球上存在这样的痕迹，谁都不会相信是自然构成的。

以上我们介绍了"阿波罗"飞船在月面上拍摄的一系列UFO照片，那么宇航员有没有可能错看呢？

错看UFO的可能性几近为零

月球或太空与地球大气层比较，由于空气十分稀薄，所以如下面那样把某物错看为UFO的概率几近为零。

1.月球或宇宙不存在大气。

当然，在太空或月面上不存在飞机或鸟等。另外，不存在由于地球大气引起的燃烧，拖着尾巴的流星或云被错看为UFO，或因大气折射作用把金星等错看为UFO。

这些在地球上被误认为UFO的许多现象或物体，在真空状态下的宇宙或月球上完全被排除了。

2.在月球或宇宙飞行的人造卫星很少。

迄今为止，人类向月球发射了许多无人探月卫星，但是它们在很短时间内不是与月面相撞，就是向宇宙深处的彼岸飞去。所以，在远离地球的宇宙或月球的周边，把人造卫星错看为UFO的可能性几近为零。

3.把陨石或尘埃误认为UFO的可能性。

因为宇宙或月球不存在大气，所以不会像在电影或电视上看到的那样，陨石或宇宙尘熊熊燃烧。另外，微细的尘埃暂且不说，巨大的陨石等几乎在宇宙碰不到。要不然，"阿波罗"计划就不可能实施了。

4.把"阿波罗"飞船的废弃物错看为UFO。

人体的废弃物、附着在飞船上的冰等从船体游离，在电影或照片中看上去像

UFO似的闪闪发光。但是，这些东西与UFO能简单地区分。

经常听到"阿波罗"的船体零件在宇宙空间被误认为UFO的报告，事实上，这是不可能的。即便是飞在地球上空的飞机，如果一颗螺栓掉下就很不得了了，在宇宙飞行中，宇航员绝不会注意不到船体零件的掉落。

5.把"阿波罗"废弃火箭错看为UFO的可能性。

事实上，第一级火箭在发射后2分41秒，第二级火箭在9分12秒后与主体分离，再突入大气层燃烧，第三级火箭在发射约4.5小时后从服务舱分离。与"阿波罗"飞船到月球约100小时的航程相比，这些都是在航程早期就分离了，燃烧剩下的燃料向宇宙的彼岸抛去。因其形状被特定，所以不会被错认为UFO。

再说，在月球上空分离的登月舱与指挥舱互相拍照的情形很多，但是两舱的外形特定，所以很容易识别，不会被错看为UFO。

指挥舱在进入大气层时，其动力部分被分离，变成与UFO一模一样的外形。但是宇航员集中在舱内，不可能像在宇宙空间时那样相对拍摄。难怪在美国航空航天局，也没有进入大气层时指挥舱的照片。总之，在月球或太空把某物错看为UFO的可能性很小。

来历不明的绿火球

文_霍桂彬

20世纪40年代末至50年代初，一种奇怪的现象在美国新墨西哥州反复出现：一个奇特的绿色火球在该区域的许多军事设施上空频繁飞越，从而引起了军方和FBI的关注。

中校的备忘录

1950年5月25日，新墨西哥州克特兰空军基地特别调查室中校科罗内尔·道乐·李斯在一封写给特别调查局局长约瑟夫·F.卡罗准将的绝密备忘录中写道："1948年12月，在军方、政府情报部门及调查机构的联络会上决定：鉴于在新墨西哥州出现的无法解释的天文现象还在频繁地发生，报告这些目击情况必须有组织、有计划地展开。由于本组织的性质及所处地点最为适宜，因此，自1948年12月起，本组织将受任致力于收集在本地区新发生的太空现象资料的基本工作。"李斯所指的太空现象包含：绿火球现象；铁饼或其他形状的不明飞行物；流星类物体。有关绿火球，李斯是如此告知卡罗的："兹附上由林肯·拉·帕兹博士所做的一份关于本地区绿火球现象的分析报告。帕兹博士是气象学院的校董，也是新墨西哥州大学数学系和天文系主任，于1943年和1944年多次参与政府调查工作。他在

1944年～1945年间曾任第二空军总部行动分析部技术指导。自1948年起，拉·帕兹博士自愿成为本组织绿火球调查方面的顾问。"李斯还透露，1949年2月17日和10月14日，在洛斯阿拉莫斯召开过研究绿火球的会议。与会代表来自美国空军特别调查室；美国原子能委员会、武装力量特别武器计划组、空中物体指挥中心、地理物理研究部以及FBI。尽管李斯只提及了1949年2月17日的会议，但事实上，FBI早在1948年12月就开始注意到绿火球现象。

情报会议

1949年1月31日，在美国第四集团军召开了由军方情报部门、海军情况部门、特别调查室及FBI参加的每周例行情况通气会，讨论了诸如不明飞行物、不明太空现象和绿火球等的问题。此事在陆军、空军方面属绝密情报，但圣安东尼奥分局还是以《关键设施的保护》为抬头，将会议情况通报给胡佛局长。1948年7月，东方航空公司的一位飞行员看见一不明飞行物正飞越阿拉巴马州的蒙哥马利，机上至少有一位乘客也目睹了此飞行物。它没有侧翼，有舷窗，有些像火箭，体积比东方航空飞机的机身还大，估计飞行速度有4320千米/时。它出现在飞机前部的雷雨云边缘，但随即消失到另一片云里，险些与飞机相撞。期间飞行员没有听到任何声音，也未感觉到有气浪。1948年11月～12月间，在新墨西哥州洛斯阿拉莫斯原子能委员会设施附近，出现了许多无法解释的现象。目击报告的数量也每日增多，如12月5日、6日、7日、8日、11日、13日、14日、20日和28日都有目击报告。目击者包括民航飞行员、军方飞行员、安全巡视员、普通居民和特工等。人们在白天看到它时，让人以为是架燃油耗尽的喷气机，而夜间则看到物体发出很绿的光，像绿色的信号灯或霓虹灯。也有一些报告说，光在亮时是红色的，而灭时是橙色的。另一些报告则称，物体显示的是红、白、蓝白和黄绿色光，有时尾光是红色的。对光进行的光谱分析表明，它的组成物质可能是用于火箭试验的某种铜合金，在爆炸时会解体并留下碎片。但遗憾的是，在当地未能找到任何与不明飞行物有关的碎片。据观察，不明物体至少以每秒4.8千米～20千米的速度飞行，飞行弧度沿东西方向在北半球运动。如果物体源自前苏联，那么北面一段将是它做圆周运动的最后一程。除个别报告外，该物体呈圆形，有一个光源点照亮四周；另外有一例报告说它是钻石形，也有报告反映其尾光拖得很长。大多数报告认为其尺寸约是满月直径的1/4，物体与尾光的比例大小如篮球和棒球的比例……目前唯一能做出的结论是，它既非人造亦非自然现象，也排除了科学试验的可能性。

拉·帕兹的观点

拉·帕兹博士认为，绿火球并非自然现象。在一份共五页纸的报告中，他总结了九点理由，其中的一些列举如下："……12月出现的绿火球沿水平飞行的轨迹是非同寻常的。沿水平方向移动的流量也是极其罕见的。""12月，绿火球出现的高度不高……与真正流星出现的高度（一般在6400米高空）不相符。""大多数报告称，12月的绿火球呈鲜艳的绿色，这在流星中也属罕见。""绿火球停留的时间有两三秒，这要比平常的流星停留时间长。""在准备本报告的一年半时间里，发生了更多的目击事件，属于绿火球类的共72个。"拉·帕兹认为，至少有一定数量的绿火球是正在试验的美国导弹。倘若此观点不能成立，则的确有必要对这些物体做深入细致的调查，并且最好尽快进行。1949年2月6日，新墨西哥州罗斯韦尔特别调查室的保罗·杨，在一次会议上见到了拉·帕兹博士。他是在听说了一星期前有几个人曾看见绿火球爆炸而来到本地的，目击者中有一人是特别调查室的成员。据目击者说，物体似乎在罗斯韦尔华克空军基地上空爆炸并分解，但特工们对罗斯韦尔及周边城镇进行搜寻后却一无所获。拉·帕兹认为，绿火球是一枚遥控导弹，以每秒14千米的速度在4000米高空飞行。它通过地球上不同区间的人遥控导航，击中设定目标后爆炸。他相信前苏联或其他国家正在研发这种武器。

坎普汉的目击报告

1949年3月6日下午19时30分，得克萨斯州的坎普汉出现了一道闪光。3月7日凌晨1时45分，那里又出现了第二道闪光。闪光与此前曾在洛斯阿拉莫斯、山迪亚基地出现的闪光相似。尽管这是在坎普汉地区首次出现闪光现象，但似乎有理由认为，此现象可能与美国政府正在试制的制导导弹有关。同年3月31日晚上23时50分，位于坎普汉西南部的奇林基地出现了一个篮球大小、发红色光、拖着一条火尾的物体。目击者是驻防该地的第12装甲步兵营C连某排中尉弗德里克·W.大卫。据他回忆，物体高度约1800米，飞行轨迹与地面平行，速度极快。目击有10秒～15秒的时间，然后物体瞬间消失于空中。这期间他未听到任何声音，或闻到任何味道。尽管时值深夜，但当时夜空朗朗，能见度相当高。当他正要打电话向总部报告时，发现电话线中有电流干扰声，也许是无线电子干扰造成的。G-2也通告，在同年3月6日、7日、8日和17日，有人看见过来历不明的其他闪光现象。目击者是驻扎在奇林基地以东约900米处的警备部队的军事人员。

闪电计划

据空军17区特别调查室向FBI提交的报告透露：从1949年后期到1950年，在新墨西哥州记录在案的目击报告就有几十起。在一份1950年FBI的备忘录中记载：空军方面与兰德航空公司在新墨西哥州瓦荷市郊建立了一些观察岗，用于观察和拍摄绿火球和飞碟的高度、速度等非正常天空现象。观察活动24小时不间断。此次活动被称为闪电计划。1950年5月4日，有人看到了八九个空中物体。FBI国内情报部副主管拉德于1954年退休，继任者为艾伦·H.贝蒙特，不久他就被称为FBI的"第3号人物"。1950年8月23日，贝蒙特给时为上司的拉德写过一份备忘录，提到空军方面对在新墨西哥州重要设施附近频繁出现的如绿火球、飞碟、流星等空中不明现象深表关注。自1948年以来，目击数量近150起之多。1950年10月9日，

拉德在一封致联邦调查局局长胡佛的信中写道:

　　"您还记得8月23日本人呈交的一份有关空军方面在兰德航空公司支持下在瓦荷市进行的闪电计划吗?它们的目的是,获悉在新墨西哥州敏感设施周围出现的不明天空现象的数据。

　　"调查此类情况属空军职权范围,空军方面也了解我们管辖的范围涉及间谍、颠覆、内政安全等。我们已联系了特别调查室,请求其通告与空中现象有关的任何进展。"

拉德谈到空军的调查时，并未说明目击是否包含外星球或境外发射的宇宙飞船或导弹。这究竟为何？我们知道，拉·帕兹博士认为绿火球不是自然现象。他认为，至少其中有美国政府为保护其重要设施所做的试验。但从解密的FBI和空军文件来看，没有任何部门承认绿火球与任何军事计划有关。

那是否有可能是前苏联在试验导弹呢？或许只能如此解释：倘若在20世纪40年代初，前苏联果真拥有如此精湛的制导技术的话，那么冷战早就变成"热战"了！再说，前苏联将试验地点设在明显是敌对国的空域，这简直令人无法相信！但假如不是上述的两种原因，那还有什么可能呢？1947年10月28日的一份空军情况部的文件透露：空军方面普遍认为，飞碟和绿火球代表"星际间某些飞行器"。

闪电计划最终取消

闪电计划记录显示：1950年9月11日，何罗曼空军基地曾命令93战机纵队指挥格拉夫少校，跟踪追击某空中物体，以便近距离观察和拍摄此物。但他并未被授权可以攻击该物体。显然，火球现象的存在是毋庸置疑的。问题是闪电计划缘何被取消了呢？1952年2月19日，由空军研发指导中心中尉约翰·H.克莱顿和小阿尔伯特·E.龙巴德起草的一份秘密报告指出：科学顾问秘书会建议，出于多种原因此计划不宜解密。其主要原因是，最终报告未能对绿火球及其他空中现象做出科学合理的解释。一些著名的科学家仍坚信，目睹到的现象是人为制造的。1980年，位于纽约布查南的印度角核反应堆出现了许多来历不明的飞船。它们形状各异，有的像飞镖，有的像冰淇淋。调查官菲利普·因布诺说："我相信这儿的确发生了令人难以置信的事，现在还有人不断向我反映情况。在夜里，有人看见小精灵似的家伙在反应堆门墙上跳上跳下。而军方的说法是：'我们已注意到了这些小家伙，我们可不管他们是否来自外太空！射击！'"

发生在英国的绿火球事件

在大西洋彼岸的英国，1962年12月29日，空军部行动中心少校J.G.梅勒在一张便条上写道："1962年12月28日，一位民航飞行员从仁福禄飞往曼彻斯特途径莫坎贝湾时，于2000米高空发现，距地面300米处有一亮光，比星星的亮度亮3倍，正以1280千米/时的速度自东向西飞行。与此同时，一位摩托车手在地面上也看见天上的一道绿光。"另一份类似的报告发生在1963年1月17日。漆橡树地区林汉以西，有三位管理员报告说看到一道绿光。米兰德指挥塔也报告说，一位飞机驾驶员看见了一道绿光。在机场降落后他报告说，当天3时30分，在漆橡树地区FL100方位，他及机组成员看见一个外来物穿越地球外大气层并发生爆炸，从而引起绿光。1995年10月17日，英国索玛谢特街村，西蒙·米勒和儿子及两个女孩开车沿格拉斯顿伯里，向一个名叫马克的村庄进发。当晚天空晴朗，可以看见大部分星星，没有一丝风。当米勒一行人刚过格拉斯顿伯里时，在车窗正右前方忽然出现一道绿光。起初米勒还以为是什么东西的反光。又开了近1千米时，绿光移到了他们的后面。从反光镜中，米勒可以清晰地辨认出它形似棒槌头，颜色呈模糊的绿色。这个物体忽左忽右地跟了他们约9千米。当时路上没有其他车子。在一个T形路口，他们停了下来，绿光也停了下来，在他们左边的一块田地上空悬浮。它高约10米，宽6米，距地面约三四米高，旋起的气流拔起田里的草飞向米勒他们。停留了半分钟后，米勒把车又开到高速公路上，直到看见灯光通明的高速路服务站时绿光才停止追踪。米勒一回到家就给当地的空军基地打电话，询问其雷达是否发现什么异常的物体。遗憾的是，基地自当日下午17时起就未开雷达。米勒的一个朋友曾谈到过类似的遭遇，当时朋友的车灯熄灭了。到底发生在美国的绿火球，与以后发生在英国的绿火球是否有必然联系？它们是外星人制造的吗？它们是用来监视美国最引以为豪的国防和原子能设施的吗？它们现在何处？是否还在继续监视人类呢？至今我们仍在寻求答案。

喂，我看见了飞碟

文_陈育和　安克非

几乎1/3近距离观测的UFO事件中，都伴有电子系统失灵的现象，最常出现的情况是汽车的无线电、大灯和引擎失灵。除此之外，UFO学者还收集到其他一些电子设备失灵的例子。UFO肯定论者普遍认为，这些现象的发生是由于UFO的推进系统产生了某种微波，而微波产生的电磁感应造成了周围的电子系统失灵。

1957年11月2日晚~3日凌晨，是值得莱威尔兰得居民记住的一夜。莱威尔兰得镇坐落于美国得克萨斯西北部，当地主要生产油和棉花，人口为1万。当天，苏联刚刚发射一颗人造地球卫星"斯巴特尼克Ⅱ"，消息还未传开。但不久后，另一个消息开始在这个默默无闻的小镇上蔓延。消息称，一个或更多的不明飞行物正在镇郊与司机们搞恶作剧。莱威尔兰得警局的值班警官A.J.弗勒在两个半小时内就收到了15个电话，其中7个电话的内容非常相似。

第一个电话来自一名农夫佩得罗·索斯都，他和他的伙伴乔·萨拉兹发现了一个壮观的景象。当时他们正驾驶着一辆小卡车，行至莱威尔兰得以西6.4千米处，一道奇怪的光亮将他们的注意力吸引到公路右侧的一个地方。突然，那团黄白色的光亮从地面升起，速度不断加快，并从卡车上方呼啸而过，裹挟着一阵强风，发出震耳欲聋的声响，像是在打雷。索斯都说："我的卡车被这阵疾风吹得摇摇晃晃，并感到一股极大的热流。"索斯都形容那个物体为"鱼雷状，像火箭，约61

米长，时速在967千米～1287千米之间"。当这个物体靠近卡车时，汽车的大灯和引擎同时熄灭；而当物体向莱威尔兰得方向飞去后，大灯又亮了，汽车也毫不费力地启动了。

接到索斯都打来的电话后，弗勒警官不知如何处理，他想也许打电话的只是一个醉汉。可是，1小时后，弗勒又接到另一名汽车司机的电话。这个叫吉姆·维勒的司机，也经历了同样的事情。当时维勒正沿116号公路行驶在莱威尔兰得以东6.4千米处（这个方向和索斯都看到的UFO飞去的方向一致），突然他看到一个约61米长的卵状物体横亘在前方的公路上。维勒说，当时他的大灯和引擎立刻熄灭了，而当这个奇怪的、闪闪发光的物体升到空中并消失后，一切又恢复了正常。

另一个打进电话的是约瑟·阿尔瓦拉兹，他正行驶在51号大街上，在镇中心以北约17.7千米处。同样的事情发生了：他看见一个闪光的卵状物体横亘于前方，他的车同样经历了大灯熄灭、引擎熄火。当物体飞离后，汽车恢复常态。

还有一名目击者是得克萨斯技术学校的学生纽威尔·莱特。午夜刚过，他正行驶在116号公路上。突然，引擎出现故障。他下了车，发现前方有一个椭圆状物体，约有38米宽，发着蓝绿色的光。几分钟后，这个神秘物体垂直升起，在北方很快消失了。然后，他毫不费力地启动了汽车。

第五个遭遇大灯和引擎故障的是弗兰克·威廉。3日0时15分左右，他在第51号公路上遇到了类似的物体，位置同阿尔瓦拉兹看到的位置接近。威廉说，那个物体的灯光有节奏地闪动着，接着随着雷鸣般的呼啸升上天空。当它离开后，汽车正常发动。

第六个目击者是罗纳德·马丁，时间是3日0时45分。当时，他驾驶着卡车行驶在莱威尔兰得以西的116号公路上。突然，他的大灯灭了，引擎也熄了火，他发现一颗大火球降落在高速公路上。他还观察到，当物体着陆时光亮从橘红色变成蓝绿色，当它飞离时又变回到橘红色。

第七个向警局打来电话的是来自得克萨斯州瓦科镇的卡车司机詹姆斯·朗。凌晨1时15分，他看到一个61米长的卵状物体，闪着光亮，就像是一个氖光信号灯。这次，物体的方位在莱威尔兰得东北，同样的电磁感应发生了。当朗接近此物体时，他的汽车电子系统失灵了，但当UFO飞走后一切又都恢复了正常。

凌晨1时30分，税官克莱姆和副官帕特·马克卡隆行驶在郊外约8千米的地方。他们看到一团椭圆形的光亮，像落日般炫目。

两天后的11月5日，美国空军派一名调查员在该地区做了一个调查。他仅用了一天的时间就匆匆下结论说，这些目击的景象只不过是一些球形闪电。

当时的空军科学顾问J.艾伦·海尼克对此持赞同观点，UFO的怀疑论者唐纳德·霍华德·门泽尔在其名为《飞碟的真相》一书中也响应了这一观点。但是，在这之后，海尼克又有了另一种观点。他在1992年出版的《UFO亲历》一书中，写道：

> "'蓝皮书'的负责人格里高利确实给我打过电话，但当时我正在监测苏联的新卫星，几乎是24小时值班，所以根本挤不出时间对此事给予关注。我是根据当时在莱威尔兰得雷电天气这一信息而得出的结论，此结论恰与格里高利的球形闪电理论一致。但现在我并不就此感到自豪，因为进一步的资料表明，当时的情况并非如此，观测员报道的天气状况是多云和薄雾，而不是闪电。另外，如果当时我再稍稍考虑一下就会明白，球形闪电并不会使汽车的引擎熄火，大灯熄灭。
>
> "我也从未听说球形闪电会着陆在高速公路上，但这些物体却是这样的。
>
> "我们还必须得考虑到这些物体的巨大体积（直径约61米），这个因素也说明它们不可能是光球，光球没有那么大的体积。
>
> "不管当时到底发生了什么事情，但是至少有十个素不相识的证人经历了非常相似的奇怪的事情。他们在莱威尔兰得附近16千米的范围内看到一次奇异的UFO表演，这一事件迄今仍然没有合理的解释。"

开创飞碟新纪元

文_谢湘雄

1947年6月24日，美国曝出民航机驾驶员兼爱达华州波夕市一家消防设备公司老板肯尼思·阿诺德驾机遭遇9个碟状飞行物的新闻，开创了人类探索飞碟的新时代，它也是美国空军"蓝皮书"计划研究UFO事件的开端一案，是无法解释的5%案例中第一UFO事件。经典的UFO——阿诺德事件的见证人并非阿诺德一人，因此否定它是不可能的。下面让我们来看看关于这个事件本身及其前前后后的详细情况。

阿诺德说：

"1947年6月24日，我驾机从华盛顿契哈利斯机场起飞。15时许，我飞到罗切斯山脉附近。几天之前，有一架C46海军陆战队的飞机在那儿失踪，我决定花点时间找一找它。我爬升到3500米处，以便观察巨大的裂缝。我想说不定飞机就坠毁在那儿。

"我正在观察地面，忽然左前方一些闪光的物体引起了我的注意。于是，我的目光顺着光源看去，发现有9个非常耀眼的圆盘状飞行物。我估计它们的直径为15米左右。它们排成阶梯飞行，一排4个一排5个，从我驾驶的飞机前方由北向南飞去。它们一边飞一边在山峦间曲折地穿行，有一阵子，它们在其中一个最高山峰的后面消失又出现了，可见是在绕山飞行。

　　"每个飞行物都跳跃似的前进，就像水上打漂的碟子，又好像在惊涛骇浪中行驶的快艇。我观察时记下了它们与我的相对方位及它们移动的距离，我估计它们离我有50千米远。根据驾驶盘上的秒针，我算出它们用102秒飞了76千米，这速度相当于每小时2700千米！"

　　阿诺德返航后立即报告了这一情况，他说："它们由出现到消失历时3分钟左右。"几小时后，所有的报纸和电台的电传打字机都记下了肯尼思·阿诺德讲述的这段奇遇，标题是：《一名飞行员遇见了飞碟》。

　　空军技术侦察中心对肯尼思·阿诺德的目击报告持有审慎的态度。该中心类似美国空军二部，负责搜集外国遥控飞机和导弹的情报，设在俄亥俄州戴顿的赖特帕特森空军基地内。

　　该中心的技术人员立即分成了两派：其中一派认为，阿诺德只不过见到了列队飞行的普通喷气式飞机。他们解释说："一般情况下，人用肉眼无法区分弧角小于0.2′的东西。"

　　他们的推论是："既然阿诺德认为这些飞行物体约15米长，那就是说，实际上这些物体跟他的距离比他所想象的要近得多，否则，阿诺德无法把它们辨别清楚。因此，他计算的飞行速度是错误的：并非每小时2700千米，而是650千米，即一般喷气式飞机的巡航速度。这些飞行物之所以像是跳跃着前进，那是因为阿诺德是透过热的空气看到它们的缘故。这和烈日下在公路上，热空气上升产生形变的道理相似。"

　　另一派看问题的角度则截然不同，他们认为阿诺德目击的飞行物性能高超："当阿诺德给这些飞行物定方位时，他知道这些飞行物所在的位置。阿诺德习惯于在山峦上空飞行，对罗切斯山脉的雷尼尔山区了如指掌。他看到那些飞碟在一个山峰后面消失了，这有力地证明，阿诺德对飞行距离的估计是对的，因此计算出每小

时2700千米的速度也是准确的。此外，至今没有任何飞机可以像那些飞行物那样能在山峦之间曲折穿行。既然这些飞行物在三四千米之外都可能被辨认出来，那它们的长度或直径至少有60米，阿诺德只是在这一点上弄错了。"

事后，对所有的空军基地进行的普遍调查表明，6月24日这一天在该区没有任何军用飞机列队飞行。

就在当天晚上，肯尼思·阿诺德的说法就被人证实了，而那时，广播电台和报纸都还没有报道阿诺德提供的这条新闻。俄勒冈州波特兰的一名地质勘探者弗雷德·约翰逊在这个山区度过了一整天后，回到他的办公室。他向他的上司讲述了他的见闻："今天下午，我见到些异常奇怪的飞行物——五六个圆盘高速向南飞去。我看了几秒的时间。同时，我发现我的特制手表的磁针猛然间摆动得非常厉害。"

也许，约翰逊看到了阿诺德见到的那9个圆盘飞行物中的一部分。

是年6月28日，约15时15分，驾驶F51型飞机的一名飞行员在飞越内华达州的米德湖附近时，在他的右方发现了五六个圆形物体列队飞行，它们以神奇的速度消失在空中。6小时以后，夜幕降临在阿拉巴马州的蒙哥马利空军基地，情报部门的两名飞行员和两名军官突然见到夜空中出现一个十分耀眼的圆盘形亮光，它从天边飞来，以之字形飞近，并以极高的速度多次冲刺。在它飞经空军基地上空时，突然转了90°的弯，随后便急速消失在南边的天空。那一夜，密尔沃基的一位居民见到"蓝色的火焰"飞经她家的屋顶上空。她说："它们向南飞去了。"衣阿华州克拉里昂的一名汽车司机也目击到一个发光体划破夜空，后面拖着12个同样的发光体……

此后10天里，整个美国几乎成了一个巨大的飞碟观测站，观察到飞碟的报告越来越多。

面对这一连串的目击报告，空军技术侦察中心的头头惶惑不安起来。他们开始进行调查，调查的材料越堆越厚。

7月4日，波特兰上空开起了"飞碟联欢会"。"演出"始于11时，第一个圆盘穿过杰斐逊山峰的上空。

13时05分，一名正在警察局停车场的警察匆匆回到警察分局，并且嘟嘟囔囔地说："我不知道我刚才见到的是什么，神极了！鸽子突然间惊飞起来，我抬头望着天空想看看是什么使它们这么受惊。我正好看到5个巨大的圆盘，其中有2个向南飞去，有3个向东飞去。它们的飞行速度快得令人难以置信。飞行时，它们似乎围绕轴心摇动。我从未见过这种玩意儿！"

听他说着"神话"，几个同事正要讥讽他，忽然电话铃响了：两名巡逻的警察——他俩都是飞行员出身——报告说，他们刚才看到了3个银光闪闪的圆盘排成一字队形飞过。骤然之间，谁也不再开玩笑了。一会儿，又有四名巡逻的警察报告说，他们看到五六个圆盘，形似镀铬的汽车罩，它们飞得很快，还有点摇晃。

16时30分，一名妇女打来电话：她刚刚看到天空中飞过去一个东西，它有点像崭新的硬币。又一名男子报告说，他见到两个圆盘状飞行物，其中一个飞向东南方，另一个飞往北方。

此后，波特兰港还有好几百人看到了飞行的圆盘。

7月5日夜晚，联合航空公司的一架飞机的机组人员在爱达华州埃默尔附近看到了5个飞行圆盘。他们在给技术侦察中心的报告中写道："这些飞行物的外壁下部薄而平滑，而上部却显得很粗糙。20时04分，我们刚从博伊西起飞，在夕阳中圆盘的轮廓浮现在我们眼前，我们可以清楚地看到它们。我们沿东北方向跟踪了它们大约70千米，我们说不清它们是怎样消失的，也无法断定它们究竟是圆的、椭圆的，或者类似的一种什么形状。"

是年7月，每天都有一些目睹圆盘的报告。可以这么说，当时美国西部天空充满了飞碟呢！

尽管在1947年6月阿诺德目击事件之前，也有人报告说看到过奇怪的空中飞行物，然而却是这次目击事件开创了我们今天所谓的飞碟新纪元！

地震中，UFO闪现

文_薄风仪

在2004年10月23日晚，日本新泻县中越发生地震。同一天，在奈良天理市上空，一不明飞行物体与JAL（日本航空公司）客机擦肩而过，差点相撞，时值新泻地震发生前30分钟。那不明飞行物发出红色和橘黄色的奇异闪光，这是不是大地震前的警告呢？

奇异的光

"与迄今为止所能见到的飞行物体完全不同，光分裂开来，从其特征来看，很明显像是UFO之类的物体……"研究UFO长达四十年之久、经验丰富的UFO研究学者天宫清先生现在回想起来，依然激动不已。

当天傍晚，在自家附近的农田里观测天空的天宫先生，发现有一架客机从上空飞过，这架飞机航次为JAL1521，是从羽田飞往伊丹的。天宫先生曾于30年前的6月，也是JAL飞机飞过天理市上空时，目击到其旁边有一圆盘形UFO。鉴于此经验，天宫先生立即把摄像机对准天空，透过镜头追踪飞机。这时，天空中突然出现了奇异的红光，时间是17时23分，正西方上空。UFO不断地变换着形状，在空中徘徊了3分钟，差点与飞机相撞。

飞行员的警告

国土交通部航空局对此段录像进行了鉴定，不少人都看过了，普遍认为那不是飞机。另外，JAL的一个飞行员也看了此段录像，他说："太神奇了，这只能是UFO……"另外，天文学家们也认为这是UFO。

对宇宙心驰神往的研究专家们也震惊了，有许多评论说，那是"与飞机擦肩而过的火球"。

一个UFO研究专家说："那会不会是躲在云彩间隙中的太阳呢？"但天宫先生说过这是日落之后拍摄的。另外，也有人提出，这是不是使用补燃器（混合排气和燃料使之燃烧）的战斗机呢？但这天，并没有关于战斗机飞过飞机旁边的报道。

随后，这天发生了其他重大的事件，那就是新泻县中越的地震，而且地震是发生在17时56分，也就是UFO出现后仅30分钟。

难道UFO的出现与天灾有什么因果关系？！这对专家们来说，又是一个未知的论题。例如，阪神大地震发生一周前，也有报告说，有UFO忽亮忽灭、来来回回地飞过。

2005年末，印度洋发生大海啸，并由此引起了地震。被巨大海啸吞没了的印度尼西亚和印度部分地区，在地震发生前数日，就有许多人见到了UFO。印度媒体称，UFO研究专家中有人说："它们（外星人）能用某种方法预知灾难，是不是它们想在灾难发生前，告知地球人呢？""不，这应该是UFO在地球上事先模拟灾难的发生。"也有人这样认为。

这次成功拍摄到的UFO，果真是对新泻县中越地震的预先警告吗？

引起轰动的录像

这段引人注目的录像大约有3分15秒，UFO与JAL客机擦肩而过，大约是在开始拍摄后的30秒，不过是一两秒内的事。随后，天宫先生将焦点集中在UFO上，继续拍摄。从录像中，可以感觉到UFO是向四面八方移动，但其实这应是天宫先生的手在移动的原因。也许UFO只是微微移动，处于近乎悬停状态，而且，因为是目测，不好说什么，但飞机与UFO的距离应是5千米以内。

　　此段录像是利用佳能数码摄像机（光学16倍可变焦镜头）拍摄到的。"与飞机擦肩而过时，看起来又细又长，但单独捕捉到时，又变成了发着红光的圆形光体。红光让我感觉到像是警告，以为自己要有什么不好的事发生。"天宫先生回忆说。他在镜头里看到，其机体如螳螂头部的形状，从三处发出光来，那光忽红忽黄，忽又变成白色或带点红色的橘黄色，并多次出现晕光。开始拍摄后的80秒，光变得格外强，随后形状也发生变化，又变成了两束光，后逐渐变淡，消失在天理市上空。

发现他们的另一面

文_杨自豪

 最近，我写了一个题为《UFO研究：与公众分享挫折与成功》的演讲稿，在这个稿子中我谈到了多年来与研究人员和目击者培养的一种令人满意的友谊。在许多情况下，我能够从那些以前不认识的人身上学到东西。

 可以说，在我的生活中最近认识的许多人在一生中多次改变过职业。就我而言，我很幸运地从事过几种有益的工作：3年就职于美国军队；36年的土木工程工作中有33年是在得克萨斯州交通部；15岁开始在业余时间玩音乐到现在已37年了；最后，我从事UFO研究近25年（鉴于目前的年纪，这或许是我最后的事业）。你把这些时间加起来，并不代表我已经98岁了，因为这些时间是重叠的。

 在我从事的这项研究中，最具兴趣的一件事是获知有其他的研究人员或目击者比你更优秀，并且你可以学习到他们其他的嗜好或才能。

 对于许多研究者，多年来我对他们的学问都心存敬畏，并且通过读他们所写的书籍更多地了解这些知识。最终我有幸见到了他们当中的大部分人，我们在宴会上或我的家中讨论有关问题。我慢慢认识到，他们和其他人没有什么不同，但我们都有一个共同的目的——找到真相。之后，我们间的关系发展成了我珍视的长久友谊，因此我能更好地了解他们以及他们的家庭和其他嗜好。这其中就包括斯密特，他是一个渴望胜利的棒球运动员，从他居住在威斯康星州起，我和他在一起仅是一段很短的时间。

另外一个人是斯坦顿·T.弗里德曼，他在加拿大住过一段时间。这两个人满足了我在1997年的需求，当时我正设法得到一片来自罗斯韦尔飞船的金属，却受阻于位于俄克拉何马州所谓的美国空军开放系统的代理人。我向他们倾诉了我的关注和恐惧，他们都给了我意见和忠告。

不明飞行物历史研究家温迪·卡纳斯和我花费了许多时间进行研究，会见目击者，并多次把支离破碎的信息整合在一起。

几年前，当我在北卡罗莱纳州讲演时，乔治和他的妻子热情地招待了我。可以说，我是绝不会忘记乔治的，和他认识的情景现在依然历历在目——当我辛辛苦苦地把他收集到的84个箱子和8个文件柜的资料捐赠给罗斯韦尔的UFO博物馆时，当我的后背被累得很疼时，他却告诉我8个文件柜的次序不对。一提到此事，我们很多次都大笑不止。

多年来，我与许多的研究者有过交往。由于他们的参与和贡献，我对他们充满敬意，把他们看成朋友。

至于目击者，我无法用语言来描述对他们的同情，因为他们不得不在超过50年的时间里与他们的经历一起生活。在许多情况下，他们不能与其他人分享信息，因为他们必须保持沉默。当我有幸向这些人得到了许多信息后，我感到这就是我为何尊重他们的原因：毕竟他们拥有和你我一样的生活，有家庭、其他的嗜好等等。由于卷入了罗斯韦尔事件，致使他们的生活有了一些不同。

在这篇评论中，我要与大家分享这些年里从许多的目击者那里得到的信息。

弗兰克·卡夫曼，我认为他在思想上深深地卷入了罗斯韦尔事件。他已经完成了对他的训练，每当我想要从他那里得到一些信息时，他总是瞪着我说："你是侦探——解决它吧。"在他的家中，我看到了许多他作为优秀的艺术家所画的精美的油画。因此，他有我不知道的一面。

威尔科克斯州州长的女儿伊丽莎白和菲利斯是我最喜欢的两个人。她们告诉了我，她们的父亲在1947年的经历，以及由于当时她们家实际上变成了监狱，她们的母亲为那些犯人做饭的情况。

格伦·丹尼斯，1947年的殡葬业者，现在是一个雕刻家。我看到过他的西方雕塑，是我见到过的作品中最好的。总的来说，我听到了许多关于他作为殡葬业者的故事。

沃尔特·豪特，1947年是公共关系官员。他写了一本现在非常出名的、名为《在我们的领土飞行的圆盘》的书，温迪·卡纳斯和我最近会见了他。我们了解到，他在芝加哥长大，在5000选1的竞争中上了一所高中。我们还了解到，他作为B29轰炸机的投弹手，由于在日本执行了约30次任务而获得勋章。

我同鲍伯交谈过，1947年他是飞行副驾驶员，他曾把他的宠物狗绑在身上跳伞。

在UFO研究中，尽管存在着挫折、失望、政治和其他的一些不利的因素，但是，我与研究者和目击者所建立的友谊是对我最好的回报。

我的研究有时觉得好像是试图了解某人，实际上这些人从来没有成为我研究的一部分。我认为应忠于真理，这就需要调查、证明文件以及确认。我可能不总是同意目击者所说的话，但如果我和他发展了友谊，友谊会占上风，希望他所说的是事实。

未被承认的真相

文_陈育和　安克非

　　艾伦·海尼克最早用"近距离遭遇"这个名词来为那些UFO报告分类，这里的"近距离"通常是指在150米的距离以内。之后，这种分类方式广为接受，特别是在电影《第三类近距离遭遇》（讲的是目击或接触到UFO乘客的事情）放映以后。

　　第一类近距离遭遇（简称CE-Ⅰ）是指近距离（通常在150米以内）发现UFO，但并没有发现它与周围做任何接触。智利斯-惠特得事件可以作为一个例证（发生在1948年7月24日，阿拉巴马的蒙哥马利上空），另一个例子发生在新罕布什尔州的埃克西特，时间是1965年9月3日。

　　第二类近距离遭遇（简称CE-Ⅱ）是指那些与周围事物有明显接触的UFO事件，但是无UFO乘客。CE-Ⅱ的例证有：巴西的乌巴士巴事件（1957年9月14日），澳大利亚昆士兰的吐利事件（1966年1月19日），加拿大安大略的法尔肯湖事件（1967年5月20日），衣阿华的加里森事件（1969年7月13日），堪萨斯的特尔菲斯事件（1971年9月2日）。

　　近距离与UFO相逢，对于UFO的研究来说至关重要，因为在近距离观测时，误认的可能性几乎为零。我们在此讨论的是那些较为典型的事件，讨论这一问题时，有可能出现的情况如下：

第一，欺骗。即证人们或是在有意撒谎，或是其本身成了恶作剧的牺牲品。

第二，短暂的迷惑、幻觉或是精神失常。在有多个证人出现的情况下，属于群体精神变态或群体幻觉。

第三，真实的经验。证人们将其观察到的事物尽其所能地进行如实描述。

在亚瑟·C.克拉克看来，"我们只应该关注那些近距离遭遇到的UFO，只集中精力研究那些近距离观测的UFO报道，而放弃其他的，不管UFO究竟是否存在。假设真有UFO存在的话，那么这些近距离观测到的UFO报道是唯一有研究价值的"。

看来，CE-Ⅰ、CE-Ⅱ、CE-Ⅲ是最终解开UFO之谜的钥匙。但是，有一个问题局限着我们：即我们究竟能够找到多少科学证据，特别是如何找到证据区分UFO和反常物理现象。在20世纪，科学家们所掌握的技术尚不能证明目击者的说法正确与否。测谎仪和PSE（心理压力分析仪）不能分辨出近距离还是远距离、目击证人是否处于深度催眠状态等问题。这些技术都有其局限性，在新技术被发明出来、旧技术被淘汰之前，这种科学的局限性是无法超越的。话虽如此，我们还是先来看一下那些UFO学所能提供的最为明确的证据吧！

最为奇特、并被详尽记录在案的UFO事件发生在新罕布什尔州的埃克西特，此次事件有多个证人，其中包括18岁的诺曼·马斯卡罗、尤金·伯特兰德和大卫·亨特两位警官。这些人在1965年9月3日凌晨时分近距离观测到一个巨大的椭圆状物体，直径为24米～27米，带有闪烁的红色亮光。这个不明飞行物摇摇晃晃地从目击者的上空飞过，它的奇异的红色亮光照亮了方圆200米的地方。

埃克西特事件还得从伯特兰德警官说起，当时他正开着21号巡逻车沿101公路巡逻。大约1时30分（美国东部夏令时间），他发现一辆车停在高速路旁，于是他停车检查。他发现那辆车里有一个激动得有些狂乱的女性，她说刚才有一个"带红灯的宇宙飞船"跟踪她；还说，那个物体在埃普星和埃克西特两地间跟踪了她20千米，并几次向她的汽车俯冲，只差几米就会撞到她的车。她指着天边那个像是星星的物体说，那就是刚才飞走的不明飞行物。伯特兰德说："我觉得她肯定是一个疯子，因此没有向总站报告。"

此后，伯特兰德几乎忘了这件事情，直到1小时后，总站值班警官雷金纳德·托兰德命令他返回，并令其去调查一个类似事件。事件的当事人是18岁的少年诺曼·马斯卡罗。2时24分，这位少年几近震惊地闯进了警察总部。他说事情发生时，他正搭乘别人的汽车从马萨诸塞州的阿米斯布雷沿着150公路往家返。突然，他发现了一个明亮闪光的物体，那上面还有一排闪闪烁烁的红灯，正穿过两所房屋的中间地带向他这里飞来。他说那个东西像房子那么大，或许比房子还大，当它向他飞来时，寂静无声。少年担心它可能会撞上他，于是下了车一头冲向路旁的狭窄路面，而那个物体似乎正要退到那里。他赶紧冲向附近的一所房子（事后确认是克莱德·卢塞尔的住宅），并猛烈敲门，但卢塞尔夫妇以为是一个醉汉，没有理睬他。这个惊恐万状的少年又跑回公路，拦了一辆车，这辆车把他带到了镇中心的警察局。

有了马斯卡罗的叙述，那位路旁汽车中女士的叙述就有了一定的意义。尽管仍有些难以置信，伯特兰德警官还是把马斯卡罗带到了出事地点。3时之前，他们赶到了出事地点。开始时他们什么也没看见，那天天气晴朗，微风轻拂。伯特兰德开始用手电搜查现场。突然，马斯卡罗发出一声惊叫："小心，它来了！"只见在两棵二十几米高的松树后面，升起一个他们俩平生从未见过的东西。就在此时，他们听到了附近的马嘶狗叫。伯特兰德事后回忆道："那是一个巨大的、黑色的、坚固的物体，通过光反射可以看到它的外形，有房子那么大……似乎被压缩成了圆状或卵状，无两翼、梯子或支架等的突起。"该物体有排成一排的五盏炫目的红色灯，它们以1—2—3—4—5—4—3—2—1的次序依次闪烁，每两秒一圈。整个物体像是一片落叶似的飘飘荡荡。

这个物体看起来距地面有30米高，距他们也有30米远，发出的血红色的亮光照耀着地面和附近的房子。这个景象太不可思议了，伯特兰德冲向他车上的无线电，并通过无线电请求立即援助——他是希望再有一个证人目睹此事。几分钟后，大卫·亨特警官驱车赶到，他来得还算及时，目睹了该物体向着汉普顿方向飞去的情景。整个过程持续了15分钟，亨特警官观察了五六分钟。

伯特兰德说，那个物体的灯光是他有生以来看到的最亮的灯光，几乎不能直接对视，即使是在该物体离去时。而亨特说那灯光比近距离看到的汽车大灯还要亮。回到警局后，他们从接线员那里得到一条消息：有一个人从汉普顿的公用电话亭打来电话，无比激动地报告说有一个飞碟正向他飞来。接线员还未来得及记下他的名字，电话就挂断了。当时刚过3时，与马斯卡罗、伯特兰德和亨特所说的时间正相吻合：他们三个在3时15分看到那个物体向着汉普顿方向飞去。

毋庸置疑，该景观十分罕见。五个目击证人中大多互不相识，特别是几处目击地点互不相同，而所描述的事情几乎如出一辙。他们的证词已存档，这些证词必须给以充分的重视。每个目击者都声称该物体呈椭圆状，有明亮的灯光（只有从汉普顿打来电话的那个目击者在匆忙中没提灯光的事），它从空中飞向目击者，但人的耳朵却听不到任何声音。

马斯卡罗和伯特兰德描述的关于动物的种种反应，也颇值得注意，在许多其他UFO事件中也有类似的情况发生。但是在那些事件中，在场的人却听不到任何声音。在许多关于UFO的报道中，都谈到UFO的特点像是一片落叶。

这些UFO事件被报告给附近的和平空军基地，由他们转呈给"蓝皮书"计划。五角大楼对于埃克西特事件的解释十分荒谬，就是军界人员也颇感迷惑。第一种解释是"恒星和行星的闪光"。据说，逆温层导致了恒星和行星不断地"跳舞、眨眼"，这就使得那名路边汽车上的女士产生错觉，并因担心被这一飞来之物撞上而停车；使得伯特兰德警官不敢直视那种光亮，并惊恐地拔出手枪；使得受了惊吓的马斯卡罗冲到路旁寻求庇护。空军发言人也认为星体会因为前后摇动而有节奏地闪光。

当这一解释不能说服众人时，五角大楼又创造出另一种解释，即代号为"大爆炸"的一项高空战略演习。但事后证实，该行动在2时以前就结束了，更别说一架B47战斗机和不明飞行物在外形上是如何的不同。

更富想象力并同样牵强附会的是UFO怀疑论者菲利浦·克拉斯在他的书《确

认UFO》中的说法，他认为马斯卡罗和两名警官看到的仅是迄今尚未被科学所知的自然界的一种反常现象，即它们是晴天时的空气等离子体。等离子体是由附近高压电线的放电效应产生的，这种等离子体脱离出来，发展成巨大的规模，并传播到郊外。克拉斯的"等离子理论"作为UFO理论的一家之说，还未得到认可，但可以肯定地说，如果我们想对埃克西特事件或其他UFO事件进行合理解释，就必须用科学的已知去解释未知，而不能用神秘的东西甚至是某种推测（比如纯系假说的等离子体论）来解释另一种未知。无论是怀疑论者还是肯定论者都不要忽略了UFO中"U"的含义：未知。

UFO的存在毋庸置疑

文_陈育和　安克非

　　在1973年10月18日晚，一架四人美军预备役直升机在从哥伦布飞往克利夫兰的途中，遭遇到一个灰色、金属外表、香烟状的物体。这个不明物体有着与众不同的灯光，做着与众不同的飞行。这四人后来被授予"蓝色绶带"，以奖励其"1973年最具科学价值的UFO报告"。

　　22时30分左右（当地时间），贝尔UH-1H直升机离开了哥伦布向180千米远的克利夫兰基地做例行飞行。机组人员有：机长劳伦斯·J.科恩（现在是中校），他坐在前排右边的位置；阿里哥·杰西中尉，坐在前排左边的位置，掌握着操纵杆；医生约翰·希利，坐在杰西后面；机组长罗伯特·扬耐克军士，坐在科恩后面。直升机在离海平面762米高（离地面365米）的地方以90节的速度飞行，指南针的角度指示30°。

　　晚23时左右，在曼斯菲尔德以南16千米（约旅途中点），扬耐克看到一盏奇特的红灯。开始，他以为是无线电或电视塔顶上的航行阻碍警告灯，或者是远处的一架飞机。由于没有影响到飞行，他看了片刻——1分钟左右——后才告诉科恩。科恩通知扬耐克，让他"保持警惕"。30秒后，扬耐克报告说，那盏红灯正在高速向他们飞来，有相撞的可能。（科恩在此后估计，该物体的速度约为每小时1100千米或1300千米。）灯光逼近了他们，科恩从杰西手中抓过操纵杆降低

飞机。1分钟后，他们发现自己几乎处在了该物体的正下方，并能清楚地看到该物体。

扬耐克说："这个东西凭空而来，并突然停下。它看起来就像是一艘黑色潜艇的外壳。它停了下来，我指的是停止了运动，大约停了10秒或12秒，我毫不担心会相撞，因为它看起来能很好地控制位置。天空格外明亮，繁星闪烁，这个飞行物的边缘轮廓清晰可见。它呈椭圆状，其坚固的外壳在夜色中使星光暗淡。"

这时候可以清楚地看到，它是一个有圆顶的柱状物体，先前的红灯只是该物体的"鼻子"，在其后部的上下方分别有白色和绿色的灯光。机组人员还证实，由于有这三种灯光的照射，黑色的机体清晰可见。正如科恩所说："你可以分辨出红灯截止到什么位置，代之以灰色的金属结构。你还可以看到红色灯光从灰色金属结构上发出，再往后看，你就可以看到灰色的金属结构。"突然，那个物体的底部发出了长方形或金字塔形的绿色强光束，这束绿色光束使机舱内的一切都笼罩上一片绿色。科恩还说，当他下拉收敛器，企图降低飞机的高度时，飞机却以每分钟300米的速度升起。此后，科恩还提到，当时磁盘大幅度偏移，直到不得不更换。科恩说飞机总共攀升了100秒。"我提起收敛器朝下拉回，直升机开始颠簸，就像是发生了故障，接着……但是该物体已向西飞去了。当我们开始松口气时，它已经飞到曼斯菲尔德境内了。"

机组人员对这个不明物体总共连续观察了四五分钟的光景。

飞机一到克利夫兰，机组就向联邦空军部（FAA）发去了操作险情报告。接下来空军进行了全面的调查，但没能得出一个合理的解释。

菲利普·克拉斯是一位UFO的怀疑论者，他从不放过任何一次UFO事件的发言机会。他提供了一个解释，但他的解释在我看来，比起外星飞船之说更令人难以置信。他认为那只不过是一团由于流星雨而产生的格外明亮的火球，机组人员就是被这团火球迷惑住了。他的根据是：历年的流星雨多半发生在10月21日和22日夜里，与科恩事件发生的时间很接近，再考虑到飞行员时常被流星雨所迷惑，因此，克拉斯推断，科恩和他的机组成员那天夜里可能就是被同样的事物迷惑了。

自负的克拉斯认为，机组人员受到了突如其来的一颗明亮流星的惊扰，他们的时间概念和他们的描述能力整个发生了故障。克拉斯认为，他们看到的并非是一个巨大的带圆顶的金属模样的柱状物体（所有机组人员都说，该物体在他们正上方停留的10秒或12秒内，他们清楚地看到了它的形状），而是一个火球的余晖。他认为，这种说法同时阐释了曾笼罩机舱几秒的绿色光束之谜。众所周知，流星——即便是最壮观的火流星——也只是一瞬间的事情，于是，克拉斯推断整个事件实际上只持续了很短的片刻，而不是如机组人员所述的有四五分钟。事实上，正如UFO研究者詹妮·齐德曼所说："一个以每秒66千米的速度运动的物体（这一速度等同于流星雨的速度），用不到22秒就可以飞离海拔约80千米的天空。而这一时间只是目击者所述时间的1/12。目击者是不会故意混淆视听的，这一点就连克拉斯本人也承认。"

我个人认为，如果我倾向于持怀疑态度，那么我宁愿相信人们有意撒谎，也不会相信训练有素的四个军人会将一颗流星误认为是一个不明飞行物，并且分不清20秒与四五分钟的区别。若果真这么不称职，他们怎么能完成他们的年度飞行任务呢？难道说他们以前的成功飞行全属巧合？

　　我只能同意科普作家詹姆斯·奥布格的说法：确实壮观，不可思议。他说："四个可信的目击证人报告说，看见了一种像人们想象中的外星飞船一样的东西，这确实是一个奇观。过去类似的报道最终成为一场诚实的错觉，而这次事件的种种迹象的确难以解释。"科恩事件被载入了史册，并成为最为典型的UFO事件之一。

现实与虚幻有时一线之隔
第二辑

烦恼，开始在夜晚

文_刘 艳

新罕布什尔是一个神奇且神秘的地方，它的南部是北萨勒姆，其附近是神秘山，被称为"美国人的巨石阵"，是一个石头结构，起源神秘。也是在南部，在新罕布什尔的那一点儿海岸线附近是埃克塞特，那个地方曾于1965年发生过许多起UFO目击事件。

该州的东中部是奥西皮湖，是印第安人的神圣区域。1800年，在这个地区发现过一块墓地，里面埋着一万多具排成同心圆的尸体遗骨。这个地区有冰川时期冰河凿成的许多壶形湖，周围是古老的火山，有些湖可能通过火山通道彼此相连。有人说，曾看见UFO钻入这些深水池。

再往北，在新罕布什尔中部是白山国家森林。那里有许多景点，比如说渡槽、山老人、华盛顿山和印第安首领等。这个地区夏季有许多度假者、野营者、徒步旅行者和渔夫，到了冬季，滑雪者则云集坡上，追猎者钻入林木；但是在两季之间，或者说早春和早秋，这个地区很安静。

在1961年，不同肤色的人通婚可能不是一件容易的事，甚至在开明的新罕布什尔也是如此。可是希尔夫妇似乎调整得比较好。贝蒂·希尔，白人，社会工作者；巴尼·希尔，黑人，邮局职员。巴尼在波士顿工作，夫妇俩住在新罕布什尔的朴次茅斯，所以每天上班一个来回。巴尼得了溃疡，也许是因为工作压力，所以当几天的假期到来时，他选择了度假。他们决定去加拿大。他们带上自己的达克斯猎犬德尔西，为了能让狗待在自己的屋里，他们住进了汽车旅馆。

他们去了尼亚加拉瀑布和蒙特利尔，9月19日，他们踏上了返程。夫妇俩中途在科尔布鲁克吃了肉夹饼，然后穿过兰开斯特驶入3号公路。

大约22时15分，在兰开斯特南部，巴尼看到在明月下有一个光点，就指给贝蒂看。起初他们以为只是一颗行星，可是他们很快注意到它在移动。巴尼坚持认为那只是一颗卫星或飞机，但贝蒂从一开始就认为那个光点不同寻常。他们停下车，用望远镜观看那个东西。

当他们到达北伍德斯托克北部的渡槽时，那个东西变大了。巴尼注意到它的运动不同寻常，因为它会飞快地向西方冲去，然后再冲回来，每次都靠得更近。在印第安首领，巴尼再一次停车，用望远镜观看这个东西。他看到那个饼形的东西上有多色光和一排排的窗口，非常大，距离有100米那么近。他靠近飞行器，能够看到里面有站立者，其中一位似乎是"领导"。这可吓坏了他，他连忙跑回车里，贝蒂在车里等着他。他发动车，快速离开。过了一会儿，他们看不见那个东西了，但还是听到一种哗哗声。

又过了一会儿，他们再一次听见了哗哗声，这时他们已经到了距离印第安首领南部56千米的地方。这之后，回到朴次茅斯的一路上再没有出事。

他们一直睡到下午，醒来后，贝蒂去姐姐珍妮特家，把这次经历告诉了她。珍妮特劝她把这次UFO目击事件报告给附近的皮斯空军基地。不顾巴尼的反对，贝蒂去了基地，把报告递给了100号轰炸大队的保罗·W.亨德森少校。在少校问起这件事时，巴尼很不情愿地讲了他的观点。

结　果

报告之后，巴尼想忘记这件事，可是贝蒂去了图书馆查找有关UFO的图书。她找到唐纳德·基霍少校的《飞碟骗局》一书，急切地读了起来。她还给基霍写了一封信，详细述说了目击经过。事情发生10天后，贝蒂开始做一系列的噩梦，过了5天后停了下来。噩梦涉及她和巴尼被挡在路上，然后被带入很大的飞行器。在朋友的鼓动下，贝蒂把她的梦写了下来。

与此同时，贝蒂写给基霍的信到了瓦尔特·韦伯的手中。韦伯是波士顿天文馆里的一位讲师，是基霍领导的UFO组织——空中现象国家调查委员会的科学顾问。他开车去朴次茅斯，对希尔夫妇采访了好几个小时，为他们的诚实和提供的详细情况所感动，因此给委员会写了长篇报告。

罗伯特·霍曼和C.D.杰克逊，两位科技作家和UFO爱好者，在与基霍谈话和看了韦伯的报告之后，于1961年11月安排采访了希尔夫妇。在这次采访中，他们中的一位问了一个关键问题：希尔夫妇回家怎么花了那么长时间？计算从科尔布鲁克到朴次茅斯的时间和里程可以看出，即使中间停下来休息，他们也应该早到两小时。得知这一情况后，前空军情报官员詹姆斯·麦克唐纳少校（他是希尔夫妇的好朋友），首次建议使用催眠术恢复记忆。

1962年3月，希尔夫妇与一位心理分析家谈了催眠，但决定推迟到以后再说。那年夏天，巴尼的溃疡又发作了，高血压也犯了。他感觉到自己的问题是心理带来的，所以开始接受埃克塞特的一位心理分析家斯蒂芬斯博士的治疗。这次治疗持续了一年，但是UFO目击事件起初没有作为这次治疗的一部分。不久之后，贝蒂和巴尼受邀给一个教派组织讲目击的事，斯蒂芬斯博士认为这次的目击事件很重要，他也觉得需要利用催眠来帮助巴尼处理这次事件。因为他自己的催眠不在行，就把巴尼介绍给波士顿一位著名的心理分析家、神经学家本杰明·西蒙博士。

西蒙博士迅速确定他得按照焦虑综合症来治疗贝蒂和巴尼两个人，这种综合症可以上溯到1961年9月19日夜发生的事件。他先催眠的是巴尼，然后是贝蒂。此后半年中，在失去的两小时里发生的故事传了出来：贝蒂和巴尼在一个路障处遭拦截并被带上UFO，接受了体检后被送回车里；外星人还给贝蒂看过一张星图，后来被解释为外星人来自Z网。他们的故事后来被约翰·G.福勒写成一本名为《被扰的旅程》的书，并被编成名为《UFO事件》的电视剧，爱斯苔尔·帕森斯和詹姆斯·E.琼斯主演希尔夫妇。

希尔夫妇的故事是第一个现代劫持故事。1961年那个时候还没有《神合》，也没有《X档案》，劫持故事还没有成为大众文化的一部分。马丁·S.科特梅耶之类持怀疑论的人声称，希尔劫持案的主要情节在1953年拍摄的电影《来自火星的入侵者》和通俗科幻杂志中能够找到，巴尼描述的外星人在他接受催眠的12天之前曾在《外空极限》的一段情节中被描绘过。如果说贝蒂和巴尼看过那部电影或者《外空极限》的那个情节，或者说他们夫妇俩是科幻迷的话，这些说法还有很强的说服力，可是像卡尔·普福洛克这样的研究者也说找不出证据说明他们接触过那些东西。持怀疑论者还指出，贝蒂做噩梦是在她看了基霍的书之后开始的。是的，可是巴尼在那天晚上看到双层窗户和里面有"人"的UFO时，根本没有看过基霍的书。

即使排除那些噩梦和在催眠状态下回想起的劫持经历，不管出于什么理由，那次目击事件本身仍然是有史以来最可靠而且无法解释的一个事件。

西蒙博士，心理分析家，自始至终参与了希尔事件创伤的心理治疗，他认为希尔夫妇不是在撒谎。除了是真实事件之外，他无法解释会是别的什么，他在给保险公司出具证明时也是这样写的。然而，他不相信劫持的发生。他的最后诊断是：贝蒂在心里制造了劫持的梦境以填补那段遗忘的时间，当巴尼听到她梦境的内容时，潜意识地接受了她的说法以达到填补那段缺失时间的相同目的。当然，无论是哪种情况，都不能准确地解释到底发生了什么，解释希尔夫妇从科尔布鲁克到朴次茅斯为什么比平时多用了两小时的时间。

UFO，宇航员之所见

文_李建秋

时至今日，UFO与外星人依然是科学界的一大难题。它同时也是一个争论不休的话题，赞成者有之，反对者亦有之。反对的人认为，绝大部分UFO现象都能给出合理的解释，同时也没有任何可靠的、令人信服的证据能证明外星人存在；赞成者则是有大量的目击报告或接触实例为证。综观这些目击者或接触者，既有科学家，也有普通的民众；既有专业人士，也有一般的天文爱好者，甚至还包括宇航员。而这其中，宇航员身处太空探索的第一线，工作的特殊性决定了他们的说法更具真实性和权威性。

1963年5月，美国宇航员戈登·库珀少校驾驶着"水星9号"飞船在绕地球进行第22圈飞行时，一个形状像圆盘的飞行物朝他飞来。库珀刚开始时还以为它是人造地球卫星，但他很快就发现，这个发暗绿色光芒的飞行物的飞行方向是自东向西，而人造卫星是不可能这样飞的。当时，"水星9号"飞船正处在澳大利亚的马奇控制站上空，该站的两百多名工作人员都看到了它。美国广播公司（ABC）曾两次播送这一消息，然而美国当局却很快禁止库珀再谈论此事。

同年6月16日，前苏联发射了"东方6号"载人飞船，飞船上载着人类历史上第一位女宇航员瓦朗蒂娜·捷列什科娃中尉。按照计划，"东方6号"飞船需要与6月14日升空的"东方5号"飞船进行交会飞行。在交会飞行的过程中，一个椭圆形飞行物靠近过来，先"嗅"6号，后"嗅"5号，并围着它们来回转圈子，几分钟后才飞走。此后，前苏联于1964年10月12日发射的"上升1号"飞船和1965年3月18日发射的"上升2号"飞船都曾遭遇过不明飞行物，并且留有照片资料。

1965年6月4日，美国宇航员麦克迪维特上尉和爱德华·怀特上尉驾驶着"双子星4号"载人飞船沿地球轨道飞行到夏威夷以东时，看到一个形如鸡蛋并散发着赭红色光芒的物体，以罕见的速度朝飞船飞来。当它从"TX子星4号"旁边掠过时，麦克迪维特成功地拍下了一张照片。几分钟后，飞船又在加勒比海上空发现并拍摄了两个类似的飞行物。后来经美国航空航天局（NASA）验证，照片是真实的。

1969年5月18日，NASA发射了载有宇航员斯塔福尔德上校、约翰·杨中校和塞尔南中校的"阿波罗10号"飞船，准备进行全副装备的登月降落演练。当斯塔福尔德和塞尔南驾驶着"窥探号"登月舱开始向月球表面降落时，却意外地发现一个巨型飞碟正向月面着陆。指令长斯塔福尔德立即向地面控制中心报告，他说："眼前的事实使我们意识到，UFO的存在是确凿无疑的。"他立即启动摄像机，摄下了这一珍贵的镜头。返回地面后，斯塔福尔德又向上司做了详细报告，然而却遭到了严厉警告。有关当局将这一事件列为高度机密。直到20世纪90年代后期，由于NASA自身的疏忽，才使这一秘密大白于天下。

当时，NASA出版了一本名为《人类最大的冒险》的大型画册。画册中刊出了阿波罗计划中宇宙飞船拍摄的部分"可公开"的月球照片，而本来属于绝密的"阿波罗10号"飞船在月球背面拍摄到的飞碟照片竟也夹带刊出了。照片是在月球背面寓月面18千米处拍摄的，从照片上可以清楚地看到：一个巨大的飞碟正在向左下方的山脊降落，飞碟的中央部分微微隆起，从外缘到中央有三道清晰的环形；在两侧边缘，各有两大一小透亮的舷窗，在其下方可看到外形如倒三角酌舱门。据深知内情的美国科学家托恩·威尔逊说，"阿波罗10号"进入月球轨道后，释放出了登月舱。宇航员驾驶着登月舱，边接近月面，边察看将来的着陆地点时，遇到了始料不及的情况。"一个巨大的飞碟正向月面着陆，斯塔福尔德随即做了拍摄，而塞尔南则操纵着登月舱继续下降。当登月舱下降到距月面15千米时，飞碟似乎有所察觉，马上腾空而起，迅即消失。速度之快，令人难以想象。"

除了飞碟外，"阿波罗10号"的宇航员还曾拍摄过一张被称为"城堡"的照片。根据NASA专家后来的分析，照片中的"城堡"约有1.6千米长，数千米高，看上去像几个圆柱状物体被另一个物体横向贯穿而成，并在月面上投下了清晰的阴影。在"城堡"周围，还有巨大的圆弯形的建筑遗迹和数不清的地穴遗迹。这些遗迹或互相联合，或呈现几何形构造，绵延长达几千米。而所有的这一切现象，都与前苏联通过无人探测器所探测到的情况相吻合。据瑞典《科学》杂志报道，前苏联于1966年发射的"月球9号"探测器，就曾在月球背面拍摄到一个飞碟基地和由形状奇特的高大建筑物组成的城市。当时正值美苏两个超级大国冷战阶段，前苏联政府出于自身利益的考虑，一直未向外界公布这一惊人的发现。

如果说上述事件都属于宇航员远距离目击或观测的话，那么在前苏联"礼炮7号"空间站工作的宇航员基齐姆、索洛维约夫和阿季科夫的遭遇无疑可算是"亲密接触"了。据他们所说，1984年5月4日那天，三个人在"礼炮7号"上像以往一样按部就班地工作。突然一个体积比"礼炮7号"小一半的银光闪闪的圆球体，进入了"礼炮7号"的运行轨道，并与之并列飞行。彼此间距大约有1千米。第二天，间距突然缩短到100米。宇航员从望远镜中看到，该球体共有24个窗口及3个较大的圆孔。而从这三个圆孔中，宇航员竟惊诧地看到了三个外星生物，他们有着类似于地球人的面孔，不过眼睛显得非常大，面部没有任何表情。当银色球体近至数米时，宇航员在震惊之余，拿出他们的导航图给外星人看，对方则展示绘有太阳系的导航图。为了同外星人沟通，前苏联宇航员用闪光灯发出摩尔斯电码，但未获回应。后来他们又以摩尔斯发出"数字信号"，这次却收到了相同数码的信号回应。根据后来的数学分析，该数码信号竟然是一些复杂的方程式。在以后的两天里，三个外星生物曾数次离开圆球体到太空中漫步。他们既没有穿宇航服，也没有携带任何呼吸装备。载有外星生物的银色圆球体，与"礼炮7号"并排飞行了三天后，才消失在茫茫宇宙中。

文章开头提到的宇航员戈登·库珀少校，是美国权威的太空英雄，曾经执行过多次太空任务。他在退役后接受新闻记者采访时，数次重申自己曾亲眼目睹过飞碟。据库珀说，他在1963年5月驾驶"水星9号"飞船飞离地球轨道，和1965年驾驶"双子星5号"飞船再度进入太空时，都曾看见过飞碟。他在保持了多年缄默后说："其实很多宇航员都见过飞碟，只是不能说。"库珀还坦言，在过去数十年中，美国政府视不明飞行物为新闻禁忌，一贯封锁相关信息和掩盖事实真相，尽量不想让外界知道有这回事。但他认为，人民应该有知情权，因而才敢冲破禁令说出真相。

　　库珀的证言以及众多宇航员亲眼目睹的事实，对于UFO是什么、外星人到底存在与否这些目前仍在争论不休的话题，无疑给出了一个很好的答复。

现实与虚幻有时一线之隔

文_王壮凌

　　1973年10月18日晚，一个由四名预备役军人组成的机组，驾驶着贝尔UH－IH型直升机在机长劳伦斯·科内的带领下，从美国哥伦布飞往克利夫兰市。其间为了在曼斯菲尔德机场着陆加油，直升机偏离航线30°。当时空勤机械员坐在驾驶舱后排右座。美国东部标准时间23时05分，他看见东方出现了一盏红灯，就急忙提醒驾驶员（科内机长）注意。当时的高度为海拔726米，时速185千米。过了一会儿，空勤机械员推断那盏红灯正高速向直升机飞来，便提醒驾驶员处于戒备状态。科内迅速接管副驾驶员的操作。首先猛推总距操纵杆（操纵旋翼升力），然后猛推周期变距操纵杆（相当于操纵固定翼飞机的升降舵，所有这些动作都是为了使直升机尽可能迅速地垂直下降）。尽管直升机急剧下降，但那个火红的物体似乎仍然想要同直升机碰撞：科内后来回忆，当他最后看高度表时，读数只有海拔518米。他知道那一带的山峰高度都在海拔366米～395米，要操纵直升机躲避这一不速之客，则要冒机毁人亡的危险：

　　但飞近的飞行体意外地飞到他们的头顶上空。机组关于这次事件的报告称："我们模模糊糊地感到那个物体瞬间飞过了直升机，机舱内顿时充满了绿光……时间有一两秒。然后，发光物体继续高速飞过曼斯菲尔德，消失在西方或西北方向上。"

当科内终于想起瞧瞧机内的高度表时，他震惊地发现，直升机的飞行高度在1067米，并且正以每分钟305米的速度爬升。据官方公布的机组目击报告称：直升机的总距操纵杆处于前推的极限位置。换言之，直升机应处于自转垂直降的极限状态，但它实际上却在爬升！似乎那个物体对它加了某种神奇的"吸力"并一直持续到它消失之后，记者采访科内时，曾问他在发现直升机处于爬升状态时是如何操纵的。仿佛这个问题是首次被提出似的，科内回答得吞吞吐吐。他说："我把总距操纵杆向后拉，它当时处在前推的尽头位置上。"记者指出，向后拉总距操纵杆是错误的操作动作，因为这只能使直升机继续爬升而不是下降。科内解释道，他已没有选择余地了。

无论事情怎样，当科内发现直升机处于1067米高空并还在继续爬升的时候，他做出的反应是使直升机恢复到正常状态，回到原先726米的巡航高度上。同时，科内让副驾驶员与克利夫兰机场联系，报告发生的事情，并请求进行冒险性的特殊飞行，因为直升机上的油已经不多了。副驾驶员打开机上无线电通讯设备与克利夫兰机场联系，但没有回音。科内让他试试与阿克朗一坎顿机场联系着陆。副驾驶员再次打开无线电。呼叫阿克朗一坎顿指挥塔，也没有回音。于是他向出发地哥伦布机场呼叫，仍没有回音。接着他又向距事发地点最近的曼斯菲尔德机场呼叫，还是没有回音，最后，他迅速地向上述各机场逐个呼叫，仍毫无结果。

直升机的无线电通讯设备经过六七分钟的瘫痪后，才恢复了正常，最终与阿克朗一坎顿机场取得了联系。当记者问科内，对于直升机与UFO遭遇造成机上无线电通讯设备神秘失灵这一现象能否给予合理的解释时，他回答说："不，无法解释。"在飞往克利夫兰市的剩余路途上，没有发生什么重大事情。

1974年春，一个有数名信奉UFO且获得过蓝绶带的科学家组成的专门小组，把这一事件列为1973年秋季大规模"UFO热潮"中最令人难忘的事件。结果，该机组的四人得到了5000美元的奖金。奖金由一家专门从事轰动性新闻报道的小报《国家调查者》提供，它每年评选一次，当年最佳UFO报道，并颁发奖金。

这一事件似乎是30年来UFO事件中最神秘和最可信的事件之一，是一起有多个目击者且不容置疑的事件。克拉斯是美国《航空周刊与空间技术》杂志社的编辑，长期以来一直积极地调查UFO事件。他对这次UFO事件进行了深入分析，结论如下：假如机组人员所说的那些神秘效应确与飞过他们头顶的发光体有直接关系，那么我也承认这一事件用人类现有的知识不可能给予解释。但是，我在UFO研究领域长期以来的调查经验表明，在与UFO遭遇时，目击者的情绪通常处于激动或恐惧的情况下，因此很可能会推断出事实上并不存在的因果关系。其实，与UFO遭遇引起的无线电通讯中断现象是很容易得到解释，空对地的无线电通讯通常就像我们家用电视机所接收的信号频率一样，只能在相对小的通讯范围内收到，即飞机所处的空中位置越高，其联络范围就越广。但是，科内的直升机事发时所处的位置并不高，通讯范围就被限制在大约64千米的范围内，而当时直升机距克利夫兰、阿克朗–坎顿和哥伦布各机场的距离大约97千米，当然，对于事发时科内未能与距离较近的曼斯菲尔德机场取得无线电联络之事，解释起来要稍微麻烦些。科内直井机上使用的无线电通讯设备型号为807A，据设计该设备的工程师讲，对现在来说，807A的技术设计陈旧，使用时每改变一种呼叫频率需要5秒，当科内等人与UFO遭遇时，副驾驶不顾一切地与各机场联络，因此一直迅速地变换着呼叫频率。尽管调谐操作不正常，但他慌乱的调谐仍可能已呼叫到曼斯菲尔德机场指挥塔。在事发时，机场指挥塔上只有一名调度员在值班。假如直升机呼叫时，他正与另一架飞机通话，他通常不会立即中断正在进行的通话，这是规章制度的要求。规定还要求，未得到回话的飞行机组每隔一会儿，应再次喊话。不幸的是当时那位副驾驶员又忙于与其他机场进行联系去了。

至于直升机从自转急剧下降，变为305米/分钟的速度爬升，这一表面看来十分神秘的现象同样能得到合理的解释。在发光UFO飞过直升机头顶的瞬间，科内瞥了一眼高度表，读数为518米。这意味着那一刻，直升机距离地面只有122米～152米。按科内提供的数据，直升机以610米/分钟的速度下降，那么要不了15秒，它就会坠落到地面上，造成机毁人亡。

当直升机脱离了与UFO相撞的危险后，驾驶员必须立即向后拉总距操作杆和周期变距操纵杆否则直升机就会很快坠地。然而，要是事件发生的前后顺序就如同科内回忆的那样，那么他和副驾驶员一定是完全忘记了拉起直升机使其脱离下坠危险的操作动作。即便考虑到当时的能见度，他们用肉眼也能看到大地正在迅猛扑过来。果真如此的话，那么在与UFO相撞的危险过去后，将近有两分钟的时间内，科内和副驾驶员甚至都没想到采取正确的操作动作或看看高度表，当科内再次观看高度表时，他发现直升机正以305米/分钟的速度爬升，并且已从原先的518米高度爬升到1067米处，这需要大约1.8分钟。

如果科内的回忆准确无误的话，我认为，他和副驾驶员就是玩忽职守。但更使人相信的是，科内或副驾驶员中的一位，确实像任何有经验的直升机驾驶员那样，本能地向后拉操纵杆，以免直升机下坠。如果情况是这样的话，应该责备他们的仅仅是事发后不能准确地回忆起当时发生的情况，以及事件发生的前后次序。我不记得这一假设涉及一场争论：一个有经验的飞行员在回忆过去某一短暂时间内所遇到的恐怖事件时，其可靠性究竟如何？

1975年11月26日夜发生了一起类似的飞机相撞未遂事件，从中我们可以找到有关这场争论的结果。当时，一架美国航空公司的客机和一架环球航空公司的喷气客机正在相向飞行。由于气候条件恶劣，双方都没有发现对方，因而处在相撞的航线上。在这关键时刻，一位联邦航空管理局的调度员发现了这一情况。他立即用无线电通知美航客机驾驶员盖伊·埃利机长，命令他"立即下降"。埃利在接下来的30秒内所犯的错误，完全类似于科内所犯的错误。国家运输安全局的调查报告指出："埃利机长已记不得在两机即将相撞前的那一短暂事件内自己观察的确切前后次序。"埃利机长期时已有21600小时的飞行记录，这样一位富有经验的老驾驶员都承认自己如此，那么科内他们遇到的情况实实在在与他当时的情况类似。

根据以下事实，可以进一步证实这种解释的合理性：一旦科内看了高度表并采取措施使直升机回到原先762米的高度，那么工作正常的直升机就不会有异常的外力施加于其上；事发次日，用超声波探伤仪对直升机检查的结果就证实了这点。因为如果有某种神秘的外力"吸引"着直升机向上飞行，而此时直升机的发动机、

齿轮系统以及旋翼桨叶均处在使直升机下降的工作状态，那么，至少在桨叶上应该存在结构性损伤的痕迹。然而事发次日的检查表明，直升机没有受到任何损伤并采取操纵行动，那么，来自东方天空的UFO的发光性质是什么呢？调查人员认为，它也许是猎户座流星雨产生的一颗流星。事发期间，这场流星雨正值高峰活动期。流星研究专家、美国流星协会负责人戴维·D.梅塞尔博士说，猎户座流星雨因为其流星的异常活动而非常著名。它来自东方，与UFO飞来方向一致。而且，流星雨通常始发于23时左右，这也接近于科内他们与UFO遭遇的时间。

　　如果科内在曼斯菲尔德看见的UFO确实是一颗流星的话，那么正如他在目击报告中所述，当流星飞过直升机头顶时，它那长长的"尾巴"发出的耀眼光芒，就会透过由绿色塑料窗框构成的直升机舷窗，使整个机舱内笼罩着绿光。机舱内被照亮的时间也许只有一两秒，因为流星明亮的长尾巴只延伸数百米长。在后来解释这一短暂时间里的绿色光线时，科内机组人员都证明，这一物体飞过直升机头顶时，似乎只有"一瞬间"。

我宣誓：我的确见过UFO

文_吴再丰

杜鲁门之后的所有总统都严守秘密了吗？有人能回答这个问题吗？

人们如果知道美国第40届总统罗纳德·里根在任职期间一直对有关UFO或外星人劫持的话题着迷，许多人肯定会受到很大冲击。

但是总统的这个兴趣事出有因，在他任期的后两年中他所乘坐的总统专机遭遇过UFO，飞行员为了避开正面冲突不得不变更航线。又传说，这位电影明星出身的总统与南希夫人某晚在参加朋友举办的好莱坞晚餐会的途中，在高速公路上遭遇UFO。夫妻俩到达朋友家时，里根脸色苍白，不停颤抖。他向朋友说，沿着加利福尼亚海岸行驶期间遭遇UFO的追赶。

里根在日内瓦与前苏联的戈尔巴乔夫总书记会谈时提及此事，或许是里根夫妇经历的可怕体验总缠绕心头的缘故也未可知。

他说："如果这个世界突然受到来自其他行星的、人类之外的生命体的威胁时，在与戈尔巴乔夫举行的这个会谈中，他与我的使命将变得十分简单。两国间细微的分歧皆可忘怀，最好结成联合战线。"

在日后里根对这一话题进行了补充，进一步发展了这种想法。他说："如果面临外星人的威胁，则世界中的分歧将立即消失。但是，在我们中间是否已经存在着外星人的力量？它对人类是否迟早都将构成战争的威胁？"

的确，罗纳德·里根在白宫任期中，接触了许多常人所不知道的秘密，所以了解内情。他在白宫看过电影《E.T.》的试放后，走近制片人斯皮尔伯格身旁，做了如下的注解：

"对知道有关这个话题真实性的人们来说，他们也会轻而易举地被影片内容搞定了。"

那么，历届美国总统对待UFO这个问题又是怎样的情况呢？杜鲁门以后的所有总统知道事态的真相，然而操纵军队或国家的高官们果真像他们发誓的那样，保守秘密了吗？

对此，《UFO世界》杂志主编狄西·佩克利进行了广泛的调查，从政府的高级领导找出情报提供者，精心地收集各种传说。所以，想要了解二次大战以来美国历届总统对UFO的看法，佩克利的报告可谓是最完备的。

二次世界大战结束以来，历届总统已觉察到，来自空中的访问者好像有空白介绍信似的随意来去，在美国领空上来回打转有其重要的意义。从最近中情局（CIA）到联邦调查局（FBI）或国务院公开的一批情报来看，这些机构一度对这个谜很感兴趣。事实上，在最高机密的导弹发射地或神秘的51区附近，通过雷达或肉眼观看的人们频繁地目击到UFO。另外，1952年7月~8月的几周间，UFO在华盛顿白宫和国会大厦上空示威飞行，国防部派出歼击机驱赶，这都已经记录在案。

卡特总统目击UFO

吉米·卡特约定一旦当选总统，将公开五角大楼的秘密文件，以及公开政府有关UFO的所有情报。但是当选总统不久，他就收回前言。他匆匆的纠正原因不明，但也属意料之中。

"凡是目击过UFO的人就不会被嘲笑了，因为我自己也见过。"

吉米·卡特总统于1973年9月14日在佐治亚州达布林的演讲中这样发言。记者马上要求总统说得更详细一点。卡特说，早在佐治亚州南部的利亚里市进行州长竞选活动之际，他就在当地的莱昂斯俱乐部的礼堂外面，见到空中蓝色的碟形物体。这个物体出现时，莱昂斯俱乐部的几名会员与总统在一起。卡特为了正确记录对目击不明飞行物的描写，拿走了录音机。

卡特对记者说："那是在与地平线呈30°角左右的地方，它看上去像月亮般大小，接着一下子变小；当变成红色时，又变大了。"

记者要求卡特说明那是什么。他耸了一下肩后接着说，那个物体确实在那里，但不知其真面目。

卡特对自己看到的物体有清晰的看法。宣传秘书乔迪·鲍威尔对记者这样说："吉米认为，所说的物体在夜空发出奇怪的光，它既不是星星也不是飞机。我们无法做出任何解释，把它称之为不明发光物是最为恰当的了。"

鲍威尔接着又补充说："吉米没觉得那个不明发光物给他带来巨大冲击。具体地说，他在任期中可能看到过更不可思议、更无法加以说明的物体。"

的确，鲍威尔的发言唤起了人们更大的好奇心。卡特把目击UFO看得很重要，特意用三页纸写下目击报告，提供给民间UFO组织，希望那个组织能够把这一事件调查清楚。再者，鲍威尔说卡特在任期中看到过更不可思议的物体，那到底是什么呢？抑或，是指卡特看到了20世纪40年代末政府保存的所谓UFO的残骸及其乘务员吗？

即使我们对各种可能性硬是做出某种揣测，宛如亲眼目击UFO那样，也不起什么作用。因为美国政府并没有公开，究竟隐藏着什么样的绝密情报。反之，只要美国政府那么做，UFO之谜就不难弄清楚，届时我们将迎来21世纪左右全人类的惊人宇宙大变革。

艾森豪威尔总统与外星人见面

下面的故事让人难以相信，但是却被许多有影响的情报源所确认。这个情报称，有一位名叫克兰卡迪爵士的英国国会议员，讲述了德怀特·艾森豪威尔总统在1954年与来自宇宙的生物见面的情报：

1954年2月20日，艾森豪威尔以到棕榈泉度假为名，被军方请到穆洛克机场。穆洛克是现在的爱德华兹空军基地，最近因作为航天飞机的着陆机场而闻名。

总统预定在那天会见记者，但不见其踪。按正式公报，总统去牙科诊所了，但是记者们无法查明去哪个牙科诊所治疗了。实际上，艾森豪威尔坐车到这个加利福尼亚的空军基地会见外星人。按克兰卡迪爵士的说法，是听美国一位高级试飞员讲这个事件的，该飞行员是艾森豪威尔与外星人见面时同行的六人中的一人。

试飞员对克兰卡迪爵士这么说："基地上五架宇宙飞船分别着陆。三架是碟形，二架是雪茄形，对艾森豪威尔一行非常戒备。外星人有点儿与人类相似，但又不完全一样。"这些生物具备了人类的许多特点，但是按我们的标准来说长得并不好看。它们具有人类的平均身高和体重，不戴头盔或面罩就能呼吸。

外星人说英语，希望艾森豪威尔能够针对全球开始实施教育计划。艾森豪威尔回答，尚未做好那样的准备，并且指出向世界公布外星人着陆的消息将会引起世界恐慌。外星人同意这个意见，但是它们还将继续进行个别的接触，直到地球人习惯它们的存在为止。

接着外星人为总统演示了宇宙飞船的威力，炫耀飞船隐身的能力。令人称奇的是，尽管现场的人知道飞船停在哪里，但是谁也不能看到UFO的模样，所以总统感觉很丢面子。跟着外星人登上飞船飞离而去。

有关这个艾森豪威尔事件，还有多人报道过。如UFO研究者加普里尔·格林曾与当时防守爱德华兹空军基地的一名准尉谈起此事。据准尉说，他所属的部队接到上级命令，用实弹炮轰飞船，但是攻击失败，无一发炮弹能穿透飞船坚固的金属船体。就在士兵惊愕的注视之中，飞船若无其事地着陆在大的飞机库附近。

再如，世界著名语言学家查尔斯·普利策在《罗斯韦尔UFO回收事件》一书中提及，一名叫杰拉尔德·赖特的人曾目击到这个惊人的会面。赖特说："我清晰地感觉到熟悉的世界已结束，终于发生了人类与来自其他世界的外星人见面！"

宇航员的证言

几年后，UFO再次在同一个爱德华兹空军基地着陆，显然这个事件成为艾森豪威尔卷入前次事件的有力证据。当时是空军上校后成为宇航员的康顿·库柏，见到了在这个事件中拍摄的UFO降落地球的照片。

事件经过如下：1958年的一天晌午，空军上校康顿·库柏命令几名部下去拍摄爱德华兹附近广阔的干枯湖床。几小时后，他见他们异常兴奋地走进办公室，一问才知道目击到了UFO，并拍下了照片。

摄影师克尔说："正待我们要开始拍摄工作时，湖床上空有一个古怪的飞行物，我赶紧拿起电影摄影机拍摄。起先那个物体悬停在低空，接着缓缓落下，几分钟后着陆在湖床上。不久，那个UFO陡然起飞，笔直地上升，很快从视野中消失。整个过程全被拍摄下来。"

当时库柏上校为自己未能到现场亲自目睹UFO而感到运气欠佳。胶卷显影后一看，库柏回忆，那确实是"典型的碟形UFO"。事实上，爱德华兹上空经常有奇怪的物体来回飞，其中不乏其他基地开发的试验样机。它们之所以也被说成是UFO，其目的很简单，就是为了掩盖真相，混淆视听。那么，被拍的UFO照片又是怎么回事呢？

库柏明确断言，那肯定是UFO！但是要确定那个物体是从哪里来的、谁乘坐的就很困难了。为了弄清事件的原由，库柏把胶卷用特快专递邮寄到华盛顿五角大楼，满以为几周后可以得到答复，不想是石沉大海、杳无音信，电影胶卷也不知丢失到哪里去了！

怎样理解艾氏的警告

关于艾森豪威尔亲自体验近距离遭遇的说法，始终未能从官方解密的情报文件中得到证实。据说，总统曾想把看到的一切公布给全世界，但是身边的人告诉他，一旦暴露那样的事将在街头巷尾引起恐慌，一定要保持沉默。同时军方与CIA担心，人们如果知道先进的种族来到地球，提出与我们交换数据的话，或许我们的文明社会突然停止也未可知。

艾森豪威尔临死前或许意识到，自己的做法错了，听从了错误的建议。他警告，威胁我们自由的巨大压力，不是来自外星的什么地方，而是企图把社会奴隶化的军工集团。这个可怕的同盟即使现在依然存在，很明显它就是造成我们现状的罪魁祸首。

历届总统遭遇外星人

最近，加州的杜克泰·史特兰吉斯牧师，凭借多年来与自称是外星人的瓦尔·苏尔的结识，以及与五角大楼上层的接触，掌握了外星生命对自乔治·华盛顿以来到现在的美国众多总统的影响等一系列重要的情报。以下便是史特兰吉斯牧师的讲演记录：

第1届总统乔治·华盛顿

根据记录，乔治·华盛顿作为美国建国之父接受了来自外星人的访谈。他没把这件事告诉军方，只是和随军牧师、妻子，以及在军中身居高位的亲友们说过。

第16届总统埃普拉罕·林肯

埃普拉罕·林肯在从1861年~1865年的任期中，当时的报纸说，他在南北战争的非常时期曾与护送他的"外星人们"有过接触。在梦中，像天使般的外星人警告他，不要去福特剧院。但是为了礼貌起见，他去了福特剧院，结果丢了性命。

第26届总统富兰克林·罗斯福

1941年12月3日，富兰克林·罗斯福经历了最初的外星人遭遇，外星人就美国是否参加欧洲战争向他发出了警告。他害怕周围的人信心动摇，没把警告放在心上。1943年，他自杀未遂，但是美国上层领导都不知道这天究竟发生了什么，直至今日学者们都没弄清楚其自杀的缘由和真相。

第33届总统哈里·S.杜鲁门

第33届总统哈里·S.杜鲁门在广岛投下原子弹的一个月前，即1945年7月4日，他经历了一次近距离遭遇。他目击到12架以上的UFO。根据隐退的两名特工的话说，总统几次会见外星人，考虑到国家安全的需要，他没有公布谈话内容。

第34届总统德怀特·艾森豪威尔

1954年，艾森豪威尔总统在爱德华兹空军基地会见外星人。随行的有参谋长联席会议的成员、国家安全保障会议的成员、洛克菲勒公司的代表以及罗斯查尔德家族的代表。

艾森豪威尔看到的UFO，据说只要两个人就能把它翻过来，其直径是9米。最奇怪的现象是，UFO在他们的眼前隐身，接着又显形。

相信外星人存在的罗伯特·肯尼迪

罗伯特·肯尼迪没当上总统，但是大体上具备了领导的能力。在洛桑杰尔斯遭枪击前，他曾说过相信UFO存在。在给UFO研究者格莱·伯卡的信中，他曾言及，自己是"美国联合飞碟俱乐部"的正式会员，喜欢倾听遭遇外星人的人们讲述经过。

罗伯特·肯尼迪写道："与许多人一样，我也对UFO感兴趣，期待破解这个问题的日子早日到来。"

有人假设罗伯特·肯尼迪的被杀，与他超越时代的不单是对UFO而且对给我们行星带来大的社会变革的许多事情感兴趣有关。

事实上，希望发生重大社会变革的人经常会意外身亡，不是吗？约翰·肯尼迪（罗伯特之兄）总统为了寻求社会变革，不是于1963年11月22日遭枪杀了吗？同样的，罗伯特·肯尼迪也一定悖逆了谁的意志，而此人恰恰是想把这个国家或其他各国置于奴役的状态，所以罗伯特的遇害只是迟早的事。

罗伯特为了施展抱负，曾向被史特兰吉斯牧师称之为外星人的瓦尔·苏尔求救，想知道自己当总统有多大把握。瓦尔·苏尔这样回答他："肯尼迪先生，在今后4年有取胜的机会，但是今年务必打消参选的念头。"

历史证明，罗伯特·肯尼迪没有听从瓦尔·苏尔的忠告，结果遭到阴谋集团的枪杀。UFO情报的公开给国家所带来的利弊也未可知。

发了疯的美国人

文_周文瑛

　　1948年8月，美国在赖特·帕特森空军基地的航空技术侦察中心，"祈神保佑"计划小组写了一份题为《形势评估》的绝密报告，报告中做出了令人瞠目结舌的结论：不明飞行物不是苏联的飞机，更可能是地外飞行器。空军总参谋长怀特·旺登贝克将军扣着这份耸人听闻的报告没有上报，试图对"祈神保佑"计划的专家施加心理压力，要他们对事实做出"合乎自然的"解释。然而，在几位军官退出小组以示抗议后，旺登贝克将军只好给报告放行。五角大楼接纳了第一个结论，否定了第二个结论。这实际上等于解散了"祈神保佑"计划小组。

　　8月31日，在缪洛克空军基地上空出现了一个巨大的不明物体，该物体在身后留下长约1.6千米的、鲜艳的蔚蓝色轨迹。也是在这一天，民航驾驶员鲍伯·亨利和两位乘客在迈因特峡谷看见了同样（或者与之相似）的物体。

　　10月1日，国民卫队中尉乔治·F.高曼报告了其驾机在美国北达科他州法戈上空同一个不明物体纠缠的情况。中尉驾驶F51型飞机完成例行巡逻任务后正要着陆时，发现了空中距离约1000米处一个直径约20厘米的圆形发光物体。

　　"这个物体的边缘有着像是毛绒镶边的东西，忽暗忽明地闪动着。当我靠近该物体时，它突然发出均匀的亮光，急速向左盘旋。"中尉试图尾随其后，未能成功。该物体以灵巧的急转弯避开飞机，它的盘旋令人头昏目眩。高曼深信不疑地认为，该物体址是由智慧生物操纵的。

12月，"祈神保保佑"计划更名为"妒忌"计划。该计划下设几个"蓝贝雷帽"小队专门调查坠毁的不明飞行物及其机组人员，后来又改成"猛禽"计划框架内的"阿尔法"小组。"妒忌"计划的调查成果是16卷有关不明飞行物的文件。据有些报道，1948年在美国南部拉雷多市一带（墨西哥湾海岸）坠落了一个奇怪的飞行器。

"美国海员见状万分震惊：在一大堆金属碎片中间躺着一具小个子类人生物的尸体。尸体的上肢只有四个手指，长嘴的地方是很大的凹陷，里面既没有牙齿，也没有舌头，四周散布着半透明的发绿的'血点'……"

在美国领土上空观察到不明飞行物的报告继续源源不断地送到赖特——帕特森空军基地的侦查中心。那些根本不能用自然的或者心理的解释自圆其说的事实，数量之多超出了一切想象。在美国佐治亚州鲁宾斯空军基地和其他空军基地，人们观察到机身上有舷窗的不明飞行物；当怀特–圣德斯试验场发射FAU-2火箭时，在火箭旁边出现了一个来历不明的盘状物体，这个不明飞行物围绕火箭飞了几圈，然后以9000千米的时速，消失在太空中。

墨西哥，尤卡坦半岛，美军一架四引擎飞机向一个悬浮在2.5千米高空一动不动的盘状不明飞行物靠拢。盘状物体突然猛地飞离原地，绕着飞机转了几转，几次轻轻擦碰到飞机机翼。飞机的升降舵和方向舵失灵，几个引擎运转失常，出现间歇。机组人员急忙跳伞逃生。他们看见该不明飞行物在飞机坠入沼泽后，急速垂直爬升，消失不见。

1949年2月，"妒忌"计划的专家积极开展了收集不明飞行物情报的工作，但是对情报的分析工作却搞得很不深入。

5月6日，苏联，沃利斯克地区。飞行员阿普拉克辛在试飞新型飞机时第二次同不明飞行物相遇，这个飞行物同阿普拉克在1948年6月看到的那个一样，当飞行员试图靠近这个在大约11千米高空飞行的茄状状物体时，它向飞机发出强烈光线。飞行员一时被照射得双眼发花；飞机的电器设备失灵，通讯中断，有机玻璃损坏，驾驶舱失密。阿普拉克辛好不容易才在萨拉托夫市以北40千米处的伏尔加河

浅滩完成迫降，随后失去了知觉。

美国空军和中央情报局这些年来一直保持着对不明飞行物的监控。美国国防部部长詹姆斯·福里斯特是创建ⅥJ-12委员会的发起人之一，同时也是该委员会的一位成员。他是一位充满唯心主义观点的教徒，由于认识到被隐蔽起来的情报对人类的重要性，他试图将这些信息与国会和在野党的领袖分享。然而，最终结果是杜鲁门总统命令他辞职。不久福里斯特被送进海军医院，官方宣布说，这位原国防部长患的是偏执狂。美国许多飞碟研究者相信，1949年5月22日中央情报局特工制造了他自杀的假象，说他从医院的16楼上跳了下来。

12月，"妒忌"计划用大气原因或者目击者的幻觉来解释不明。飞行物现象的企图再次失败。美国一家名为《尝试》的杂志12月刊登了题为《不明飞行物是毋庸置疑的事实》这篇耸人听闻的文章之后，美国公众对不明飞行物的兴趣急剧增长；海军陆战队退休少校唐纳德·基荷指责空军领导人隐瞒不明飞行物的情报，没有客观地说明事实。

12月27日，"妒忌"计划出版了调查报告：237起关于不明飞行物的报告中有80％被宣布成是因观察到飞机、高空气球或天体造成的误会；但还是有50余起十分可信的报告是用自然原因怎么也无法解释。"妒忌"计划失去了精心隐蔽的真实情报后，开始逐渐"消亡"……

与此同时，其他专家小组调查外星物体的秘密工作仍在继续进行。金属摄影研究法的发明人，来自洛杉矶的著名学者尼古拉斯·冯·波彭后来承认说，20世纪40年代末他被军方以严守机密为条件邀请到一个空军基地研究一个硕大的物体。冯·波彭把这个物体描述成物体描述成直径约为9米的碟子。驾驶舱天花板的四角时倒了圆角的，操纵台前一字排开着四把圈椅，每把椅子上都有一具类人生物的尸体。它们十分瘦小，面部白色，个子不高（60厘米～120厘米）。它们的双手像人类。它们的身体被整体裁制的、没有口袋的连体工作服紧紧包裹着。它们的鞋子也由同样的材料制成。

1950年3月22日，空军战略指挥部的奥泰尔向联邦调查局局长E.居韦尔递交了一份报告，其中有一段这样写道："一位空军调查员报告说，在新墨西哥州找到三个所谓的飞碟。这些飞碟是圆形的，中央向外突起，直径大约17米。每个飞碟内都有三个类人生物体。它们身高1米左右，穿着用很薄的材料制成的、类似试飞员抗重力服的金属服装。据推测，这些飞碟在新墨西哥州遇难是由于这个州强大的无线电雷达站影响了飞碟操纵系统所致。"

4月4日，哈里·杜鲁门在新闻发布会上对记者们说："我可以向你们担保，飞碟不但存在，而且可以肯定不是地球上任何一个国家制造的。"

4月24日，意大利，瓦雷泽附近一个名叫阿比亚特–布亚森内的小地方。当地居民观察到一个悬挂在空中的庞大物体，它还发出"类似巨大蜂群的嗡嗡声"。三个身高约1.7米、带着灰色面具的外星人在一旁做着什么。后来它们上了升降机，回到飞行器里，飞行器立刻飞走了。人们在事发地点除了发现四个圆形痕迹外，还找到几小堆金属，"就像焊接后遗留下来的那种"。国防部的专家在这些金属里发现，具有极高耐热性的耐磨材料。

5月11日，美国，俄勒冈州。波尔·特伦通从马克明维尔市自己农场的院子里，拍摄到两张一掠而过的不明飞行物的照片。照片经过了不止一次的、挑剔的检验。爱德华·孔东的委员会做了特别严格的分析，得出结论："这是为数不多的不明飞行物报告之一，其中全部研究过的因素：几何因素、心理因素和物理因素均与有关不明飞行物的陈述吻合。该飞行物呈银白色，金属样，盘状，横向长度数十米，显然是人为制造的，飞行物掠过时有两位目击证人看到。"之后，专家用电脑对图像进行了处理，发现飞行物表面一些地方的颜色有差异。专家认为，这证实了物体的物质属性。

7月4日，美国新墨西哥州怀特–圣德斯秘密火箭试验场。深夜，一个高约8米、直径9米的"椭圆形物体"悄无声息地在发射场地上着陆。当时正在近旁的工程师D.弗雷出于好奇走到该物体跟前，打算摸一下物体发紫的金属机身。突然不知何处有人用英语说："亲爱的，您最好不要摸外壳，它还没有冷却……"这个声音后来还告诉弗雷说，这个物体是遥控飞行器，主飞船在固定的近地轨道上，还说飞船的主人"组织到地球的探险已有几百年"。

随后弗雷被建议做半小时的旅行：飞到纽约再飞回来。弗雷经不住诱惑，进入到长约3米、高约2米的驾驶舱，坐到四把转椅中的一把上。弗雷在这次事件后交给上级的报告中这样写道："几秒后地球以不可思议的速度在我脚下消失了，但是我并没有感到任何加速度，反而觉得飞船像磐石一样稳不可动。"那个熟悉的声音说，飞行器使用的是重力……几分钟过后，弗雷就从大约30千米的高空看见了纽约的灯火；然后飞行器稍微有一点倾斜地转了弯，不一会儿就在怀特-圣德斯着陆了。弗雷下来后，飞行器"像被弹射器弹出那样"一冲而起，瞬间消失得无影无踪……

弗雷把发生的事件写成了详细的技术报告。试验场领导的反应确实堪称楷模：弗雷不仅没有（因心理原因）被解除职务，甚至还委派他担任未来运载火箭"亚特拉斯"号的操纵系统研制小组的负责人……

8月，苏联远东地区不止一次地观察到不明飞行物。北极航空领航主任V.阿库拉托夫写给民航局长E.A.罗金诺夫的报告中说：

"您询问在北极地区与不明飞行物遭遇的情况，以及观察到不明飞行物的事实，现报告如下："1950年，为探测冰情我们驻扎在下克列斯泰。8月，我们观察到在南边天空、离地平线20°～25°的方位，连续三昼夜在居民点上空出现一个颜色像月亮，但是比月亮小的盘状物体。该物体通常在当地时间15时30分出现，居民点的人全都看得见。

"这段时间苏联领土上空经常有美国的气球飞来飞去，这种气球我们不止一次地在飞机上观察到，并跟踪过。但是这个圆盘无论是速度还是颜色都不像气球。

"我们向莫斯科报告后，接到命令要求我们驾驶'卡塔林纳'飞机尽量靠近盘状物体，仔细研究这一现象。我们升到7000米高度（这是'卡塔林纳'飞机的高度极限）向该物体靠近时，发现物体的大小并未变化，在由东向西缓慢运动。该物体呈珍珠色，边沿脉动，无任何天线或悬挂物。17时31分，圆盘急剧爬升，向西飞去，从视野中消失。第三昼夜圆盘消失后再也没有出现。"

9月，朝鲜。三架美国轰炸机驾驶员执行战斗任务后返航时，发现自己飞机上方有两个直径200米的银白色圆形物体。此前两个物体曾一度以2000千米的时速飞行，现在停止下来，开始颤动，由一侧向另一侧翻滚。但是过了不多会儿，两个物体重又以原先的速度飞去。也是这一年在朝鲜，在离仁川不远的地方，有人发现一个不明飞行器潜入江华湾（黄海）的水下。

有报道说，还是在这一年，一艘日本商船的船员在日本海目睹了两架苏联歼击机进攻不明飞行物的情景。一架歼击机朝不明飞行物猛烈射击，用完了全部弹药后转向正面攻击，但是尚未靠近该物体，却出乎意料地颤抖起来，散落成数块，显然是受到某种不明破坏力的作用。

11月，在华盛顿就不明飞行物问题举行了秘密学术会议。会议备忘录中（该备忘录于20世纪70年代初由会议参加者专门研究不明飞行物运动原理的加拿大学者武尔贝特·B.斯米特解密）指出，由于对不明飞行物的研究，可能会出现一些崭新的技术种类。斯米特说，当时美国领导人认为不明飞行物这个课题的意义极为重大，这个课题的保密级别比氢弹的研制工作还要高。他还了解到，目前尚不清楚不明飞行物的动力装置使用的是什么能量，负责科学研究和研制工作的布什博士领导的一班人马一直在顽强不懈地努力解决这个问题。

应当指出，澳大利亚卡内基大学的校长万尼瓦尔（20世纪四五十年代）是十分知名的、能接触到当时最高军事机密的领导人物。

11月7日，据"蓝皮书"资料，美国歼击机曾六次试图尾随一个不明的发光物体，但是不明飞行物每次都采取急剧的机动飞行，使自己尾随在飞机后面。

12月6日，F-94型歼击机驾驶员从得克萨斯州空军某基地升空执行飞行训练时，无线电告知说，地面雷达显示有一个不明物体正朝飞机迎面飞来。他们很快就发现一个盘状飞行器，该飞行器做了一个急速转弯的动作后飞离开去。这时，地面没有下达追击不明飞行物的命令。但是过了一会儿，地面通知说，该物体显然遇难，并命令歼击机飞行员立即返回基地。从飞机上监视到的航迹看来，不明飞行物应当是坠落在靠近得克萨斯州和墨西哥边界的某处，返回基地的飞行员接到命令换乘轻便飞机前往预计的出事地点。1977年，其中一位飞行员——空军退役上校讲

述道，他们在出事地点找到一个插入沙土中的盘状物体，并把四周围了起来，"飞行物的碎片残骸在调查小组到来之前几乎完全烧光，尚能拾起来的烧过的残骸被运到新墨西哥州桑迪亚市的科学研究实验室进行研究"（摘自海军上将R.希伦科默1952年11月18日致美国新任总统D.艾森豪威尔的呈文）。

空军侦察大队发现一个被炸毁的盘状物体，直径约30米，高10米，还发现一具烧坏的生物尸体，身高13厘米～140厘米。该生物体头部巨大且无毛发，上肢分别有四个指（趾）头，身着金属制作的服装。据其他资料，人们共发现了6个这样的生物体残骸。据有关统计，当时共拍摄了500余张照片，其中有些照片后来（1980年）曾在出版物上刊载。

政治评论家亨利·J.泰伊洛尔最初在广播电台，后来在《骑手文摘》杂志上的讲话，1950年引起了强烈的反响。泰伊洛尔说，"飞碟"是美国正在进行的庞大科学实验的一部分。"我不知道为什么要使用'飞碟'——当今这可是重大的国家机密。不过一旦我国的武装力量认为可以公开这个秘密，所有的人肯定都会大为震惊。"

充满疑问的琳达·考泰尔事件

文_张宜波

关飞碟的种种说法中，哪一种说法是最不可思议的呢？对于这个问题，专门从事飞碟研究的人可能得用半天的时间来辩论。会不会是乔治·亚当斯基的冒险故事，还是深入新墨西哥的杜尔西地下设施（据说，这里外星人存放着人类的躯体）的故事？

但是，如果将范围缩小，并问飞碟的主要研究者，哪一种说法最不可思议呢？结果肯定是琳达·考泰尔遭劫这个例子。巴德·霍普金斯最近出版的《目击》上，对这一外星劫持事件进行了描述。我说它"不可思议"，并不是说我们不应当相信此事。但是，几乎可以肯定地说，许多人不会相信确有其事——这其中包括一些研究飞碟的专家。相反，我所说的"不可思议"是从这个意义上讲的，即当有人告诉我说，我年迈的婶婶已经驾车参赛时，我会用"不可思议"来回答。

想一想，霍普金斯希望我们接受什么。首先，他告诉我们说，有目击证人证明飞碟劫持了地球人，这还是第一次。琳达·考泰尔（化名）是一位家庭主妇，她与丈夫和两个儿子居住在美国曼哈顿的东部。据称，她于1989年11月30日下午从其公寓腾空而出，飘向光芒四射的飞碟，相伴她的是三个标准的银灰色外星人。一名目击者甚至说，她看见琳达·考泰尔泪流满面，尽管这一点在霍普金斯的书中没有提及。

那么，谁是目击者？霍普金斯说，是一名他称为珍妮特·金伯的退休妇女。那天她刚出席完一个晚会，驱车返回位于纽约北部的家。当车子驶过通往曼哈顿的布鲁克林大桥时，她目睹了这一切。不论在信中，在电话里，还是她本人亲口说，她都告诉霍普金斯，她的车子和路上的其他车辆几乎一起停了下来。她所描述的情形是，当时环境相当嘈杂，人们纷纷按响车喇叭，失控地叫喊。她看到了这一切，起初还以为是正在放电影呢，但很快她意识到那不是放电影。

她讲的听上去很有道理，要知道考泰尔的公寓就离布鲁克林大桥不远。但是另外的三名目击者却说，这事发生在一个相当荒凉的地区。其中的两人写信给霍普金斯，自我介绍说，他们是纽约的警察，他们在警车里目睹了这一切。当时警车就停在考泰尔所住公寓大楼对面的罗斯福高速公路下，该公路从曼哈顿东边经过。后来他们透露说，他们是秘密安全警官，当时正效力于美国的某家机构，并为一位重要人物保安。

这个重要人物就是当时任联合国秘书长的德奎利亚尔。那么他也应当目击了这次飞碟劫持事件。更巧的是，德奎利亚尔并不是在场的唯一高官。一名特工强调说，当时在他们保护的其他车里也坐着"两位美国政府高官和两位外国政治要人"，以及他们各自的保安人员。

这两名警官对琳达·考泰尔之事很是痴迷。我们仅仅知道他们叫理查德和丹。霍普金斯说，他从没有和他们见过面，也不知道他们的姓名，只是通过两人寄来的书信和录音带而了解他们。他们刺探考泰尔的情况，在她的公寓附近出没，甚至还劫持了她。他们这样做是出于错综复杂的情感原因——担心她的安全，担心她可能会是外星人，也可能是出于职业上的挫败感——难道他们不应该制止这场劫持案吗？最后他们给霍普金斯致电，目的只是证实他们的所见所闻。

在与霍普金斯的谈话中，丹曾经说，他、理查德和德奎利亚尔当时记得，他们同考泰尔一起被外星人劫持了。考泰尔已经不能十分清楚地记得这件事。但在催眠状态下，她的确回忆起相同的细节。从录像带上可以看到，施以催眠后给她读丹的信时，她的反应是震惊。此事的又一引人入胜之处是，理查德和丹不用催眠就记得这一切。事实上，理查德回忆，他一生都被外星人所劫持。他对霍普金斯说，他和考泰尔一起被外星人劫持了好多次，这早在他们童年时就开始了。

理查德在他和考泰尔、丹·德奎利亚尔一同被外星人劫持期间，看见外星人在摆弄取自地球的沙土样品，而且他还带回来一些这样的样品。这又是一个奇事——第一次听说，被劫持者从外星人飞船上回来时竟还随身带有什么东西。理查德说，在抓取沙土样品的前后，他非常机警。在电子显微镜下检查这些样品时，发现它们有着细微的差别。

该书还称，还有一位名叫玛丽莲·吉默的被劫持者，她与考泰尔、德奎利亚尔以及考泰尔的小儿子约翰不是一起被劫持的。但是，吉默从照片上认出了德奎利亚尔——尽管她并非十分确定。她和考泰尔还描述了事发时对方的衣着。

那么，这事是真的吗？有一点，还是有一些，还是全部都是真人真事？我想，只有两个结果：或者是真有其人其事，或者是欺世盗名的无中生有。这中间没有模棱两可的情况。我们不能像在常见的劫持事件中那样说，每个人都真心地相信这事是真实可信的，但是又都有一些心理上的问题。毕竟，我们有证人说，他们确实看到考泰尔被劫持了。我们有考泰尔，她使人确信理查德提到的那些细节。所以，这些被劫持之事，要么是真实发生的，要么就是彻头彻尾骗人的谎言。可能是霍普金斯导演了这一切，也可能是他同考泰尔一同编造了这件事，还可能是考泰尔为霍普金斯上演了一出精彩的戏剧——她伪造了诸多信件，雇用了演员来录制理查德的声音，并在电话里和她本人口中描述了一个虚构的珍妮特·金伯。或者，这一切都是政府控制的结果，当然这种可能性极小。也有可能是琳达被洗脑后相信，她被外星人劫持了。

很显然，这当中有一些问题。首先，德奎利亚尔已经否认他与此事有任何牵连。事实上，他不止一次否认过此事。最近，他在致美国公共广播公司的一档节目的信中写道：

"我不得不断然否认，本人曾经被外星人劫持过这种说法。在此之前的几个场合当被问及此事时，我反反复复重申，他们那些彻头彻尾是谎言。我希望，本声明能够终结这些毫无根据的谣传。"

他的否认并非意味深长。但是如果德奎利亚尔的确被劫持过，我们能企盼他承认吗？然而，我们仍需注意他的声明。

其次，有一个重要问题还没有回答。为什么美国特工要保护联合国秘书长？联合国拥有自己的安全人员。如果联合国秘书长行至华盛顿，其秘密服务组也会随身服务。因此，除非得到外交或情报部门的确认，书中描述的德奎利亚尔与理查德和丹的关系是不可能的。

最后，就是本案找不到最关键的目击证人。除德奎利亚尔外，三个已知见过考泰尔被劫持的证人是理查德、丹和霍普金斯称之为珍妮特·金伯的人。如果相信这件事，就是信任考泰尔和霍普金斯，就是相信考泰尔和霍普金斯告诉我们的一切。但是考泰尔几乎不在公共场合露面，霍普金斯也从来没有和她进行过深入而广泛的面谈，甚至也从未对她做过任何测谎检验。那么我们所能说的，仅仅是因为霍普金斯相信了她。

为什么丹和理查德不开口讲话？根据理查德的说法，丹患有精神崩溃症，而他不愿面对公众，他担心自己的人身安全会受到威胁。在另一封尚未公之于众的书信中，他讨论了一个科幻影片中的主人公，该影片以霍普金斯的《入侵者》一书为蓝本。主人公是一名军人，他目睹了飞碟失事。当他试图公开此事时，遭到政府的追杀。理查德说，这可能会发生到他头上。

至于珍妮特·金伯，她告诉霍普金斯，她的家人不赞成她卷入其中，而且她也不想再谈论什么。最后我们只能寄希望，有一天她会改变主意而公开说话。正常情况下，在飞碟的调查研究中，你必须搞清楚证人证言是否准确无误。而在这个案件中，我们又怎么知道的确有理查德、丹和珍妮特·金伯这些人呢？

知道的不能说，说的不知道——UFO之官方调查

文_钱 磊

许多年以来，UFO之谜一直吸引着众多国家的官方调查。表面上这些调查都试图本着一种开放的态度查明真相，宣称他们的调查是由勤奋尽责的工作人员严格地按照科学方法进行的，可事实却并非如此。

隐瞒的议程

现在我们知道，许多有关不明飞行物的官方调查文件，如"蓝皮书"都遵循一个秘密的工作程序，并且竭力掩饰最具说服力的证据，以降低文件的重要性。在许多情况下，它们的研究秩序混乱、调查毫无深度，因此"蓝皮书"被称为"没有调查就对公众做出的解释"，从而备受社会嘲讽。

风吹星动的笑话

人类解释天空的奇异现象，可追溯到几个世纪以前，现在我们知道的首次官方调查是在13世纪的日本。当时的不明飞行物引起了人们巨大的恐慌。1235年，一位将军派出一支部队去调查真相，他们的调查结论和现在一些官员的判定几乎一

样愚蠢可笑。这些人把奇怪的天空现象解释为"土制容器"，把隐藏在背后的原因称为"风吹动了星星"。

为了推翻

"二战"以后，UFO的频繁出现开始让人无法忽视它们的存在。尤其是在1947年间发生的许多大事，对当权者来说，其中最烦扰的方面是目击者本身的情况。在许多事件中，目击者都是一些受尊敬的专业人员，包括许多飞行人员，他们的证言让人很难质疑。

当时在俄亥俄州代顿市空军基地，空军工程情报部的电话不停地响起，处处都有UFO的目击事件发生，这些天空入侵者已威胁到了国家的安全。起初，这种奇异的天空现象被视为来自当时苏联的秘密武器。为了彻底调查上述问题，政府做出了进行公开调查的决定。由此，调查计划开始了。计划一方面需要调查UFO事件是否存在国家安全问题，另一方面则需要有足够的证据说服公众。

在计划实施的初期，主要调查负责人意见不一致，这引起了华盛顿五角大楼高官们的严厉指责。在这种情况下，调查结果反映的观点是：奇异现象的确存在，其他的则归因于不同寻常的自然现象。

海市蜃楼、逆温、恒星、沼气，这些都是借口。事件被分类整理，那些很容易解释的普通事件被优先考虑，而有待证实的问题反而被隐藏起来。

另外所做的则是诽谤证人，无休止地抨击那些受过专业训练人员的证言。例如，几个战机追赶无法超过的发光物体，竟被解释为飞行员在追赶星星。换言之，美国国防依赖飞行员进行保障，而这些飞行员们却没有能力区分星星与其他发光物体。

侮辱智慧的调查

这类调查计划的主要缺点是，工作人员没有尽力寻找足够的科学依据。这其中只有一人例外，他就是天文学顾问艾伦·海尼克。海尼克坦言，他只具备科学研究的初级水平。所以在计划的最初时期，他认为最好的办法是保持中立。用他自己的话说，就是"让现象自己去证实或反驳"。

然而，20年后，当整个调查已成为遥远的回忆时，海尼克在这个问题上则显得更加坦率。他在《UFO经历》一书中，批评那种调查是"侮辱有能力的人的智慧"，而他的证据碰到了"解释障碍"。海尼克写道："'解释障碍'出现了，要么整个事件都被解释为心理现象，要么根本就没有人想承认这个隐藏在事件背后的现象。"绝大多数调查人员的反应是，如果希望这种现象是不能隐藏的，因此它就真的不是。

"怨恨"计划的怨恨

1949年2月，"怨恨"计划代替了"信号"计划。有关不明飞行物的调查方针也发生了巨大的转变。用海尼克的话说："变化是显著的……对问题采取严厉的拒绝抵制态度，现在的公众评论和事件没有什么相关联的地方。"

"蓝皮书"的筹划者空军上尉爱德华·瑞派特认为，这种偏见让人"难以置信"。他写道："思想转变让我很烦恼，报道看似好转时，人们却都认为与UFO无关。"

这一阶段是UFO研究的黑暗时代。爱德华·瑞派特说："每件事的报道都在假设不存在的前提下进行，一个月大约有十次正面的报道，但这些报道没有得到证实或经过调查，就被丢弃了。"

公众的轻信

在公众的想象中，军队的调查应该由目标明确的特遣部队执行，还包括随时准备奔赴各地的专家研究者，但情况并非如此。

这类调查其实并没有得到足够的重视：杂乱的组织、低水平的工作人员以及有限的资金，这让调查计划无法尽力去收集相关事件的有效证据，使用的数据后来都是被处理过的。在初期，很少有人对搜集到的数据进行相互对比、分析研究。虽然每个现象的记录都经过冗长的调查，数据库最终建立起来了，但相似的事件在这儿也很难找到参考资料。

敷衍与严肃

1952年，"蓝皮书"计划代替了"怨恨"计划。它正式的全称是航空现象空军大队。名称虽然变了，但在本质上调查方法和调查目的都保持不变。同样的低调、同样的低效、同样的歪曲事实。

海尼克说："用最敷衍的态度进行严肃的调查。"

他还说："一个事件即使好像有误，工作人员也不会重新核实，只是将它的等级直接降低为：行星现象、一次飞机空中加油现象或其他一些普通的事件中。"

便利的回答

每次只有当一个UFO事件已经引起媒体广泛关注后，"蓝皮书"才开始对事件感兴趣。他们运用所有方法去寻找一个便利的答案来很快地阻止"荒谬的推理"。当一个证据受人关注后，他们就加紧找到适当的理由否定掉它。

在他的著作中清楚地写道："一次，在我调查一件事的详情时，五角大楼的科学家告诉我，他奉他的上司之命告诫我，不要再探究此事。"

甚至连最初的计划负责人爱德华·瑞派特在参与高级机密日程安排时，也感到心力交瘁。在他的回忆录中写道："可能我只是一本封面故事的挂名负责人。"

此时，海尼克的评论已经十分坦率。在他最后的报道中，他总结如下："蓝皮书"使用的数据统计方法只是在歪曲事实，"蓝皮书"是不科学的，它所奉行的工作前提美化了调查的结果。

海尼克并不是唯一对这些官方调查持批评态度的人。1966年亚利桑纳大学物理学家詹姆斯·迈克博士对一名记者说："这些年空军的行为使公众、新闻媒体和科学界都认为，对UFO问题国家正在进行全面而科学的研究，但我发现，这完全不属实。"

康顿调查

1966年10月，美国空军委托科罗拉多大学进行有关UFO的科学研究，并声称，这是一项推动独立研究而进行的科学研究。引用委托书的话来说，他们是"国家的一群杰出科学家"。

但它并不是一次毫无偏见的研究。人们对计划负责人——爱德华·康顿博士是否能客观地对待调查持有怀疑态度。

作为一名有名望的生物学家，他带着相当大的消极性来看待整个UFO问题。研究刚进行了三个月，他就宣称："我现在想建议政府放弃对这类事件的调查，现在我的态度是（所谓的UFO其实）没有什么，我不想再花一年时间做出无用的结论。"

无信仰者的信仰

事实上在整个调查中，康顿的调查小组一直充斥着内部分化。争吵、辞职、解雇等事情频频出现。早期的受害者是大卫·桑恩德斯博士，他和康顿在许多问题上都发生了冲突。

在一个备忘录中，计划管理人罗伯特·拉奥写道："我认为这个计划对公众来说是一个骗局。对科学界而言好像是在进行认真的研究，但（研究者们）对能找到飞碟几乎都只持有零期望。"

下一个受害者是康顿的行政助手路易丝·阿姆斯特朗。

她写道："对我而言，他（康顿博士）的大部分时间都在考虑，用什么样的语言来巧妙地避免使用肯定的语气。"她总结道："（他）要让人有这样的感觉，过去的错误或过失已经被勾销，而对UFO的工作已经恰当地完成了。"

康顿报告最终发表了。这份大约1000页的报告中充斥着凌乱、不连贯的陈述和研究，其中只有一半的内容真正与UFO相关。报告重点描述了大气反常、心理状况、UFO文化对人们的负面影响，并称其为"飞碟的自然哲学"。

报告称："孩子们沉迷于这些看似有科学根据其实是很虚幻的物体中……我们强烈建议老师，不要按照目前孩子们阅读UFO书籍和杂志的表现评定成绩。"

但是报告还是在数据中无法掩藏地表明，它调查的事件中有1/4的事件仍无法解释。

对康顿报告的各种批评蜂拥而至。科学家波渥尔说道："康顿用图表说明，这些事件是很容易解释的或者只是报道有误。这样的报告是对同行的侮辱。"

国家大气现象调查委员会的主要负责人唐纳德·凯豪说："我们现在正在公然挑战那些保守者的堡垒。康顿是一个无信仰者，他的调查符合他的信仰。"

其他的调查

1950年，美国战争纪念协会所做的研究，是官方其他调查中最著名的一项。

UFO调查人珍妮·瑞德尔评价："他们的工作为今天的UFO研究者如何工作，树立了榜样。"

很明显，未来美国有关不明飞行物的官方调查，仍将继续沿着前辈开创的道路前进。然而证据表明，在非正式但严格保密的情况下，军队已经全面调查了UFO。他们的发现和所呈现给公众的内容仍将完全不同。这是很多研究者都知道的，情报人员所知道的比他们公布的内容要多。很多人想说出来，但现在是——知道的人不能说，说的人又不知道。

海外观察

不明飞行物支持者曾经尖锐地批评科学机构对所谓的"迄今为止最大的科学奥秘"无动于衷。但是，近年来不明飞行物支持者又不断夸口说，积极参与不明飞行物学领域活动的科学家在日益增多。

如果说，有哪一门学科的成员应该对不明飞行物表示热情的关注（如果不明飞行物是地外宇宙飞船的微弱可能性存在的话），这门学科就是天文学。因此，现在来看一看20世纪70年代中期对2611名美国天文学会会员（包括专业和业余天文学家）所做的一次调查吧！调查主持人是斯坦福大学的P.A.斯特罗克博士，博士本人也是美国天文学会会员，并且对不明飞行物怀有浓厚的兴趣。斯特罗克的调查表明，2611名美国天文学会会员中只有7人（会员人数的0.25%左右）对不明飞行物表示足够的关注，为这方面的材料所吸引并付出一定的个人时间研究不明飞行物学。可以推测，这7人当中有两个就是斯特罗克本人和海尼克。

海尼克在1967年12月的《花花公子》杂志发表文章，倡议尽快解决不明飞行物之谜。他敦促成立一个集中的不明飞行物调查中心，下设若干可以及时派赴发现现场的调查小组。中心应设有电话交换机、全日制工作人员，以便接收来自美国各地的关于不明飞行物的报告。

"如果如前所述，确实存在不明飞行物的话，"海尼克写道，"那么在开始执行这样一个绝非荒诞的方案以后一年之内，我们就会掌握到照片、电影、光谱图、石膏压痕模型（如果有着陆事件的话）、详细的大小尺寸，以及UFO亮度、速度等等的定量估计值。如果在认真、细致地工作了整整一年之后没有取得任何结果的话，那么这本身就显示了对UFO重大的否定意义。"

希尔夫妇的梦魇

文_刘海平

　　和所有的好莱坞大片一样，故事的开始充满了轻松、快乐的度假气氛，但却向着一种不可预测的方向发展。1961年9月19日傍晚，42岁的贝蒂·希尔和39岁的巴尼·希尔在游览了尼亚加拉瀑布和加拿大的蒙特利尔之后，驾车穿过加拿大新汉普郡的兰开斯顿和康科德之间的高速公路，向着自己的家——美国新罕布尔什州驶去。这在他们平常的繁忙生活中，是难得的放松——贝蒂在新罕布尔什州安全部工作，巴尼则在波士顿邮局工作。他们是那个时代的异类，原因很简单：贝蒂是白人，而巴尼是黑人。尽管巴尼实际上也受过高等教育，但有时他们还是无法抵挡来自外人诧异的眼神。

　　之所以选择走夜路，是因为他们兴尽而归已经囊中空空了。午夜时分，当他们开到新罕布尔什州怀特芒廷斯国家公园时，周围荒凉无比，杳无人烟。巴尼事后仍然记得，因为那段长达305千米的公路上只有他们一辆车，所以他有时把车速提高到100千米/小时以上。

　　事情就是在这样寂寞无聊的高速行车中，慢慢发生了变化。他们记得22时，在开过兰开斯顿不久，贝蒂发现天空有一颗"飞行的星星"，而巴尼则认为那不过是人造卫星而已。这颗"星星"仿佛在跟着他们，边飞边降。巴尼终于意识到事情不是他所想的那么简单，他几次下车用望远镜来观看那个跟踪者。20日凌晨3时左右，最后一次当那个椭圆形的发光体正在他们的汽车上方时，贝蒂和巴尼再一次停车。通过望远镜，巴尼惊讶地看到，那是一个由多个光点组成的球体，各个光点交替着发光，很有规律。而透过发光体，他还看到了几个小小的人形身影似乎正在观察着他们。

巴尼不寒而栗，他迅速跳上车子，想离开这一是非之地。他记得，当时他加大油门把车开过一个转弯，然后那个可怕的不明飞行物就消失了。接着，他听到车子里似乎有一种轻微的声响，然后一切就不那么清晰了。清楚的意识似乎只有到了阿希兰才重新恢复。那时天已发白，已经到了早晨5时了。他们不仅仅失去的是两个小时，还有56千米的行程印象。

他们带着忐忑不安的心情，很快回到了家里。家人则被他们狼狈的样子吓了一跳：贝蒂的裙子已经变得"千丝万缕"，巴尼的鞋子也露着脚趾头，而他们的车子更是伤痕累累——车身上出现了许多圈圈，仿佛有人对它做过什么奇怪的测试一样。两人极力回忆，却不记得路上发生了什么，他们只是希望事情赶快过去。然而，事情却没有过去。希尔夫妇很快发现自己身上有一种说不出的难受，似乎有一点"黏滞性"。车子也是，出现了一种奇怪的磁性。两人心情很不好，连夜总是怪梦不断，这使他们非常焦虑。贝蒂把这些奇怪的事情告诉给妹妹和邻居们，大家都劝她赶快去向有关机构报告。

9月25日，贝蒂再也忍受不了这种身心的折磨，打电话给美国空中现象调查委员会（NICAP）的德·基荷少校。基荷少校把他们推荐给NICAP的科学顾问、天文学家沃尔特·韦伯。贝蒂告诉沃尔特，她一直都在做一个怪梦：仿佛在路上碰到一群陌生的人，"他们一靠近我们的汽车，我就失去了知觉。等我醒来的时候，发现我和巴尼正待在一个稀奇古怪的装置里。那里的乘员们给我们进行了全面的医疗检查，并安慰我们不会有什么伤害，还说等我们从这里出去后就不再想起这件事了。"

最后，沃尔特对希尔夫妇的证言做了如下的结论："以下是本调查员的意见。对有关者进行了超过6个小时的情况听取，对当时他们的见机行事和人格等进

行评价，结果认为他们的经历是真实的。所有的事情除了细小的不确定部分、技术部分外，确实发生了如报告所述的结果。他们的人格，无可怀疑的诚实，以及他们明显地想协助查明事件的态度，我深受感动。

"的确，巴尼也愿意再想起目击到什么。他说，对有问题的外星人不想靠近到能够辨明脸部特征的地步。但是在别的调查之中他又说，与一名外星人并肩说笑，或注意到领头者面无表情等。但是我认为，即使目击者没有完全记住体验的事，这些对事实也没有多大意义。

"或许对目击者而言，事件太过幻想，脱离现实，加之与陷入恐怖的情绪结合在一起，就发生了思考系统不起作用的心理障碍。"

然而这次交谈对贝蒂和巴尼来说，并没有起到什么实质的作用。他们仍然生活在噩梦的阴影下。尤其是巴尼的身体急剧恶化。1962年1月巴尼发现自己的腹股沟长出了一圈圈的瘤状物，接着便是溃疡复发。而贝蒂则经历着奇怪的超能力体验，她声称看见自己的家里出现了所谓的"波尔代热斯"现象（德语，原意指"吵闹鬼"，指物体自发地出现声音、移动等不寻常的现象）。

1963年巴尼住进了医院。替他检查的斯蒂芬斯医生诊断，巴尼的健康状况恶化与不知原因的神经休克有着直接的关系。这使贝蒂再一次想起两年前他们经历的那个夜晚。她"希望从心理障碍中被拯救出来"，而"不是探听有关UFO的体验"。于是他们找到了波士顿著名的精神病学家本杰明·西蒙来为他们治疗。西蒙大夫看过基荷少校和韦伯的调查报告之后，决定为他们分别做一次深层次的催眠治疗。

在催眠中，希尔夫妇记得他们在听到车后发出的一种轻微的信号之后，就把汽车转向路边停了下来。一群陌生"人"在强光的照射下，站在公路的中央。接着一个矮小的类人体走向他们的车子，示意他们下来。他们记得，那些人看起来很像人类，只是头部很特别——没有头发，但是两侧有两个洞；脸上扁平，鼻子和嘴巴丝毫没有突起的线条，而且小得可怜；眼睛非常大，眼角向上扬——"他们"的表情看起来十分凶恶。

巴尼说："我感觉非常疲乏，两腿都抬不起来了。我并不害怕，感觉自己像是睡着了似的。两只腿都已经离开了地面。"

接着，他们被带进了一艘"飞船"里，并在那里分别接受了"医疗检查"。

巴尼记得，在做检查时"他们"把他的假牙还摘下来看了看，还在他的腹部安了一个奇怪的装置。

贝蒂则记得，当时她躺在一张手术台上，有人为她检查了全身的皮肤、耳朵、鼻子和喉咙，还把她的头发和指甲剪下来一点收好。后来有人在她肚脐扎了一针，她立刻叫了起来。一个"头目"过来用手掌在她脸上一晃，她就不疼了。"他"向她解释，这是在做妊娠检查。

检查完后，"头目"和贝蒂留在屋里说话。"头目"把手放在她嘴里摸牙齿，随后表情很奇怪。贝蒂告诉"他"，巴尼的牙齿是义齿，所以可以取下来，而她的不是。贝蒂谈到时间和衰老的问题，对方很奇怪，反问："时间是什么？它是怎么计量的？"

贝蒂又问那个"头目"，"他们"来自何方。"他"反问，是否知道关于宇宙的情况。贝蒂说不知道。"他"说希望贝蒂多知道一点，就从屋子另一头的桌子角取来了张图，并问她是否见过天象图。贝蒂看见一张椭圆形的图，图上布满了斑斑点点的东西，有些比较小的点像大头针的头，大一点的像硬币。上面还有许多直线和曲线把各点连在一起。从一个大圆圈里画出许多线条，其中大部分又进入到另一个较小的圆圈里。贝蒂问线条代表什么。"他"说，粗的代表商业路线，其余的只是偶然经过的路线，而虚线则代表探险的路线。那"人"又问贝蒂，是否知道自己的位置。贝蒂说不知道。"他"说，那就很难向她解释"他们"来自何方了。在催眠状态下，贝蒂还画出了那张天象图。

后来，巴尼也被带了过来，但神志不清。"头目"向贝蒂保证："你回到车上后会马上恢复正常。"

最后，两人走出UFO，步行穿过树林向自己的汽车走去。巴尼的神志越来越清醒，但脸上看不出任何表情，仿佛一切都没有发生似的。最后，两人坐上车子，回头看见飞碟闪烁着耀眼的亮光，在空中翻滚着离开了。

一个半月后，希尔夫妇才第一次听到对方在催眠下的录音。贝蒂感觉这正是她经常做的怪梦，而巴尼的话更增添了她对自己所经历的认识。而巴尼根本不相信录音带里的话是他自己说的，更不能相信自己经历过那样的事情。其后的几年，巴尼的健康每日俱下，于1969年2月死于脑溢血。

给他们做催眠的西蒙医生最后说："我很难说得出什么结论性的意见来。但有一件事是确信无疑的，即这两位病人不是精神病患者。他们在催眠状态下神志完全清醒，他们分别叙述的经过情况完全一致。"

但是一些专业人员还是不能由此断定，希尔夫妇真的经历了可怕的UFO事件。他们认为，人在接受催眠时所讲的事情未必是他们经历过的，而是他们自以为经历的事情。换句话说，他们认为，贝蒂把自己的一个可怕的噩梦告诉给巴尼，而巴尼又在潜意识中"接受"了有关信息。

但是随后的两件事情，使怀疑者们不得不放弃他们的想法：

第一是UFO研究者若瓦勒教授在美国空军战略轰炸机兵团的档案中，找到一份代号"NO.100-1-61"的文件。文件显示，在1961年9月20日凌晨，第0214号雷达探测仪操作员观测到在新罕布尔什州，观测到一个不明飞行物。而且，操作员在岗位日志上记下了当时的情况。

第二则是源于俄亥俄州的一位天文爱好者的发现。1968年，马乔里·菲什根据贝蒂在催眠状态下所画的星象图，花费5年时间制作了一个以地球为中心、直径50光年的天空立体模型。并在天文学家的帮助下，逐一排除那些不可能具有生命的星球（如转速过快的星球、光度过大或过弱的星球等）。最后，她留下了12颗星球。当人们从其中一个星球的位置上观察其他星球时，他们眼前的一切正好和贝蒂的星象图对应上。菲什因此确定，贝蒂所画的两个大圆球就是网罟星座中的"Z-I"和

"Z-Ⅱ"。菲什的理论得到了当时天文学家特雷斯·狄金逊的强烈支持。

但当时菲什发现，贝蒂的天象图中还有三个奇怪的星星，她没有发现。令人惊讶的是，1969年，天文学家居然就在那个空域里找到了那三颗星星。一切都是这么的不可思议，如果不是真的碰上了天外来客，那么像贝蒂这样的一个普通人，又怎么可能知道这样深奥的天文知识呢。

当然，一切仍然无法下结论。有天文学家指出，太阳系以外有无数个恒星系统，因此贝蒂所画的图形很容易被"对号入座"。而且如果仔细研究希尔夫妇的证词，人们还会找到许多漏洞。甚至他们遭遇UFO的具体时间、具体地点都是模棱两可的。

　　不管怎么说，贝蒂还是很容易地接受了自己所经历的一切。在巴尼死后，她凭借自己的这段离奇的经历，成为家喻户晓的畅销小说家，还出版了一本《接受外星人的简便方法》一书，过着富裕的生活。

　　1991年贝蒂在接受美联社的采访时，抱怨现在的人已经把获得外星人资料作为一种牟取暴利的手段。一些人为了名利，竟然会编造一些虚假的谎言，声称自己看到了外星人："事实上，不像电影里或者是一些人说的那样，外星飞船的体积非常小，而且灯光昏暗，甚至有时根本没有灯光。"

　　2004年10月18日，贝蒂·希尔辞世，享年85岁。让我们记住她曾经说过的一句话吧："随着时间的流逝，'UFO是幻想的产物'、'UFO是无稽之谈'等的说法自会真相大白。会有更多的UFO来到地球，也将有更多的人目击UFO。'他们'迟早会堂而皇之地出现在我们的面前的。"

发光的UFO原形之谜

文_吴再丰

苏格兰的利文斯通位于爱丁堡以西20千米，那里分布着洛迪恩州西部的森林、开阔地以及起伏平缓丘陵的新城市，城市的北端有沿着森林的被称为格拉斯哥的通往爱丁堡的高速公路。在20世纪70年代，这里曾发生过一起UFO遭遇事件，现场在被砍伐的森林中的空地上。尽管距高速公路100米左右，但是从公路上看不见，而且不抄近道或森林小道到不了那里。总之，那里不是轻易能靠近的地方。

事件发生在1979年11月9日，星期五。事件的唯一目击者是时年61岁的罗伯特·泰勒。他是利文斯通开发公司林业经营部的林业监督员，为人正直，而且在遭遇这起事件之前对UFO一无所知，也不感兴趣。

出现在空地上的飞碟

事件发生的当天，像往常一样，泰勒在9时30分借着工间休息回家，10时左右再返回工作场所。他驾驶着公司的小型卡车，旁边坐着名为拉拉的爱尔兰塞特种猎犬。他的工作是巡视通往森林的大门是否锁好，有没有羊群在森林中迷失。小型卡车驶到森林的小道前停下，他下车并放开猎犬走入森林。不一会儿，泰勒就看不见拉拉的踪影了。10时15分左右，泰勒转过小道的拐角，独自一人来到一片空地。

突然，空地正中浮现出一个他从未见过的神秘物体，泰勒感到十分恐惧，呆呆地站在那儿，一动也不动。事后他回忆说，那物体好像是贴着地面摆在那里似的，外观像一个帽子，上部呈半球形，下部像帽沿那样鼓出，直径约6米。这个物体既不动也无声响。

物体表面呈深灰色，但是随着时间的过去，整个物体变得透明，并反射着光。顺着帽沿的边缘竖着多根轴，每个轴上有类似直升机那样的翼片，但是没有旋转。球形部分的表面还分布着一圈类似飞机舷窗的圆孔。在看到这个物体瞬间，泰勒立刻想到那是宇宙飞船。

正当泰勒呆立不动之际，或许是对方发现了他，从飞船中飞出两个呈球形的小飞船，朝着泰勒飞来。它们的直径有1米左右，与母船有着同样的颜色和质感。突然，两个球形飞船向四周伸出像脚一样长长的尖刺，并且很快滚到泰勒的身边。他听到两个球体在他身旁接触地面时发现爆裂的声响，并且还闻到像汽车紧急刹车时散发的灼热的恶臭，令人窒息。这时，泰勒感到两个球体各自用一只"脚"拽住他的裤腿，想把他掳往母船。他试图顶住球体的拉力，结果失去意识倒在了地上。

当泰勒恢复意识时，身边唯有拉拉在不断地吼叫，而神秘物体已消失了踪影。他想与拉拉打招呼，但是却发不出声音。他又想站起来，但觉得自己的脚发软，站不起来。泰勒只觉得额头疼痛，嗓子干渴，下颚也隐隐作痛，心情很不好。他注意到刚才的恶臭还残存着。无奈之下，他匍匐着前进到了森林小道，这时他感到自己的双腿可以站立起来了。他步履蹒跚地直到卡车，想用车里的无线电话向办公室报告事件的经过，但是嘴不听使唤，说不了话。他想驾车回去，可是在倒车时不注意将车轮陷入松软的土里。为此，他不得不穿越田地和森林，好不容易抄近道才回到自己的家中。到家时，已经是11时15分了。

受到外星人袭击？

看到丈夫弄脏的脸和衣服，并听他在不停嘟囔"受到外星飞碟袭击"，妻子认为他犯糊涂了，想打电话叫医生，但被丈夫制止了。泰勒没等妻子回过味来就进卫生间洗澡了。接着妻子打电话给经营部主任德拉蒙特，告知了泰勒的情况。德拉蒙特马上联系了戈登·阿达姆医生，然后去了泰勒的家。

一到泰勒家，德拉蒙特马上向他询问详细情况。在叙述事件经过的同时，泰勒还一再强调在飞碟着陆的现场一定还留有痕迹。于是，德拉蒙特急忙去森林，但是什么也没有发现。与此同时，阿达姆医生也赶到了泰勒的家，经过检查没有发现泰勒有什么不好，头部没有外伤，大脑也未见异常。虽然泰勒说这时还能感到头痛，但是体温、血压都很正常，心肺功能也没有什么异常。

接着，泰勒、德拉蒙特和护林员再一次来到森林。泰勒向大家指出飞碟曾经着陆的地方，结果发现在草地上留下了奇怪的痕迹。在场的所有人都目击到了这个痕迹，并马上在周围竖起7.5米×6米的围栏，然后报告了警署。

因为泰勒再三说自己头痛，阿达姆医生认为他有必要做个CT，并接受神经科的检查。为了尽快送泰勒到就近的班戈综合医院，医生安排了救护车。泰勒夫妇坐救护车到医院后，被告知还需要等2小时才能做CT和检查。结果泰勒没有接受精密检查就离去了，这给后来解开谜团带来了困扰。

这起事件留下的证据除了神秘物体的着陆痕迹外，还有就是留在泰勒裤子上的爆裂痕迹。泰勒的妻子确认，泰勒在事件发生后回到家时裤子是破的。后来，警察说要做鉴定，便把裤子拿走了。

不久，这起事件被护林员泄露出去，很快轰动了整个英国。随着事件闹得沸沸扬扬，当地的警察与英国UFO研究协会着手事件的调查。警察调查的结论是："明确与简洁的解释有困难。"而实际上，因为车辆无法进入林中空地，所以对草地上的痕迹完全没有办法做出任何推测。有推测说，可能是有人用吊车将假UFO吊在空中，但周围找不到吊车移动的痕迹。也有人认为是直升机，但是在事件发生时没有直升机的飞行报告。最重要的是，经过确认那个痕迹不可能是由直升机造成的。因此，对于泰勒的语言，警署无法做出合理的解释。

再者，对泰勒裤子的鉴定结果认为，裤子上的洞不可能是用工具割破或烧焦造成的，很可能是泰勒回家途中在林中小道的某处剐破的。但是调查了泰勒回家的路线后，没有发现能剐破那种洞的尖石或树丛。看来，这一点也是常理无法解释的谜。

而地表上留下的车辙痕，看上去好像是什么重的物体，例如安履带的拖拉机压成的。但是车辙是突然开始和消失的，只有认为物体具有飞行能力。另外，这种痕迹仅在草地上被发现，其他的地方则没有任何变化。对此，警署的调查也是不了了之。

是幻觉产生的吗？

对于神秘物体的原形有各种假说，譬如说它是某种作业机械或球形的机器人，也有说是地球人不知道的神秘物体，但任何说法都缺乏确凿的证据。

对此，也有少数派提出大胆的假设，即泰勒的证言没有撒谎，但是目击的过程都是泰勒自身的幻觉产生的。为了验证这个说法，首先有必要调查泰勒的健康状况。

与许多老年人一样，泰勒有早期动脉硬化引起的心绞痛和高血压。他曾做过两次轻微手术和经历两次重症，但是头部从无受伤记录，平时也没有头痛的情况和神志昏迷。那么从事件发生那天早上泰勒丧失意识约20分钟来看，作为一过性昏厥时间有点过长，因此肯定有更复杂的其他的原因。医生指出原因可能有两个，一个是中风，但是那样一定会给泰勒留下半身不遂或神经系统的损伤。

另一个可能是癫痫的发作。癫痫或脑肿瘤引起的痉挛发作，有可能使人失去意识，这可以解释泰勒失去意识的现象。而且当时泰勒发不出声、四肢麻痹、头痛、恶心等症状与癫痫发作时一样。此外，癫痫还可以解释感觉到强烈恶臭的现象。事实上，癫痫发作前夕的许多症状，除了造成意识不清的幻觉体验外，还可以闻到强烈不舒服的气味。然而，癫痫一般多在孩子时代发病，很难与过了60岁的泰勒联系起来。但是，从他显示出的症状来看，也不好加以否定。

在此，对于神秘物体的原形，我尝试用球形闪电假说来加以说明。尽管表面黢黑或呈隆起状的例子不多，但也不能完全否定。留在地表的车辙或许是球形闪电发生时，在周围产生强力磁场的证据。如果那样的话，泰勒的大脑在强磁场的作用下受到很大影响也未可知。特别是在强磁场的影响下，过去从未有过癫痫症状的泰勒出现了暂时的癫痫症状。从泰勒经历极不舒服的气味来看，那是发作开始的征兆。需要指出的是，泰勒未接受医院的脑部检查是个问题。如果接受了检查，或许会从他的大脑中发现什么异常。

　　根据泰勒的证言，那个神秘物体比通常球形闪电现象更大。球形闪电的一般尺寸有说是直径25厘米左右，也有说直径六七米，专家们的意见也不一致。物体周围所谓帽沿状的隆起是由于旋转产生的变形。

　　当天在周围一带没有打雷的报告，但是在没有打雷的日子产生球形闪电的情况也不少见。有关球形闪电至今仍没有定论，虽然如此，但很多UFO报告用这个假说能够解释。

　　对于这起事件，人们并没有完全阐明真相。但是，它还是给了我们很好的启迪，这就是在研究UFO报告时，不能不更深地去注意各种可能性。

射击，未中！

文_杨孝文

　　英国国家档案馆于2009年8月17日公布了一批UFO目击报告的档案，档案详细记录了英国国防部从1981年至1996年收到的不明飞行物报告，其中也包括警方和军方的证言。这也是世界各国迄今为止一次性公开的数量最多的UFO档案，多达4000页，共计800个案例。英国当局对这些案例进行了调查，但并未得出最终结论。在这些档案中，既包括当事人所称的未遂绑架事件和有柠檬形状头颅的目击外星人事件，也包括游客在格拉斯顿伯里上空看到的飞碟；有的记录报告妙趣横生，有的报告又惊险万分，尤其是英国空军击落UFO未果的报告读起来像看丹·布朗的小说。

一个小镇报告3000起

　　一个漆黑的夜晚，英国邓弗里斯郡，一名男子在雷暴的瞬间，看到一个似乎是来自另一个世界的神秘物体。据这名男子事后介绍，他看到一个"三角形的物体"从天而降。他立即钻进汽车，驶往他认为神秘物体降落的地方。然而，当他渐渐靠近时，汽车却出现了故障，而身边带的手电筒此时也出现了问题。由于找不到神秘物体，他只好向当地警方报案，而未能解开这个谜团的警方又将此事上报给英国国防部不明飞行物特别调查组。

在20世纪90年代中期，苏格兰斯特灵郡的小镇波尼布里奇更是成为不明飞行物目击事件的热点区域。仅波尼布里奇一地，便报告了3000起目击事件。当地议员威廉姆·布坎南甚至致信时任英国首相的约翰·梅杰，呼吁对此展开调查，但梅杰并未采纳他的意见。布坎南还试图让波尼布里奇与享有"UFO之都"美誉的美国罗斯韦尔齐名。

公众营造的神秘气氛

2008年，英国国防部共收到285起不明飞行物目击报告，这是2007年的两倍。尼克·蒲柏曾在20世纪90年代初掌管英国国防部下属的一个不明飞行物调查部门。他说，他曾亲自参与过多起波尼布里奇目击事件调查，有一些根本无法解释。他说："我们的立场是，即便不去刻意隐瞒事实真相，也不会向外界公开这些事情。"

"显然，波尼布里奇有大量不明飞行物出现，但我们还是觉得公众正在营造一种神秘的氛围：只要看到波尼布里奇上空有飞机经过，当地人就会报告。但是，当这些报告涉及黑色的大型三角形飞行器时，我们当然会更感兴趣。这是我们从全国上下收集到的很多目击报告中的描述。"

蒲柏表示，就在同一时期，苏格兰还笼罩于美国空军正在一架代号为"曙光女神"的侦察机上进行秘密测试的传言中，这架飞机的外形与当时的不明飞行物目击事件的描述大体相同。

《苏格兰人报》曾在1992年报道，一架速度三倍于音速的喷气机正在阿盖尔郡的马希利汉尼空军基地附近试飞。尽管英国高层过问了此事，但美国人对此类报道均予以否认。

不明飞行物专家、谢菲尔德哈勒姆大学新闻学讲师戴维·克拉克博士说："很显然，涉及外星人的新闻报道、电视节目和电影与国防部收到的不明飞行物目击事件的数量存在某种联系。在过去50年间，除1996年以外，国防部收到不明飞行物报告最多的年份是1978年，即科幻电影《第三类接触》上映的那一年。显然，电影和电视节目会提升公众对不明飞行物的兴趣。"

似与游客展开"交流"

作为夏季音乐节的举办地，英国的格拉斯顿伯里不乏怪异景象。1994年，一男一女两名游客宣称，他们看到不明飞行物从一个帐篷顶掠过。那个不明飞行物不知从何处出现，看上去想与二人"进行交流"，他们"目瞪口呆，愣在那里"。在当天公布的文件中，那名女子写道，她和朋友看到"两条移动的光线看上去同一个圆形物体连在一起。这种东西我们从来没有见过，所以我马上想到那一定是不明飞行物。灯光处于这个圆形物体的下面，闪光的方式很奇特，好似与我们交流一般"。

她补充说："神秘物体没有发出任何声音，运动方式是我有生以来在空中看到的最平稳、最轻松的运动。"这名女子坚称她是严肃的，她看到那些闪光呈黄色、红色和绿色，并且在不停旋转。"在我们俩认定它可能是不明飞行物以后，它仍不停旋转，直接朝我们滑翔而来，就是这么疯狂。当这一切发生的时候，我们的确十分害怕，胳膊上的汗毛都竖了起来，心怦怦跳个不停。随后，它又滑向一边，飞走了。"

除了他们两人以外，参加音乐节的其他游客都没有看到所谓的不明飞行物。这名女子的朋友向调查人员讲述了相同的故事，而且细节一模一样。他说："神秘物体看上去向我们飞来，突然间它不断改变颜色，从红色变成橙黄色，然后从橙黄色变成绿色。这的确令我很吃惊，因为我当时身穿黄色和绿色衣服。"

长着柠檬形状的头颅

1995年5月4日23时55分，在斯塔福德郡的翠西城地区，一个长着柠檬形状头颅的外星人对两名少年说："我们需要你们，请随我们来。"两名少年呆若木鸡，紧紧盯着这个不明飞行物。随后，两名少年迅速跑到当地警察局，气喘吁吁地要求值班警察出去看一看。他们看到了一个发着红光、碟子形状的物体，警方认为这可能是飞行器。

据当地警察局的报告，两名男孩最初被附近一种巨大的热浪吸引，来到热源附近时发现了一个神秘物体从东向西移动。他们来到警察局时"十分激动"。报告中写道："他们说，神秘物体在空中看上去有4层楼那么高，距离他们大约12米远。他们还说，一个处于不明物体下面的长着柠檬形状头颅的外星人说：'我们需要你们，请随我们来。'"

"两个孩子非常惊愕，所以，我们越来越难从他们身上获得详细的信息。"警方将他们送回家，并告诉他们详细写下看到的情况。一名男孩说，他们是被强烈的热浪吸引到现场的。当他们走进那片田野，看到那个太空船闪着光。另一个男孩写道，神秘物体在朋友脸上留下"甜菜根的颜色"，后来，它再次飞到空中，消失不见了。

美侦察机成嫌疑对象

最新公布的文件显示，有可能是一架美国秘密侦察机引发了多起不明飞行物目击事件，但它的存在从未得到官方承认。

1993年3月31日清晨，在英国德文郡、康沃尔郡、南威尔士和什罗普郡上空，包括警方与军方人士在内的70余名目击者看到一个巨大的不明飞行物。它低空飞行，并发出嗡嗡声。蒲柏在致英国空军参谋部副参谋长安东尼·巴格纳尔爵士的一份报告中写道："有证据表明一个不明飞行物穿过英国重重防线逃脱了。"

蒲柏表示，正常情况下他不会因此类事件打扰安东尼，但这次情况有所不同。他说："你或许意识到近来英国不明飞行物目击事件的发生频率尤其不同寻常，目击者的描述都同所谓的'曙光女神'侦察机的一些特征相吻合。"当时人们猜测，不明飞行物可能就是美国的"曙光女神"侦察机。

据说，"曙光女神"侦察机是美国20世纪80年代的一个秘密研发项目，这是一种可进行高超音速飞行的侦察机。由于"曙光女神"侦察机当时成为公众怀疑的焦点，英国政府被迫向美方提出，禁止其在英国上空实施飞行实验。

在日期为1993年4月22日的报告中，蒲柏写道："有证据表明有未知来源的不明飞行物正在英国上空活动。如果那是只有国防部内部少数人知道的美国飞机的活动，而且不会被证实，那么就很难再深入调查下去。"安东尼爵士则回复称："尽管3月31日当天有关不明飞行物的目击报告数量很多，但我不能对此妄加猜测。"

"像阳光般的红色光芒"

一位英军高级指挥官曾上书英国国防大臣，请求其"密切关注"一起闹得沸沸扬扬的不明飞行物目击事件。1980年12月27日清晨，在萨福克郡伍德布里奇空军基地附近的蓝道申森林，美国多名空军人员报告称，他们看到一个奇怪的金属物体在森林中穿梭飞行。这起事件被称为"英国的罗斯韦尔"，从未得到全面解释。

神秘事件发生几年后，英军总参谋长希尔·诺顿致信国防大臣迈克尔·赫塞尔廷，请求其认真调查这件事。希尔·诺顿在信中谈到美国空军中校查尔斯·哈尔特提交的一份报告。在报告中，这位基地副指挥官详细描述了三名巡逻飞行员的目击过程。

他们报告说，一个盘旋在空中的闪闪发光的三角形金属物体用一道白光照亮了整个森林。哈尔特中校称，他看到了"一道像阳光般的红色光芒"穿过树林。他说："它一度扔下闪闪发光的颗粒，分成五个不同的白色物体，消失得无影无踪。"

像猫一样哀号

一位英国青年称，他看到一个不明飞行物先是在墓地上空盘旋，后来向地面发射出炙热的激光束。那是1996年7月15日凌晨2时30分，目击事件发生在柴郡的维德尼斯。警方的报告称，那名青年"是个很明白事理、透露着真诚的人"。当天，他正走在回家的路上，经过人行天桥时，发现一道明亮的黄光跟在自己的身后。

据小伙子事后讲，黄光有"两层楼那么高"。当他试图走远时，这道神秘之光却紧紧跟在自己的身后。他告诉警方，不明飞行物发出了一种像猫哀号一样的刺耳声音后向下喷射光束。后来，他和父亲返回现场，发现四条铁路枕木被烧焦了，其中一条还留有一个直径约10厘米的小洞。

除了平民的遭遇事件，这次公布的很多军方的目击事件更有说服力。蒲柏表示："我们知道，在几起事件中指挥官下达了射击命令，然而，没有一次命中这些目标。"他还表示，国防部内有一些人始终坚持要击落侵入英国领空的UFO。蒲柏自信地说，终有一天英国空军会击落一架UFO。"我们的武器越来越精良，总有一天我们会击落一个。"

一旦你认为外星人存在

对于人们为什么相信UFO存在的问题，英国谢菲尔德哈勒姆大学的UFO研究专家戴维·克拉克分析说："毫无疑问，人们肯定看到了一些什么东西，这谁也不能否认。但将看到的这些东西与外星人联系起来，却没有什么道理。问题是，许多人相信有外星人，所以当他们看到一些奇怪的亮光时，会很自然地认为这亮光就是UFO。一旦他们有了这样的看法，无论你怎么跟他们解释，他们都很难改变自己的看法。"

以科斯福特事件为例，1993年3月31日，在6小时的时间里，英格兰中部地区发生了30余起目击无法解释的发光事件。英国空军参谋长助理安东尼·巴格纳尔听取了下属的汇报，他们认为这些证据足以证明UFO正在入侵英国。

然而，事后证明这些奇怪的亮光是俄罗斯发射卫星的火箭残骸在坠向地表时与大气摩擦所形成的，根本不是什么UFO。

同科幻电影密切相关

在这些目击档案中，1995年和1996年分别记录了117起和609起不明飞行物目击事件。

1996年是美国科幻电视剧《X档案》在英国收视率最高的年份。《X档案》讲述了寻找外星生命的故事。戴维·克拉克认为，不明飞行物目击报告同科幻电影和电视之间存在着联系。他说："电影或电视纪录片中谈到的外星生命越多，人们仰望天空的频率就越高，向下看的频率越低。"

"也许，他们看到的其实是像飞机一样的普通物体，但因为正在寻找不明飞行物，他们会误认为那就是。"克拉克指出，公众应以审慎的态度看待国防部的目击数据，因为到后期，这些数据还包括像警方、皇家空军或海岸警卫队等向国防部转交的目击报告。所以，如果有一个人或一群人重复报告，数据就会变得不准确。

1973年前，英国当局对目击事件进行过调查，在此之前的14年里，2310起目击事件中有223起未能得到解释，也就是说，仅有1/10的目击事件没有答案。克拉克说："在各种传闻的背后，的确存在一些真正未能解释的现象。我不认为那是外星人，不过是奇异的现象而已。"他认为，人们看到的或许是像球状闪电这样的大气现象，而科学家至今对这些现象都不太了解。

但是，这样的谜团可能对每个人而言都是一件好事，因为可以激发他们探索的欲望。克拉克说："很多人认为不明飞行物真实存在，希望科学家揭开这个谜底，毕竟科学家现在能够解释人类的起源和宇宙的起源。然而有些事情是无法解释清楚的，但人们总喜欢那种神秘感。"

神秘的圆筒形不明飞行物

文_陈育和　姚洪亮

　　一般来说，人们常习惯性地把UFO叫做飞碟。其实，UFO应该是不明飞行物，所以说，这种物体不仅仅有碟形的，还有三角形的、球形的甚至还有圆筒形的。这种圆筒形的飞行物体远看时有时似一根香烟，有时像一个水桶，有时又可能像一节烟囱。在这里就介绍圆筒形飞行物的事件。

　　事件发生在英国的一个露营地，叫做索美列斯特。有一天，当一个神秘的圆筒形飞行物体在热闹的露营地上空盘旋时，几个露营者惊呆了。这些人称，这种黑色的来历不明的金属物体在碧蓝的天空的衬托下显得格外醒目，并上下快速移动了10余分钟。这一事件发生在2008年7月一个阳光明媚的下午，有一个男子手持摄像机捕捉到了这个在天空运动的奇怪物体。

　　这一视频片段在某网站上公布后，引起了很多争论。有一个网民称，这是一个高空探测气球的压载物，还有一个人说像一个比飞机飞得高的金属物体。其实，在当地上空发现这种不明飞行物已经不是第一次了。2008年6月，当地的海岸警卫队就曾奉命外出在索美列斯特海岸搜寻一个神秘的类似降落伞的发光物体和金属罐，但是毫无所获。

　　不过，上述视频还是引起了众多人士的兴趣，原因之一就是2008年7月末，在英国彼得波卢，至少有8个人在同一个下午看到了同样的一个物体。这个物体在空

中停留了约15分钟，而后又向右移动了约10分钟，最后消失。

最先是梯珀顿的莎朗·德比在家外吸烟时发现天空中有一个物体。起初德比女士认为这可能是一个气球，但过了一会儿这个物体并未移动，于是她决定用照相机拍下来。当她回到后花园时，这个物体与地面垂直并向上盘旋，很快就消失了。

她的公公罗杰斯说："这个物体绝没有移动，其外表没有什么标记，气球也没有这样消失的。我并不认为这个物体是地球人的，因为宇宙太大了。"

同时，英国西波罗米奇东的汤姆·华生已经呼吁当地人帮助揭开另一个神秘现象，这就是在山德威尔谷地上空，一架直升机遭遇了一个不明飞行物。英国航空局的专家披露，该直升机于2008年5月2日在山德威尔谷地乡村公园上空飞行时，险些与一个神秘的飞行物体相撞。直升机的驾驶员称,他曾看到过100米外的一个飞行物,并被迫改变了航向。

2004年6月12日,一个不明飞行物在一个烤肉野餐会上空出现了20分钟。据目击者判定,这个不明物体长25米~30米,并悬停了一段时间。

英国兰卡郡出现的桶状飞行物

2004年5月22日15时,比尔和马格·威尔斯以及他们的孙子正在兰卡郡奈尔逊城附近的一个水库边郊游。突然,他们发觉天空中有一个异乎寻常的物体从西边飞过来。这个物体似乎呈左高右低的斜线,由于较远,从地面望去大概有2厘米长。他们继续观察了二三十分钟,而后该物体向东转向飞离很快就消失了。由于高度问题,该物体的实际大小估计不会小于在同样高度的飞机。

这些筒状物究竟是什么?

有一种常规的解释认为,这是太阳或聚酯薄膜气球。然而许多筒状的不明飞行物都会在空中停留不动,同时又明显没被绳子拴住,而且它们也能很快消失。有许多目击者发现这些筒状飞行物以极高速行进,有时快速通过,有时在半空中突然停止。

虽然这些筒状飞行物的真实体积比看上去要大得多,但因其形状的限制空间还是比较狭窄。它们会是外星人运载工具吗?值得注意的是,在海伊汉姆斯公园发现的类人生物,其个头只有正在蹒跚学步的幼童大小,似乎可以乘坐这种筒状的飞行物四处旅行。

那么,为什么UFO会采用圆筒状?其中有什么奥妙吗?其实这种形状并不实用,除非它另有明确的优点。但是,圆筒状的飞行器会有什么独特的优越性能吗?有一种可能是,这些物体在下降的同时正在寻找什么东西,而这种圆筒状与所寻找的这种东西有关。

难以解释的事实

文_周晓珊

在人类历史的长河中，时光如梭，弹指间100年匆匆而过，1908年发生的通古斯大爆炸转眼已是百岁之龄。它也许可以称为人类历史上受到关注最多、研究时间最长、各派观点争执最热烈、研究难度最大的问题。为了找到答案，人们进行了几十次考察，发表了几百篇科学论文，有几千名研究人员介入，提出了上百个推论。并且，只要谜底没被揭开，这些工作就会继续下去。可是这些努力只是让事件变得更加神秘，它们除了一次次带给人们更丰富甚至相互矛盾的资讯外，并未能解答那个似乎很简单的问题，那就是：到底发生了什么？

虽然只是历史的一瞬间，100年却是一个人不能承受之轻。整整一代人已经过去了，但对通古斯爆炸事件，人们能够确定的仅仅是少得可怜的几点事实：①1908年6月30日一个宇宙体飞过大气层；②发生在北纬60°53′和东经101°53′的空中爆炸；③气浪；④爆炸地点森林倒伏；⑤爆炸中心林木被灼伤；⑥地震现象；⑦电离层的磁暴；⑧欧洲西部观察到的大气层的奇异光现象。

人类遭遇了空前的难题。事实和直觉告诉人们，通古斯大森林所蕴含的神秘，早已远远超过人类的想象。正因如此，人们才怀着强烈的兴趣，不放过每一件可能与爆炸有关的事件。而在1908年这个自然界奇异现象异常活跃的年份里，也确实还发生了许多找不到解释的事情，它们与通古斯大爆炸一唱一和，为人类演绎了一出绝无仅有的"猜谜大联欢"。

1908年的春天，大西洋上空大气层里就出现了从未有过的厚厚的尘埃，欧洲的春汛也异常严重，而瑞士更是在5月底下了一场暴雪。2月22日，发生了著名的布勒斯特UFO事件。这天早晨，在俄罗斯与波兰边境接壤的布勒斯特市的晴空中，东北方地平线上出现了一个明亮的发光点，它很快就变成一个V形物体，拖着两条长长的"枝条"，飞快地从东向西飞过。这个不明飞行物最初发出刺眼的亮光，然后慢慢减弱，同时发光点变大了。半小时后，不明飞行物在人们的视线中变得模糊，又过了一个半小时，它完全消失在空中。

这年的春、夏、秋季，全球各地观察到的流星案例是往年的很多倍。此外，有关记录还表明，从1908年4月起地球北半球中纬度地区上空的臭氧层曾有过严重破坏，形成的臭氧空洞宽达800千米～1000千米，仿佛给地球穿上了一条腰带。

通古斯大爆炸前夕发生的一些事情更非同寻常。

1908年6月17日～1908年6月19日，在伏尔加河中部流域，天空出现了极光，而正常在那里是根本不可能看见这个景象的。人们在天上看到幽灵般的东西，每当那些东西消失后，便会刮起大风。人们恐慌地涌向教堂，认为天上的异光是最后的裁判日来临的前兆。

从6月21日起，在欧洲很多地方和西西伯利亚的空中，无论是清晨还是傍晚，甚至在夜里都能看到彩色的霞光。尤其在波罗的海沿岸地区，这个现象更为突出。长长的银色的云从夜空的东边延伸到西边，发出明亮的光芒。类似的景象只有在雅瓦岛附近的克拉卡道火山1883年8月喷发时，在火山喷发后的空中曾出现过。

6月30日，在爆炸发生前7小时，英国人舍克尔顿带领的考察队在南极艾伦布斯火山区观察到耀眼的极光。

通古斯爆炸发生后，很多学者并不同意将它视为陨石坠落。原因很简单：如果这是陨石的话，它的重量按推算至少在30000千克以上，那么碰撞留下的陷坑其直径最少应有2千米，深度最少应有几百米。但是，多次的考察不仅没有发现撞击坑，就连陨石的碎屑或其他蛛丝马迹都没有找到。考察队员只在现场发现了面积达

2150平方千米的呈蝴蝶形对称的倒伏森林。考察中，人们还发现在距断定的爆炸中心150千米的东南处，还有一片方圆20千米的倒伏林，而在西北100千米处发现了直径为200米、深度为20米的环形山。

大爆炸造成的破坏区域呈斑点状分布，爆炸的气浪摧毁了一些地区，同时又保留了一些地区。只有在树干很低的那部分才有被大火焚烧的痕迹，如果是坠落的陨石造成的，它的痕迹刚好与此相反。

爆炸后现场并没有勘测到放射性超标，奇怪的是，在1908年后生长出的树木里，放射性物质的含量却超过标准。地表的放射性测量也在标准之内，在检查时没有找到任何陨石性质的物质。但是，在事故现场的沼泽地下，勘测到高含量的地球上罕有的化学物质。

700余名目击者的证词中，不明飞行物体的运动方向相互矛盾，似乎不止一个天体从由南至东那一大片天空飞过来，可是又没有一个人同时看到过两个飞行物体。

从对现场提取的上千份样品的测试表明，遗落在茫茫泰加林中的外来物质不可能超过2000千克，而天文学家、科学院院士费辛科夫甚至认为陨石在进入大气层前的重量达到了1亿千克。

最奇怪的是，人们发现这个所谓的陨石在爆炸前改变过运动方向（达到了35°）和速度。作为自然天体的陨石，是不可能做出这种动作的。最起码，能使陨石改变运动方向的条件根本不存在。

有艾温克目击者回忆说，灾难发生后，有的坚硬的地表变成了沼泽；而爆炸后不知从哪里来的水，如同火一般烧灼了人和树木。

1908年6月底，由地理协会会员马卡连柯带领的考察队正好在石泉通古斯卡河大爆炸的中心地带进行勘测。在从档案中找到的考察工作日志中，记载了他们的工作内容：为卡通卡（当地人对石泉通古斯卡河的叫法）河岸拍照、测量其深度、测定航道等等。但是在查找出来的工作日志中，没有任何关于异常现象的记录。这成为通古斯事件中迄今为止最引人深思的谜中之谜。距离大爆炸中心仅65千米，马卡连柯的考察队无论如何都不可能听不见爆炸的巨响，看不见闪电的强光，感觉不到大地的颤抖……

普遍认为，对通古斯事件的研究始于1927年库里克带队的第一次考察。很少有人知道，实际上大爆炸现场的第一位造访者是维雅切斯拉夫·施石科夫，当地公路局的一位工程师。他和自己的同事于1911年到达了爆炸中心并发现了折倒在地的大片森林。他对通古斯大爆炸的报告，被沙皇俄国的官僚们束之高阁，所以没有什么人了解到他记录的一件怪事：施石科夫发现，在自己之前已经有一个考察队到过此地，当地居民在1909年看到过那些人。施石科夫后来千方百计四处询问，想知道那些人的情况，但没有打听到任何具体消息。只有邻村的邮递员回忆说，那些人带着一些沉重的铁箱，并且还在1908年的5月，即爆炸前1个月就到了这里。他们不仅没有告诉别人铁箱里装的是什么东西，就连进茫茫泰加林需要的当地向导都没有雇用。在大爆炸发生后，那些来历不明的人在林子里还继续待了大约半年，直到1909年初才离开。听起来那些人仿佛在迎接了大爆炸之后继续留下来执勤，清扫了现场不应留下的痕迹……

曾有人试图解释说，那些来去无踪的人可能是偶然到这里的寻宝人，为了逃税，所以很神秘。但他们的行为举动，出现和离开的时间、地点，与紧接着发生的重大事件是那么严丝合缝，实在难以让人相信这是纯粹的巧合。

还有消息说，沙皇政府在爆炸发生的第2年，即1909年，也曾组织前往通古斯考察，但人们却从来没有找到任何相关的文献记录，似乎考察队进入茫茫泰加林后就神秘地失去了踪迹……

1942年，"二战"刚爆发不久，通古斯地区的居民们抓住了一个脸色苍白的人。其实，在受大自然眷顾、肤色红润黝黑的当地人看来，脸色苍白的人都很可疑。但是这个人不仅可疑，还很奇怪。他声称自己是个地质学家，请当地人指点到爆炸现场的道路，而且要给当地人支付钱。在那个年代，纸币对泰加林的居民而言形同废纸，大家都是用子弹、白酒和粮食来进行交换。人们马上就明白这不是"自己人"，于是将他交给了政府。

原来，这个假地质学家是个"法西斯分子"，即德国人，不过他不是什么间谍，也不是"二战"的逃兵，而是在柏林的一间研究所从事神秘事件研究的工作人员。更详细的资料人们没有问出来，因为这个研究神秘问题的德国人，奇怪地吊死在自己做的一条短短的粗绳上。

在1908年春天，德国、英国和俄罗斯社会上出现了一种不健康的风潮。圣彼得堡的警察当局得知，有人在准备实施某个可怕的事件。而在英国，"金色黎明"成员A.柯南道尔不小心说出在夏天会发生一件非常重要的事件。民间开始出现奇怪的传道士，宣传世界末日和魔鬼的降临。施虐狂犯下的以信仰为借口的杀人案例激增，1907年全年才5例，而仅1908年5月～6月就有67例。人们很明显地在等待某种事情的发生，只是一些人等待的是可怕的事情，另一些人等待的是"主的降临"。

20世纪80年代，人类进入电脑时代，苏联科学家们决定借助新的技术重现事件情景。他们将1000余条目击证词输入电脑，计算的结果是：当时天空中曾有两个迎面飞行的巨大的宇宙体，只是它们各自的飞行时间间隔几个小时；或者空中只有过一个宇宙体，但是它在空中完成了一系列的"人为的动作"。

这些事件和通古斯大爆炸有什么千丝万缕的联系？诸多的疑问和大爆炸的研究环环相扣，一环解开，全盘皆明。苏联著名的通古斯爆炸研究者、著名作家、地外文明飞船爆炸说的创立者卡赞采夫曾阐述过一个有趣的观点："通古斯爆炸的地点，选在人迹稀少的偏远森林，这是事发偶然还是事出有因？要知道，如果灾难提前40分钟，圣彼得堡将从地球上消失，而如果晚发生44年，引起的将是一场史无前例的核战争。"偶然和必然之间的距离到底有多远，或是有多近？1908年的偶然和必然，真的就像我们所看到的那样吗？

100年来，通古斯已经成为神秘的代名词，它见证和记载了人类千载难逢的宇宙天体事件。它不是远古无法考证的抽象概念，这块实实在在的无价土地离我们之近触手可及，每一个普通人都可以亲自前去用双脚丈量，用双手触摸，用双眼观察，用全部身心去感受它的神奇。你可以站在那棵迄今已有280岁的灾难树旁，抚摸着它历经沧桑的干枯之躯，聆听它百年来反复诉说的故事。

三种证据的揭示

文_陈育和　安克非

在1979年元旦，有消息传遍世界，此消息称在新西兰坎特伯雷海岸发现UFO。这一消息受到皇家空军的重视，"夏霍克号"战斗轰炸机随时待命。继1952年著名的华盛顿国家事件之后，关于UFO，新闻媒体还从未有过如此的关注。

以前从未有过一次飞碟事件同时具备雷达、目击、录像三种证据。1978年12月21日和31日出现的飞碟涉及的目击证人有：几名空中目击见证人——包括三架互不相干的飞机驾驶员及机组人员、机上及地面的雷达操作员。一位名叫大卫·克罗凯特的专业电视摄影师，用16毫米彩卷对一种不明光亮拍摄了数千个镜头。这名摄影师说他拍到的最亮的物体"上面是透明的圆顶，底部是通亮的盘状"，其他的物体呈碟状或卵状，有白色或黄色的光球，红色的光束绕着这些光球旋转。据报道，在此次事件中，最多一次可以看到四个亮光，但是，由于在很多不同的地方都看到了亮光，因此，很难确定到底有多少个UFO出现了。

以下是这一事件的来龙去脉：第一次目击发生在1978年12月21日夜到22日凌晨。当时一架大宗运货机（属安全航空公司）飞离了布兰海姆机场，正沿着新西兰东岸向克里斯特飞去。约翰·B.兰德尔机长说，在克劳伦斯河入海口上空发现几处白色亮光，那些亮光与着陆指示灯很相似。功率强大的惠灵顿空中交通控制雷达确认了五处亮光，但谁也解释不清它们到底是什么。

3时30分左右，另一架安全航空公司的大宗运货机沿着同一航线飞行时，再一次遭遇到UFO。惠灵顿的空中交通控制雷达监测到五个强信号，通知了机长弗恩·A.鲍威尔和副驾驶员伊恩·B.波利。9时，惠灵顿地面站观察到在飞机左侧有一个强信号，离飞机约有40千米。机长和副驾驶员向外面看去，果然看到一个物体。不一会儿，无线电中传来鲍威尔的惊呼："我们的雷达显示有什么东西正向我们以可怕的速度驶来，它在5秒内就行驶了24千米，现在突然调转方向（时速约为17280千米），它行驶的太快了，在雷达屏幕上只留下一条线。"惠灵顿的空中交通控制员埃里克·迈克尼报告说："雷达显示有一个物体在凯考拉沿岸跟踪飞机飞行了19千米，然后从屏幕上消失了。"

12月26日，继新西兰报纸上疾风暴雨般的新闻报道之后，墨尔本的澳大利亚电视台0频道就此事件做了一个故事片。正在新西兰休假的通讯员昆廷·福加提执行了这一任务。福加提很快组建了一个摄影小组（成员是大卫·克罗凯特和他的妻子恩凯利），和他一起重飞了10天前的航程，为观众重现了当时的情景。飞机（一架四引擎蜗轮螺旋桨运输机，和遭遇飞碟的两架飞机是同一种型号）于12月30日21时30分离开布兰海姆向惠灵顿飞去，在惠灵顿，它将装上报纸，然后向南飞往克里斯特。飞机一到惠灵顿，福加提就采访了惠灵顿空中交通雷达操作员。23时46分，飞机由机长威廉·斯塔波和罗伯特·加德驾驶飞离了惠灵顿，机上还有福加提、克罗凯特夫妇和整舱报纸。0时10左右，飞机刚刚飞过下面的坎普贝尔海岬（位于惠灵顿以南40千米处的库克海峡上），斯塔波和加德发现在凯考拉镇方向有一些奇特的亮光。这时，福加提和克罗凯特夫妇正在载货舱寻找有用的信息，以便用到他们自己的故事中去。福加提刚刚记载下这条信息："我们现在正接近克劳伦斯河，12月21日清晨曾在那里出现多个UFO。我们的飞行高度是4200米，航线与鲍威尔机长遇到神秘物体时的航线一样。外面天空晴朗，我们可以观测到外面任何反常事物。"突然，他听到斯塔波惊呼："快到这边来！"

福加提说他们看到有明亮的光球在颤动，扩大并点亮了凯考拉的海滩和市镇。他们用无线电与WATC联络，证实惠灵顿的雷达也监测到了那些物体，它们离飞机约20千米。又一次UFO事件拉开了序幕。

此后直到飞机降落在克里斯特机场的50分钟内，机组人员观察到了一场壮观的甚至有些恐怖的UFO表演，并将它们拍了下来。但是，由于物体忽而出现忽而消失，拍摄很困难。惠灵顿的雷达多次确认飞机后面跟着一不明飞行物。通讯员福加提在整个飞行过程中做现场录音报道，他的话也许代表了所有机上人员的心声："只愿它们没有恶意。"飞机着陆前，机长邀请摄影小组克罗凯特夫妇回来时也搭乘他们的飞机。12月31日2时15分，飞机飞往布兰海姆，刚飞离克里斯特没几分钟，就发现在舷窗外有一个明亮物体。飞机的雷达也监测到这一物体，它与飞机一开始保持着32千米的距离，后来变为16千米。这次，不明物体没有消失或时隐时现。大卫较为成功地进行了拍摄，他说，此物有一个明亮的底座和一个透明的圆顶。继续做录音报道的福加提说，它好像一个"飞碟"。

飞机飞到距克里斯特59千米的地方时，窗外依然可见此物体，斯塔波机长决定向着它的方向飞去。他将飞机做一个90°转弯。此后，那个物体一直与飞机保持

着一定的距离，直至斯塔波决定回到原来的航线。当他调转了方向时，物体重新回到了飞机的右侧，然后靠近飞机，从右下方越过并消失了。此时，机长又发现了另一个明亮物体。这个物体开始在前方高于飞机的位置，接着飞到左下侧。从这时直至飞机着陆在布兰海姆，机上人员时常会看到明亮的跳动着的光亮，有的在地面雷达上也可看到。22时05分左右，福加提带着他拍摄的胶片离开克里斯特飞往墨尔本。此刻，凌晨发生的那令人不可思议的景观已在全世界的报刊排版。新年的黎明，福加提回到墨尔本，着手一项最重要的工作：将他们经历到的组合在一起，以便向世界发行。

飞碟事件一星期后，拍摄到的胶片被送到美国进行科学分析。0频道派NICAP来执行这一任务。海洋物理学家伯斯·迈克比博士代表NICAP对这些事件进行了研究。他在新西兰呆了10天，在澳大利亚呆了一个星期，采访证人，分析胶片。随后，他将他的发现呈送美国的几个科学家小组。然而，科学家们也不能根据已知的理论来解释这些事件。

NICAP的前任总监杰克·阿卡弗先生说，他们以前从不认为UFO录像真实可靠，但这次看来确实是一些真实存在的事物，而这些事物又很可能与其他UFO报道有某些联系。迈克比博士已在NICAP工作12年之久了，同时他也是UFO研究小组的成员，他向艾伦·海尼克提供了证据。海尼克认为新西兰事件很明显地表明，现在出现了一种不能用通常术语来解释的现象。他批评了那些居于要位，却未经调查，甚至不知道这些胶片何时何地拍到，就声言在新西兰所拍的事物不过是金星、木星、流星等的不负责任的说法。其他一些科学家也赞成迈克比博士和海尼克博士的观点，他们是原生质物理学家彼得·斯塔罗克博士、视觉生理学家里查德·海恩斯博士、生物物理学家戈尔伯特·莱文博士、电子学专家内尔·戴维斯博士。其他一些科学家，特别是几位政府部门的工业雷达专家考虑到他们的职位，要求不透露其姓名。

我们还未准备好——《深海圆疑》与梦想成真

文_江晓原

一

迈克尔·克莱顿（Michael Crichton）的科幻小说，许多都拍成了电影。著名的如《侏罗纪公园》（Jurassic Park）、《失落的世界》（The Lost World）、《侏罗纪公园》的续集、《重返中世纪》（Time line）等，皆有同名电影，而且这些电影也都名声响亮。事实上，他迄今出版了14部小说，其中13部被拍成了电影，还没拍电影的那一部，大约是最新的《猎物》（Prey）——但从内容看，这部小说被拍成电影也只是时间问题。而且他本人还组建了电影软件公司，甚至自当导演。

克莱顿最初在哈佛读文学系，后来转入考古人类学系，最后在哈佛医学院拿了学位。由于他所受的科学教育中，主要偏重生物医学方面，而物理学等较"硬"的科学成分相对少些，所以写《侏罗纪公园》、《猎物》等对他来说更为驾轻就熟。当然，他也不是不敢涉及时空旅行之类较"硬"的主题，比如《重返中世纪》。克莱顿1987年出版的科幻小说《球》（Sphere），也有同名电影，中文片名《深海圆疑》，则涉及了一个更为玄妙的主题——今天，我们人类能否消受某些超自然的能力？

中国有民谚曰："没受不了的罪，有享不了的福。"如果将"罪"理解为饥寒、贫困、愚昧之类，人类当然早就"受"了几千年，确实都受得了；如果将"罪"理解为无力长生不老、无力时空旅行之类，当然更不难受。如果我们今天忽然可以时空旅行了，可以长生不老了，许多人则会视之为大大的"福"；但是，仔细想一想，这样的大"福"，我们真的能消受得了吗？

也许许多人会率性答道："这有什么消受不了的？我巴不得能够如此呢！"就像有人谈到克隆人时，说"克隆几个我都没意见"一样。逢到这种时候，科幻作品的思想有没有深度，就要见真章了。优秀的作品可以借助精彩的故事，来帮助我们思考这类平日通常不去思考的玄妙问题。《深海圆疑》就是如此。

二

美国科学家在太平洋的深处，发现了一艘来历不明的巨大飞船。看样子这是一艘外星文明的宇宙飞船，而从船体上的珊瑚来推测（珊瑚每年有着相当固定的生长速度），飞船是在300年前坠落在地球上的。美国军方和有关各方当然对此大感兴趣。"半个太平洋舰队"都集中到了这片海域，各种各样的特殊人才从美国各地被秘密接到考察船上，故事的主人公——心理学家诺曼也在其中。美国人是这样考虑的：他们可能要和外星智慧生命打交道了，有一位心理学家参与可能是非常有益的。

考察队进入飞船，没有发现生命的迹象。飞船上的种种设施，倒是都与预想中的吻合，这确实是一艘300年前坠落到地球上来的外星宇宙飞船。但是，当海面出现风暴，考察队不得不滞留在飞船中时，越来越多的怪事出现了：有剧毒的海蛇的袭击、莫名其妙的火灾、数学家哈里的谎言等等，考察队员们一个个死去，最后只幸存下来三个人：诺曼、哈里和年轻的女生化学家蓓丝——无论是小说还是电影都会需要一个年轻漂亮的女主角的。

现在，三位幸存者相互之间也无法信任了。幸好心理学家诺曼的人格较为健全，在他的努力下，他们经过多次相互试探、检验和推理，终于将怀疑的目光集中到了飞船中一件神秘的物体上。

在飞船中，有一只神秘的大球。那球没门没窗，没有缝儿，没有文字，只有表面上那闪烁不定的金色波纹，似乎暗示着它是有生命的。考察队中不止一人在它面前久久驻足，沉默不语，若有所思。

事实上，三位幸存者都曾经有意无意地进入过这只神秘的大球，只是无意进入的似乎会忘记，有意进入的似乎想隐瞒。而不管怎么样，只要进入过这只神秘的大球的人，就获得了一种超自然的能力——可以梦想成真！

现在诺曼、哈里和蓓丝都有了这种能力。他们这才知道，原来海蛇、火灾等等，都是他们心中的恐惧或梦境造成的。但是这种梦想成真是真实的——火灾真的能烧毁仪器设备，海蛇真的能咬死人！

三

关于人类消受超自然能力的局限，以前也有幻想作品涉及过。比如倪匡《卫斯理》系列小说中的《丛林之神》，就想象：人类一旦真的拥有预知未来的能力，结果会如何？结果是拥有这种能力的人极为痛苦，只好走上自杀的道路。比如，要是你知道你20年后会因为车祸而死，那么在这未来的20年中，你就天天都在等待那场车祸的到来，这样的日子怎么能过？所以故事中，当那根能够预知未来的神奇圆柱最终落入主人公之手时，他将那柱子丢入了大海。

和预知未来的能力相比，梦想成真的能力更为麻烦。因为即使人人皆能预知未来，起码还能够维持表面上并行不悖；但是，如果两个有梦想成真能力的人是敌对方怎么办？两人都要你死我活，这如何能够办到？这种局面就类似于数学上的"发散"或"奇点"，成为不可操作的。

再进一步往下想，其实今天被视为人类大"福"的许多能力，比如长生不老、预知未来、梦想成真等等，都可能是人类永远无法消受的，至少眼下是无法消受的。这使我想起丹·布朗（Dan Brown，《达·芬奇密码》的作者），在他的又一部幻想小说《天使与魔鬼》（Angels & Demons）中，借教会人士之口所说的话："人类头脑进步的速度要远远快于灵魂完善的速度。"虽然听起来比较玄，也有类似的意思。

所谓"超自然的能力"，也是随时间变化的概念。在飞机还未被发明出来之前，说人类飞行就是超自然的能力。科学技术可以创造、而且正在创造着人间奇迹。今天的科技奇迹，往往就是昨天幻想中的超自然能力；今天地球人类心目中的某种超自然能力，可能就是昨天外星智慧生物的科技成就。克莱顿在《深海圆疑》

中借神秘金球的故事表明，某些未来的科技成就，今天的人类是无法消受的。或者说得更明白些，对于享有神秘金球所能提供的梦想成真的能力，我们还未准备好。

四

对于"我们还未准备好"的思考，诺曼、哈里和蓓丝后来终于明白了。他们知道自己实际上无法驾驭这种超自然的能力，人类更是没有准备好面对这种能力——要是被邪恶的人掌握了这种能力怎么办？那人类将面临什么局面？

最后，在影片的结尾处，这三位善良的科学家决定，利用自己已经掌握的梦想成真的能力，来让一件事情成真，这件事情就是——"让自己失去梦想成真的能力"。这个情节说起来也有一点悖论的味道：如果他们真有这种能力，那么他们将不再拥有这种能力；如果他们没有这种能力，那么他们将仍然拥有这种能力。

当然，影片的故事必须有一个劝善惩恶的圆满结局，对于潜在的悖论只能置之不理。随着诺曼、哈里和蓓丝六手相握，一起数到三，大家心中想的是："我要忘掉我曾经见过这个大球。"突然，一道金光自深海涌出，直上天际，神秘的金球消失了……

人类告别了我们天天挂在嘴上的梦想成真的能力。

因为我们还未准备好。

那么，对于其他某些将要出现或者已经出现的科技奇迹，我们是不是已经准备好了呢？如果对于是否准备好这一点，我们还没有把握，为什么还要整天急匆匆地忙着追求那些奇迹呢？为什么不先停下来，思考一下，或者唱一支歌儿呢？

应用人造生命探索UFO

文_敬一兵

令达尔文、开普勒甚至是牛顿深感失望的有关宇宙复杂性、可变性和无规则性的现象，现在正在越来越频繁地出现，今天的人们将这种现象称为混沌。可以这样认为，造就任何一种生命，无论拿破仑、麻雀、蜻蜓或一条狗，都离不开这一混沌的背景。因此人类的完善和真正的解放，取决于人类对自己所置身的宇宙以及自身历史命运的深刻认识和理解。应用人造生命探索UFO，就是这种认识和理解的细节及分支。

混沌提出了有关宇宙的某些根本性问题。虽然说简单的定律可以支配个别原子，但是用这些定律指导行为，结果极有可能是非常混乱的，也就是说定律或法则并不适用于我们日常生活中所遇到的一切。就像飞碟或其他神秘现象的出现是我们现今的科学定律或法则力所不及的一样，可以说混沌现象是无处不在的。为了解决这类问题，应变计算技术应运而生。所谓应变计算，就是在计算机上生成复杂的系统，然后观察这些复杂系统是如何变化的，也就是俗称的人造生命。基于上述概念，它可以帮助人们从有无宇宙智慧生物、宇宙生物是如何起源的、UFO是否与宇宙生物相关等困扰我们的疑团中解脱出来，从而使混沌这种诱人的思想在UFO及宇宙探索中发挥独特的作用。而且对人造生命的研究应用，也可以从不同方面为人类认识UFO奠定可操作的基础。

或许是受到新墨西哥州洛斯阿拉莫斯国家实验室的机器人技术物理学家马克·迪尔登的启发，美国马萨诸塞理工学院的专家们正在设计一代名为阿蒂拉的机器人。该机器人拥有11台计算机，能够测出障碍物，并调整运动速度。当其不慎掉进一个坑中时，能够调节自身并用背部着地，这样它就可以先于人类去火星上做准备。有了这样的前提和基础，本质上就为人类成功登上火星或其他星球进行星际探索和搜寻UFO的踪迹，提供了一个实验平台。因此，人造生命可以被认为是地球人类为了观测和探索宇宙以及发现UFO，而在技术方法上的一次伟大革命。

　　美国苹果公司利用1.5万条的"多世界"程序，在电视屏幕上创造了数十个彩色斑点形状的人工生命。它们都有一个以简单的神经网络为基础的、能够从经验中学习的原始大脑。它们还能"看"，一旦发现屏幕上游动的绿色小食物块，就将其吃掉增加能量，然后再投入战斗和繁殖。在实验中，软件设计人员改变程序，设计将自由流动的连续空间转变为在桌面上的有限空间，越出边界的人工生命便不再生还，于是一类"边沿运动者"学会了沿边缘滑行而不越出边界。研究人员又把达尔文进化论的基本思想编制为程序并输入计算机，结果发现这些人造生命也能发生随机性的突变，它们的进化甚至符合物竞天择的原则。

　　就人造生命的进化实验来看，物理因素是促成进化的根本。因此，德国古生物学家阿道夫·赛拉赫提出了生命进化的创造力来自物理过程的新观点。他指出，自发产生的有序系统不是来自于人的智力活动，也不是直接来自于化学运动，而是来自于物理过程。他还进一步设想，宇宙灾难，例如小行星的碰撞和包括气候在内的环境变异，都会促成生命的自然进化。由于阿道夫·赛拉赫发现了用经典的达尔文理论无法解释的突然进化证据，还获得了克拉福德奖。如果生命的进化是来自于物理过程，那么我们就有理由相信生命的起源也是来自于物理过程的。通过对人造生命的研究所获得的理论，又成为通过紫外线照射而进行诱变育种等成功实验的佐证。它们给我们关于"宇宙中存在其他生命现象"的观点提供了相关的科学依据，同时也为我们探索UFO提供了一个新的切入点。

　　最近，美国微电子学专家还在蛋白质集成电路的研究领域内取得了初步的进展。他们用蛋白质和血红素分子装配形成了可以获得单向电子流所需的开关机制，为进一步制造实用的蛋白质集成电路提供了重要的前提条件。一旦该集成电路制造成功，就可用于装配新型的计算机。它将具备更加广泛的适用性，而且由于集成电路的蛋白质成分具有生物活性，因而能与人体组织结合。特别是，如果它可以与人类的大脑及神经有机联系，就能使计算机直接接受人脑的统一指挥，成为人脑的外延。加之蛋白质集成电路能够通过吸收人体细胞营养的方式补充能量，所以不需要任何其他外界能源供给。这样，人类与人造生命之间的界线将会越来越模糊。人类与人造生命逐渐形成有机整体的技术发展趋势，将会使人类如虎添翼，从而在改造世界、探索UFO以及向宇宙进军的过程中取得更大的成功。

漫长的人类演化史业已证明，在人和包括人造生命技术在内的自然关系之间，人的本性表现为能动性和受动性的矛盾统一。他既不会听天由命，也不能为所欲为。同时，如果人类没有受到宇宙灾变的彻底毁灭，包括人造生命在内的人类科学技术和人类自身必然会有上升发展和下降衰退时期，而不可能永远保持直线发展的状态。因此，在应用人造生命技术探索UFO的问题上，淡漠无为论和盲目乐观论都是同样不可取的。

飞碟探索与"蓝皮书"计划

文_谢湘雄

由于"二战"后美国经济发展较快，科技也突飞猛进，加之神秘的百慕大海域离美国较近，故半个多世纪以来，美国成为全球UFO事件的多发区。

1947年，美国掀起了一个飞碟狂潮。浪尖是1947年6月24日曝出的肯尼思·阿诺德驾机在华盛顿上空遭遇九个碟状飞行物的新闻，引起了全球轰动。从此，开始了近代人类探索飞碟的一个新阶段，最具代表性的事件就是美国空军实施的"蓝皮书"计划。

紧随阿诺德事件之后，1947年7月7日（据资料，坠毁事故发生在7月4日）又曝出了震惊美国空军及政府的罗斯韦尔飞碟坠毁事件（为掩饰真相，美国军方后来改称坠毁的是气球，可是真实消息已由当地媒体报道）。接下来，神奇的UFO事件层出不穷。据传媒报道，美国的卡特等几届总统都曾目睹过飞碟，其中杜鲁门总统还有与外星人接触的经历，并与它们签订过某种秘密协定；在美国神秘的51号地区还保存有罗斯韦尔飞碟坠毁的残骸和外星人的尸体；在空军某基地设有飞碟的秘密联络点等。当然，这些情节是美国的绝密资料，我们无从核实查对，即使是真的，美国官方也是不会正面承认的。面对多起飞碟事件，1947年的美国杜鲁门政府十分惊恐，紧急成立了由12个重量级成员组成、其秘密代号为MJ-12的UFO最高决策机构，直接归总统指挥。

美国空军从此开始调查不明飞行物。1948年1月22日,美国空军制定了"形迹"计划,聘请美国西北大学天文系主任艾伦·海尼克博士担任科学顾问。次年整编改定为"恶意"计划,最后并入1952年立项的"蓝皮书"计划,并交由美国空军技术情报中心负责实施。1969年12月,该计划虽然宣布终止,但实际上计划仍持续活动到1970年1月。这项研究计划历时长达20余年,系统收集、整理和调查研究了来自各地的12618个UFO目击案件,并逐一归档,最后发表了题为《不明飞行物体的科学研究》的专题报告,长达8400页,可谓颇具成果。这项由国家拨款组织的大型UFO研究在世界科研史上是空前的,但能不能说绝后呢,让我们拭目以待。

但是,出于种种不可告人的原因,美国政府对外尽量掩盖真相,否定UFO的存在。"蓝皮书"计划结束时发表的长篇报告,竟然公开声明其结论为:没有证据支持这些目击报告可归为"不明",这些目击事件的绝大部分都可以解释为天文、大气现象以及其他的人为事物;没有证据可以证明这些不明物体是外星球来的;它们对美国国防没有威胁;继续研究UFO是没有价值的。在"蓝皮书"计划进行的后期,由于小组内部对UFO现象是否为真的结论存在分歧,1966年,美国空军另拨款委托科罗拉多大学一个不相信UFO现象确有其事的物理学教授康顿主持"独立进行研究"两年。1969年1月,康顿发表了他明确否定UFO的《康顿报告》。尽管如此,该报告的破绽不少,报告中无法解释的不明事件仍然存在。

可想而知,以上报告发表后,遭到美国和世界各国的UFO爱好者和研究者的坚决驳斥和无情揭露,但受到否定论者的极度欢迎。

半个多世纪以来,全世界围绕UFO问题的争论至今相持不下。之所以如此,因为这里不单纯是科学上的"是"与"非"之争,而是掺杂着传统理论框架的桎梏、科学权威的私心杂念甚至政治等因素,从而使问题复杂化了。肯定论者比较单纯、诚信:他们看见了天空中奇异的飞碟现象(甚至还拍下了照片、录了影带),就如实宣布这个消息(当然,这里不包括那些素质低下、动机不良的人搞的骗局和恶作剧),并肯定说自己看见的飞碟现象是真的!可是否定论者就复杂多了:其一，出于传统知识框架的严重束缚而思维受到羁绊的人，特别是某些"大学者"、"大权威"就会"理直气壮"地以不可能有来自外星球的飞船而否定别人的真实所见，"偷梁换柱"地玩"反逻辑"游戏，更有甚者，还会摆出一副反伪的架势，公然把UFO研究打成什么"伪科学的又一品种"；其二，因为有的UFO目击事件实在可信度很高，他们也确实认为可归为"不明"，但出于对其现有的科学家地位和声望的爱护，怕承认那个有点玄的新玩意——飞碟，将来万一有点闪失而名誉扫地，于是最后仍选择了否定；其三，有些国家的政府出于社会安定考虑，怕公然承认与高强科学技术相联系的飞碟现象，会引起公众的惊慌不安；其四，某些大国为其称霸世界的国防考虑，想独家垄断飞碟中的尖端技术而暗中绝密研究，但却抓住公众所报目击案件中良莠不齐、错觉甚至恶作剧等问题，利用群众对政府的信任，由政府或其所辖主流媒体出面对外公开否定飞碟现象。

但是，长期以来世界各地层出不穷的典型UFO事件，它们似乎不想让否定论者如愿以偿，而要证明真正的飞碟现象是确有其事的！

笔者以为，在当前的UFO研究中继续应做和可做的工作，不是去争论飞碟是不是来自外星球，而是通过对过去和今后出现的众多UFO目击事件的调查和分析，判定或重新判定其真伪，来一个去伪存真、去粗取精的过程，从而确定一批真实存在的飞碟事件，并将它们存档备查，人们可以据此慢慢研究飞碟的来历或成因机制。

但是人们要问，如果说"蓝皮书"计划中绝大部分UFO目击案件确是出于大气、天文现象以及飞机、火箭、卫星等人为现象的误认的话，那么在绝大部分之余的那些目击事件，亦即美国空军不得不承认的5%～10%的目击事件是什么呢？继续研究它们是不是也没有价值呢？这些UFO事件的数量，就按最低值5%计算也有630件啊！难道这还少吗？当初对UFO持怀疑态度的科学顾问海尼克博士经过20余年的调查研究，变成了UFO的肯定论者，他也正是看到这个"5%"不容忽视。在空军结束"蓝皮书"计划之后不久，他又牵头成立以科学家为主体的美国UFO研究中心（CUFOS），主编出版双月刊《国际UFO报告》，很快成为全球一份最重要的UFO学出版物。他主张尽可能地利用现有物理学仪器，探索不明飞行物现象。如果飞碟是个幻影，难道他当了几十年的UFO顾问还不厌倦？不！他是发现了"UFO是一种真实的现象"。他说道："我觉得，不明飞行物预示着我们的科学范例将发生变化。"

今天，我们只对众多UFO案件中的飞碟事件感兴趣。判别是否为飞碟事件，可视其是否具备以下三条：

1.目击资料要过硬，可信度较高：①目击者一定是多人而不是单人；②其中主要目击者的文化层次和素质都比较高，是航空航天或飞行专业的人员最好；③目击环境中影响观察的干扰因素少，观察的准确性较高；④目击资料较详细，或有照片、录像及雷达捕捉的资料。

2.事件中的UFO表现了智能机动飞行特征，例如跟踪飞机、在空中机动升降、左右转向等。

3.UFO表现了地球人飞行器无法做到的飞行特征，例如空中直角甚至锐角转弯，空中骤停、悬停、倒飞、瞬时极大加速或减速、无声波推进等。

具有上述特征的UFO我们就称它为飞碟。

当然，飞碟来自外星球还只是一种推测，有待证实。但目前因为我们的科学技术发展程度还不够高，一时无法说得清、探得明，争来争去还是难达权威性的共识，不如暂停争论。假以时日，我们相信随着人类科学技术的继续进步，飞碟之谜的揭开之日一定会到来！

翻开科学史我们看到，由宗教的地心论到科学的日心说花了三百多年。我想，由于全世界许多探索飞碟的仁人志士的不懈努力，比证明日心说难度大得多的飞碟之谜的揭晓也不会像光年那么遥远吧！

贝蒂的一夜

文_刘海平

我不知道有关贝蒂三人的故事，是应该被列入一起复杂的UFO近距离目击事件中，还是作为一个范本提醒人们注意：当你在荒山秃岭碰到一个奇怪的不明飞行物时，应该做什么样的准备和防卫。事实上，作为一个普通人，当你在普通生活中，忽然碰到这样一件不同寻常的事件时，采取的方法往往只是出自于人的下意识，而不是一个规范的流程。但无论怎样，结果只能由当事人自己承担。

"我们全都要被烧死了！"

1980年12月29日，正是西方的圣诞节长假期间。虽然当天得克萨斯一直在下着毛毛细雨，51岁的贝蒂·卡什和她的朋友57岁的维姬·兰特姆斯还是打算从休斯顿郊区的家中到附近的新盖尼镇游玩。临行时，维姬还带上了她7岁的孙子科比·兰特姆斯。一天游玩尽兴而归，他们在新盖尼镇的汽车餐馆吃过晚餐后，大约20时20分就踏上回家之路。

那时下了一天的毛毛雨刚停下，雨散云消，一轮新月伴着几颗寒星。虽然地面气温只有4℃，但是他们很快就钻进了车里，所以并没有感到多少寒意。贝蒂开着车上了FM1485高速公路。这条路很偏僻，所以路上几乎没有遇到其他车子。车子在长满橡树和松树的森林公路上行驶大约30分钟，前方森林的上空忽然出现了一大片光芒，明亮异常。科比第一个发现，他兴奋地用手指给她们看。两人才发现距离前方5千米的树梢上，一个飞行物悬浮在半空，发出耀眼的光芒。贝蒂觉得那有可能是开往休斯顿机场的飞机，也就未放在心上，车子仍旧向前开着。转过一个弯道车子行驶在一段笔直的国道时，他们才发现刚才那个光源正朝着他们飞来，把整个公路照得异常明亮。车子上的三人异常紧张，他们预感要发生什么不同寻常的事情，但谁都不敢说什么，似乎怕说出来的话会被验证。很快，那物体降落到了公路的上方，挡住了他们的去路。

维姬声音颤抖地说："快停车吧，这太恐怖了！"但贝蒂不想在悄无人迹而且又是夜晚的国道上停车，只是略微降低车速。随着光源越来越近，他们逐渐看出那是一个巨大的发光体，大约30米高，物体下部还喷出熊熊的火焰。

贝蒂似乎已经被魔住了，木然地向着那个可怕的UFO开过去。似乎感受到了那个UFO的温度，维姬终于忍耐不住了。她歇斯底里地叫了起来："快停车！我们全都要被烧死了！"

车子在距那个东西60米的地方戛然而止。

燃烧的"钻石"

贝蒂握着方向盘，吓得直发抖。但维姬经过短暂的恐惧之后，忽然涌起一股强烈的感动。她深信，自己是亲眼目睹了世界末日与基督出现。她搂着孙儿科比，说："乖宝贝，别害怕。耶稣基督从天而降，他不会伤害我们。"而科比仍然怀着巨大的恐惧看着那个喷火的物体。

空气简直像被点燃了一般，他们感到此时小小的汽车仿佛桑拿房一样。贝蒂打开车窗，随即有一股热风吹进车内。贝蒂走到外面，绕到车前，接着维姬也跟着到了外面。他们看见那个悬在半空的不明飞行物大小如同城市里的给水塔，外壳发出微微的金属光泽。它的形状像钻石那样呈菱形，只是四个顶点的曲线较为圆

润。它的中心仿佛有一个光源，围着一圈蓝色的光点。从菱形的下部喷出的火焰像太空船的喷射火焰那么激烈，形成倒圆锥形。除此之外，那个UFO还间断地发出"嘀、嘀、嘀"的声音。

　　那个可怕的"钻石"停在公路上空18米～20米的地方，发出令人窒息的高温。维姬沐浴在这片从天而降的光亮中，期待着救世主的出现。而她身旁的科比早已无法忍受这种高温的灼伤和这不同寻常的气氛，恳求自己的祖母赶快带自己上车。维姬抱着孩子上了车。而贝蒂则一直站在不知什么时候熄了火的小车前，仿佛被麻痹了一样。大约10分钟的时间里，贝蒂就这么愣愣地站着，直到她感觉自己的眼睛像被灼伤了似的。

　　过了一会儿，那个不明飞行物缓缓地飞离了他们。他们的心还没等放下，忽然天空出现了大批黑色的直升机。它们尖锐而巨大的声音震得三人如耳聋了一般。它们盘旋在那个UFO周围，然后随着它隐没在地平线之下。两个人在它们消失之前，数了一下它们的数量：共24架。

忽然,一切如幻影般消失了,依然是黑暗而僻静的公路、寒冷而清澈的空气。贝蒂驾车行驶在黑暗的公路上。大约走了8千米,他们再次看到了远处闪烁发光的UFO。虽然距离很远,但他们依然能够看到那个钻石般的轮廓。他们下车观看时,看见那群直升机依然散布在那个UFO周围。除了一组直升机在进行机动飞行之外,其他都保持着整齐的纵队。他们记得,它们大部分是双旋翼大型直升机,有4个轮子,后面还有很大的货舱;也有一些单旋翼的小型直升机。后来专家根据他们的描述推测,那种大型机应该是"交奴干"CH-47型(此机型主要是用来运送军事物资的),而小型机估计是"休伊·眼镜蛇"AH-1型直升机。

被诅咒的命运

大约在晚上21时50分,他们各自回到了迪顿的家中。贝蒂心情很差,感觉自己非常不舒服。她发现自己的皮肤像是被严重晒伤了一般通红,脖颈也全都肿了起来。她的脸上还长出了许多奇怪的水疱。

第二天她来到维姬家,发现维姬和科比也被烧伤了。他们和她一样头疼,而且正在经历着没有原因的腹泻。腹泻、呕吐、溃疡、肿瘤、胃痛都出现在小科比身上。贝蒂的症状过了几天则更加严重,住进了医院。她感到非常恶心,眼睛也变得模糊起来,而且开始大把地掉头发。

贝蒂原本是一个非常具有事业心的现代女性,自己经营着饭馆和副食店,并想不断地扩大自己的事业。但在这以后,她发现自己似乎被卷进一场噩梦中。事情发生后的两年中,她不断地和病魔做着斗争,直到筋疲力尽。贝蒂先后住了5次院,有两次还进入到重症病房。她的视力急剧下降,似乎下降的速度总比她配眼镜的速度快。和维姬不同的是,她的身上还不断长出硬币大小的疹子,并且留下许多疤痕。

维姬的头发在事发后的几周里掉了一半,甚至头上出现了几块斑秃。

休斯顿帕克韦医院的检查证实,他们三人都受到程度不同的电磁波辐射。两人觉得一切的原因都来源于那晚的钻石形不明飞行物。但是她们谁也不敢把真实的情况讲出来，她们觉得一旦讲出来，恐怕会被人当成疯子。

不久后，贝蒂死于乳腺癌。而维姬和孙子则饱受周期性皮疹的困扰。最后，为了科比的健康，维姬·兰特姆斯不得不向治疗的医生说出了那晚的遭遇。她后来还接受了有关的催眠试验。在催眠中，她重新经历了那场可怕的经历。维姬后来说，一切的罪魁祸首就是那个离奇的物体。

"那时我们还没跳下汽车，我们一边张大了嘴，一边注视着飞碟。我记得在杂志上见过不明飞行物的照片，知道最好与它保持远一些的距离……在那个不幸的日子里，被我们看到的物体与书上说的何其相似啊！出现在我们眼前的是多么美的景象啊！让人觉得就像是一个科幻影片中的镜头一样。不错，过了一会儿，我一下子明白了，这东西无法保障我的安全。我又躲进了汽车里，可是贝蒂却像中了魔法一般站在那儿。我们还算是比较幸运的。而贝蒂，可怜的人却成了'燃烧的钻石'的牺牲品。"

证明与非议之间

大约在事后一年的1981年，贝蒂他们三人就在美国UFO学会——MUFON的支持下，向美国政府提起了诉讼，提出赔偿金额达2000万美元的伤害赔偿。担任原告辩护律师的佩塔·加斯坦说，起诉依据就是目击到空军的CH-47直升机，假设UFO是政府的拥有物，那么既然政府拥有这么危险的飞行物，在它飞行时没对贝蒂等人进行警告或说明，就是政府的过失；即使这个不明飞行物不是政府的，但政府知道有这样的危险物体存在，对公众却不发出危险警告，也是政府的过失。

接下来的调查表明，贝蒂三人并不是当天唯一目击到那个钻石形不明飞行物的目击人群。当晚在哈夫曼一带目击到UFO和直升机的大有人在：住在迪顿的警官和妻子在回家途中，看到天空中飞行着许多CH-47直升机；住在迪顿以西13千米的面包房店员贝尔·马基证实，当天目击到两个明亮的光点；在油田工作的杰

利·马克比纳证实，当天在自己迪顿家的后院里，看见一个物体——它的外形像钻石的形状，从两处喷嘴向后喷出鲜艳的蓝色火焰；一个开车去北达科他州的男子詹恩·莫菲特，也目击到休斯敦北边的空中降下了一个巨大而耀眼的光源。幸运的是，他们都是在很远的地方目击到这个不明飞行物的。而得克萨斯这一带广泛分布着许多森林和沼泽，所以人口本来就很少。

面对这场在社会上引起强烈反响的诉讼案，得克萨斯附近的美国陆军胡特堡驻地的情报官托尼·盖夏乌萨少校向新闻媒体宣称，当天该驻地所属飞机并没有在休斯敦附近执行飞行任务。接着其他几个周边的军事基地也纷纷站出来声明，当天没有所属飞机有飞行任务。

对此，美国著名的UFO专家海尼克博士判断："这些目击证言是现实发生的事件。但是果真是UFO目击事件呢，还是政府搞的军事演习就不清楚了。这是因为在人们没有觉察中进行的绝密计划举不胜举。肯定是发生了什么，要不贝蒂等人不会无缘无故地脱发或视力下降，明摆着与事件有关。"

这些话与盖夏乌萨少校的话有某种相通之处："我不知道在这附近有配备这等数量直升机的场所，对我而言不知道那将意味着什么。如果进行什么绝密行动，

则是另一回事。"

贝蒂、维姬和科比显然是受到了强烈的辐射，这是实实在在的事情，有着明确的医疗检验报告为据。贝蒂和维姬属于社会的中产阶级，有着富裕的生活，良好的事业基础。如果不是真的遭遇了什么，难道他们会为了出名，连自己的命都不要了？

那么一切的背后，仿佛隐藏在一个比黑暗更加黑暗的地方。5年后，1986年贝蒂和维姬的案件全面败诉，理由是法庭对空军、海军和NASA专家所做的证言："无一架是美军的军用直升机CH-47，并且不知原告所说的UFO所指何物"确认有效，而完全无视原告方面准备的"确实目击到UFO与军用直升机"的数名证人。的确，除非贝蒂他们当时抓住一个直升机，否则一切证据均不能算证据。

永不消失的UFO

后来，海尼克博士把常见的UFO归纳为8种类型：一，标准形，即（碟形）；二，尖锥圆盘形；三，雪茄形；四，银币圆盘形；五，陀螺形；六，蛋形；七，钻石形；八，强闪光形。

事实上，最近有关不明飞行物的目击案刚刚出现过——据2007年1月3日电：美国芝加哥奥黑尔国际机场的上空，盛传出现类似飞碟的不明飞行物体。据芝加哥当地媒体报道，美国联合航空公司的一班员工声称，2006年11月7日下午约16时30分，就在太阳落山前，一个椭圆形UFO突然出现在这个全球第二繁忙机场的低空。它外形呈深灰色，在空中盘旋数分钟后才以强烈的能量穿过厚厚的云层飞走，由于速度极快，它在天空中留下一个空洞。

联合航空的高层否认知悉员工目睹UFO一事，但据联邦航空管理局（FAA）表示，机场的航空控制塔确曾收到联合航空主管的来电，查询是否在雷达荧幕上看到一个静止不动的神秘UFO。FAA发言人科里称，空中交通管制员并没有看到此飞碟，雷达系统当时也没有侦测到异常情况，因而FAA决定不需深入调查此事，称这可能只是一种气候现象。空中交通管制员布尔兹奇说："（它）飞行几万光年的距离后来到奥黑尔，然后又折回头飞走。"他称这实在难以自圆其说。

也许它们在25年前就已经来过一次了，谁知道呢？

黄皮书·红皮书·EBE

文_霍桂彬

美国密执安韦恩国家医学中心的医学博士、神经生理学博士克里斯托弗·格林，谈起许多年前他的一个好朋友——前美国中央情报局局长理查德·赫尔姆斯时，曾记得他说的一句话："永远相信理查德·杜提告诉你的有关UFO的事。"

理查德·杜提何许人也？生于1950年2月的杜提是一名资深特工，1978年加入空军，次年从空军特工学院毕业后，一直从事与UFO有关的调研活动，获悉了大量的有关UFO及外星生物的顶级内幕。他还是美国家喻户晓的电视片《X档案》和曾获艾美奖的由斯皮尔伯格导演的电视片《幽浮入侵》的制作顾问。以下便是理查德·杜提所见所闻之一小部分，主要是有关解剖外星生物的内容。

外星生物

1947年7月，一艘外星船在新墨西哥罗斯韦尔坠毁，军方抓获了一名活的外星生物。在随后一年多的时间里，军方无法与外星生物进行任何交流。后来有位军医发明了一种特殊装置植入外星生物的喉咙，才模模糊糊可以听出它发出英文音节的声音。它告知军方情报人员，它所知道星球的基本知识、有关探索地球所获得的知识。它的知识并不全面，因为它仅是个维修技工。讯问它的特工认为，它只知

道它所受教的部分。外星生物称，它们来自遥远的昴宿星及齐塔网状星系——它们有两个太阳系般大。这个外星生物被称为一号外星生物（EBE-1），它来自齐塔一个叫Sieu的第4颗星球。星球上的一切令人震惊，其科学、文化水平要超越地球数千年。一号外星生物称，数万年前它们便可以在太阳系里巡游，25000年前开始探索地球；从那时至5000年前，它们在一个叫"蒙古利亚"的地域繁殖"人类助手"。一号外星生物于1950年初，死于一种不知命的疾病。医生们束手无策，毫无办法。

随后在1959年或1960年，美国开始接收到一些来源不明的讯号，有一段时间这些讯号总是输往地球上某点。直至1964年4月，两位空情官员在位于新墨西哥州翠尼特以北的斯泰令射击场附近沙漠一带，与外星生物会面。会谈持续了两小时，表达方式主要是手势语，最后用传心术。达成的意见是，双方今后继续保持交流。

有一盘录像带详细记录下二号外星生物（EBE-2）接受聆讯的情况。作为交流使者，它从1964年~1984年一直待在地球上。录像时间是1983年3月5日，地点在洛斯阿拉莫斯国家实验室的一间地下室。室内只有一张桌子、几张椅子，桌子上放着一支麦克风和录音设备，还有一架相机。EBE-2是一个身高约144厘米的非人类长相的外星生物，一身米色紧身衣打扮，没有头发。5位空军方面的人士参与了这次会面。他们主要是问了一些有关EBE-2主星球的问题，包括温度、气候和天气。EBE-2用一种听起来像机器引发的标准英语做了回答，无法判断声音是从它前面桌上仪器发出的，还是从它内部装置发出的。

EBE-2告知其星球天气干燥，温度在65℃~90℃之间，有每日35小时的持续光照和3小时的黑夜；垂直中心线到轨道星球斜变为54°；其太阳系有11个行星，它们的主星球是第3颗，或叫齐塔1，第二个太阳或齐塔2位于11个星球轨道之外；第6颗行星的大小如金星，一年只有一个月的雨季，每日38小时。实际上，它们没有月的概念，只有年，约相当于我们这里600余天。

它们使用的是一种社会周期概念，在此期间外星生物工作，也有休息周期，包括规律的睡眠。EBE-2还谈到了它们的气候规律及它个人的身世渊源。它显得智商很高，讲解细致入微，还时常使用一些气象学专业术语。奇怪的是，录像中后来再未听到空军人士向EBE-2问话的声音，或许问题是以别的方式传给了EBE-2，或许是空军人士正在沉思EBE-2的话。

会谈持续了约1小时。据参加会谈的人事后回忆，当外星生物即将离开密室时，它扫了在场人士一眼，顿时所有人感到无比快乐，一种恬静安详的感觉遍布全身，奇妙神奇。EBE-2没有微笑，脸部表情十分诡异，也许这就是外星生物的笑容吧。

EBE-2还带来了一本黄皮书，书中记载了外星人星球、太阳系、太阳，以及外星人的社会结构、文化、生活等各方面情况。原文是外星生物用自己特有的语言文字写成的，二号外星生物把内容译成英文。对人类普通人而言，恐怕看书要花一辈子，理解要花另一辈子。

此后，作为美国与外星人交流计划之一的三号外星生物（EBE-3）从1979年~1989年一直在地球上活动。

红皮书

情报界内部将外星生物所写的黄皮书称为"圣经"，它是外星人的宇宙史。还有一本厚厚的红皮书是美国的绝密档案汇集录，它详细记载了自1947年至今政府所进行过的所有调查活动及结论。这部深橙色的书每隔5年重新修订一遍。其内容广泛，囊括了自杜鲁门时代作为美国客人的三个外星生物的所有资料，还包括从外星生物那里收集到的科技、医疗数据，以及解剖罗斯韦尔及其他飞船坠毁现场的外星人尸体的所有资料。当然，其中还有关于外星生物社会结构、宇宙观的信息。

红皮书中，医学检验报告部分显示：外星生物身高1.02米~1.12米；它们的眼睛奇大，呈昆虫状，有多层眼，或许这是因为它们生活在一个受高紫外线辐射下星球的缘故；其面部只有两个开孔做鼻子，嘴巴很小；它们或许没有牙齿，或许只有适合吃蔬菜的牙齿；手掌没有大拇指，四根手指间有蹼；脚小，呈网状；衣着与人类相似，但没有我们所需的衣服。

它们的内部器官十分简单：一个器官组成了我们所说的心和肺；有一个肺囊，起到心肺功能作用；消化系统也很简单；它们的肾脏和膀胱是一个器官，也有排泄物，拥有另一个能将固体排泄物转化成液体排泄物的器官。

它们只有液体排泄物，没有固体排泄物；能将食物转化成液体并摄取营养，也能吃一些诸如蔬菜和水果类的基本食物；在消化肉类食品上有问题，或许在其星球上不食肉类。它们食量很小，似乎不怎么需要流体食物；它们喜欢的小吃是冰淇淋，尤其爱草莓口味。

它们的皮肤组织非常坚硬而富于弹性，兴许是为了抵抗强烈的太阳照射。

它们的大脑比人类复杂，比人脑多几个脑叶。它们的眼睛是受脑的前半部所控制，而人类是用后半部脑来控制眼睛。

它们的听力也比人类要好得多，甚至可以与狗的听力相媲美；它们的大脑侧面有一小片区域的功能宛如耳朵。

外星生物也分男性和女性，女性拥有与人类近似的性器官，但子宫系统有差别。

外星生物平均IQ超过200，平均大脑容量为1800毫升，而人类是1350毫升~1400毫升。它们可以根据所接触到的文明调整IQ。换而言之，倘若它们造访一个落后的星球，就会调低智商，以便与该星球上的人更好地交流。

有理由相信，访问过地球的外星生物不止一种。在过去十年内数十起外星生物登陆、接触案例中，外星生物的面貌各不相同；一些外星生物体形较大，有头发；而典型的灰外星生物身体上没有毛发；还有一些是金色长发的。情报收集部的人调查证实，有至少两类外星生物访问过地球。MJ-12小组某成员暗示，至少有九种不同类型的外星人到过地球。

奇怪的水晶球

那么，美国所邀请的外星人一般居住何处呢？

答案是：机密中的机密。

在美国的许多地方都曾居住过外星生物。有一位住在新墨西哥的一幢简陋的公寓里。EBE-3住在华盛顿特区，还有一些住在军事禁区内。

这些外星生物喜欢各种音乐，尤其是西藏音乐。它们最喜欢一种由传统的西藏乐器奏出的音乐。

它们有自己的宇宙宗教，相信宇宙即万物之主，而非超万物的上帝创造了宇宙。

在与外星生物的接触中，最令人惊奇的是一个八角形的水晶球。当外星生物拿在手里时，旁人可以从中看到图像。这些图像有时是外星生物的主星球，有时是数千年前的地球。没人知道，也没人能弄明白水晶球的工作原理。外星生物似乎能控制图像的出现。当水晶球落到人类手里时，图像便消失了。

总之，一切答案都在外星生物手里。

谁参加了军事演习

第三辑

威胁！逼近华盛顿

文_谢湘雄

1952年是美国空军接获UFO目击报告极多的一年：汹涌而至的UFO报告共有1501件，其中无法解释者303件。最典型的是发生在7月的飞碟入侵华盛顿上空事件，它是"蓝皮书"计划中特别经典的一个案件，有力地证明了飞碟现象确有其事！

解密后的资料告诉我们，事情的详细经过是这样的。

雷达捕捉入侵者

1952年7月19日（星期六）23时40分，正当美国公民沉浸在周末温馨的气氛中时，华盛顿国际机场航管中心雷达室的雷达屏幕上，突然出现七个不寻常的闪光点。它们就像突然冒出来的一样，成群散布在华盛顿机场西南方20千米～31千米的空域中。屏幕上的每个光点都很明亮、轮廓清晰，由大小及形状判断，可知它们并非雨云或鸟群而是坚固的实体。这个现象把值班员鲁乐吓了一跳。他觉得最奇怪的是那些光点出现在屏幕上的方式：光点突然从雷达屏幕边缘出现在距中心一半的地方，这是任何种类的飞机都不可能做到的。经计算，这七个光点中的头一个光点时速达7200千米～12600千米。能够以如此惊人的速度在接近地表的大气圈中做水平飞行的飞机，不要说当时，就是现今也没有。因为引擎的推进力必须能够克服超高速飞行所引起的强烈空气阻力，但现在没有一种机体材料能够长时间承受超高速摩擦引起的高温。

这时，满腹疑惑的鲁乐大声呼叫正在另一间办公室的值班主任，让他过来看一看雷达屏幕上的奇怪光点群。主任马上过来了，他看后也确认是异常光点，并指出每个飞行物都是随意乱飞的，根本无视既定的飞行路线。他马上查阅当天的飞行预定表，但完全对不起来。按照规定，凡是预定飞越华盛顿上空的飞机一律不得违反既定的飞行路线，所以它们不可能是任何人造飞行器！

于是，值班主任马上用无线电话与华盛顿机场管制塔联系：

"你们那边有异常的反射影像群吗？"

"机场管制塔的雷达也捕捉到奇怪光点群，目前正在追踪。"

回答的是雷达操作员克库森，他们都是熟悉的同行。于是，双方交换了各自雷达捕捉到的反射影像的精确位置、移动方向与速度等资料，结果证实双方捕捉到的飞行物体是相同的。

更重要的一点是，克库森说在物体飞行的空中对应位置上，用肉眼也可辨认出它们是橘红色的光体。同时他还用带经纬仪的望远镜追踪，跟雷达屏幕上面的动态完全一致。

根据两处雷达的追踪和专业人员用肉眼与经纬仪的光学观测，结论很明确：某种飞行物体在华盛顿上空自由自在地飞行。

与此同时，安得鲁斯空军基地的雷达也捕捉到了相同的不明飞行物；紧接着，卡塔尔机场807、610航班的飞行员也报告说亲眼看到了这些东西。

一概予以击落

这还了得！华盛顿上空是禁区，居然遭到入侵！美国有史以来，首都华盛顿从来就未遭到过入侵，可是1952年7月19日夜，它的上空却突然盘旋着一批来历不明的飞行物。这怎能不使美国朝野震动呢？

军方主张强硬对付。1952年7月25日《华盛顿每日快报》用大标题报道了下列新闻：根据美国国防部有关人士透露，国防部曾下令防空战斗机队对凡是不服从降落命令的不明飞行物，一概予以击落。

这是美国政府针对6天前发生的事件所发表的声明。虽然声明是非正式的，但却是事件发生以来政府的首次表态。用意很明显，即是警告外星人如果再采取类似的行动，美国将视之为侵略者，将采用武力对付。

飞碟再次入侵

公告宣布后的第二天，即1952年7月26日夜晚，幽灵一般的UFO再次飞临华盛顿上空。就像专门与美国空军作对似的，向地球好战人群示威。飞行物的飞行特征与上次类似，但这次一开始就以包围华盛顿的队形出现，宛如在嘲笑报纸所刊登的警告一般。

航管中心雷达室一开始便与各雷达站保持密切联系，及时地进行反射影像的追踪与识别。后来，新闻记者出身、当时担任美国国防部新闻发布官的阿雨·谢普回忆道：

"我在维吉尼亚的家中睡觉，半夜被响亮的电话铃声吵醒，原来是联邦航空局的发言人打来的。他们急急忙忙地告诉我，华盛顿上空出现了许多飞碟，航管人员正以雷达努力追踪。许多记者得到消息，蜂拥而至，吵得天翻地覆。快过去一下。"说完就挂了电话。

鲁佩特上尉是当时飞碟调查机构"蓝皮书"计划的召集人。他被记者采访时问道：

"华盛顿上空再度出现飞碟，空军准备发动什么样的作战计划呢？"上尉虽然有自己的看法，但不能说出，因为上级还没有做出决定。

谢普赶到航管中心的雷达室时，雷达屏幕前围满了航管人员，进行着光点追踪作业。

播音机不断播出在华盛顿空域飞行的飞机与地面的通话，空闲时间则与雷达站通讯，并交换观测资料。这种紧张气氛宛如敌国空军大举来袭，但此次的"敌国空军"既非德国亦非苏联的飞机，而可能是外星人驾驶的拥有可怕高性能的飞碟！

国防部的两名军官随即赶来，一位是"蓝皮书"计划的联络官，另一位则是海军为了调查飞碟问题派到"蓝皮书"计划共同工作的电子工程专家。他们一到就被请进了雷达室。

航管中心挤满了新闻记者，吵着要进雷达室，但都被挡在门外。当他们看到军方人员获准进入时，大声抗议：

"这个雷达站是民航局的单位，应该对我们公开才对！"终于记者们获准进入，但条件是"一概不得评论"。他们原本半信半疑，进去见了雷达屏幕上的异样情景，大家的态度转为不得不相信了。

请教爱因斯坦

在同一时间，白宫召开了紧急会议。话题围绕着是否派出防空战斗机队拦截阻击飞碟。由于意见不同，互相对立，杜鲁门总统难以决断，便亲自给世界著名的科学家爱因斯坦拨了一个历史性的电话：

"博士，几天前出现于华盛顿上空的那支不明宇宙舰队又出现了，现在就在白宫上面飞行。到底如何是好呢？想请教您的高见。"

爱因斯坦回答道："千万不要向它们开炮射击，要避免与它们发生战争。"

但是军方首脑却坚决反对这一说法："该战的时候就应该战，如果它们打算毁灭我们全人类，老早就动手了。而且，它们未必就不会答应降落！"

慎重派也有充分的理由：

"这一次大众传媒盯得很紧，万一战斗机被飞碟击落就糟了。不仅政府机关权威尽失，社会秩序也将崩溃。"

"反过来说，如果公然进行外交交涉，我们又不知道它们会提出什么样的要

求？就算我们能接受，但民众一定发生恐慌。总之，除了以静制动外，别无更好的办法。"

总统助理们也分成强硬派和慎重派：

"大众传媒与一般民众都热烈期待军方能够驱逐飞碟，如果今晚我们态度软弱，不派出战机的话，必遭舆论的批评、攻击，对11月的总统大选也有相当的影响。所以无论如何一定要派出战机队。"

"这样做太危险了！为了整个地球人类着想，实在不宜轻举妄动。"

……

这时，空军司令归纳总结道："我提一个折中的方案，就是派出防空战斗机，条件是除非遭到攻击，否则不准开火。不知各位意见如何？我们的目的毕竟只是为了调查飞碟的真相！"

杜鲁门总统同意空军司令的提议，决定派出防空战斗机，并进一步指示禁止大众传播媒体采访以免整个事件公之于众。

经典回顾之阿诺德的奇妙旅程

文_子　骥

只要提到不明飞行物，几乎没有人不知道阿诺德事件的。这次事件在不明飞行物史上，是一个标志性的事件，从此飞碟一词广为流传，甚至在很长时间内人们把不明飞行物就称为飞碟。也是从阿诺德事件之后，UFO不再是人们私下的传闻，它被光明正大地摆到了许多国家的议政厅中；也随着媒体的炒作，越来越为人们所知，越来越神奇。但是长期以来，人们形成一种误解，认为它是现代史上第一桩不明飞行物目击案。实际上，更确切的说法应该是，阿诺德事件是现代史上第一桩被媒体曝光并广泛流传的不明飞行物目击案。而在那之前，许多神秘的事件已经困扰政府很久了。

背　景

在人类历史上，曾发生过许多令人困扰的神秘事件。人们在无法解释这些事件时，往往把它们归结于神话。而当它变成神话之后，正统的科学家也就不再相信有什么事情是发生过的，并认为它们是人们的幻想。然而一些未解之谜、神秘事件还是会不时地跳出来，宗教人士有理由将它们归结为神迹，也有少数不屈服于传统观念的科学家，从中找到了事件的本来面目，于是一门学科被大大地发展了。曾经的流星雨、日全食、月全食等现象就是其中一些例子。当然，还有一些事件人们至今还无法找到其中的原因。

在碟状飞行物被当成不明飞行物的标志之前，还有一种形状的UFO更为人们所熟悉，那就是雪茄状UFO。根据记载，早在1879年4月2日，就有一个巨型雪茄状UFO出现在美国芝加哥市的上空。据说在这一事件发生后不久，美国的许多地方又相继发现了这一形状的UFO，甚至还有更恐怖的说法——它们会带走并解剖一些家畜。

之后，1908年6月30日发生在西伯利亚地区的通古斯事件，更让当时的人感到惶恐。因为那种爆炸所产生的威力是当时的人无法匹敌的。更主要的是，人们对这一神秘事件的发生原因没有任何的解释。

接着是掺杂了浓厚宗教色彩的法蒂玛事件。这个事件本身是一个平淡无奇的事件，但由于其中有近7万目击者言之凿凿的现场目击报告，使它变得扑朔迷离。1917年10月13日，一群人声称在法蒂玛郊外看见了"一个发光的飞机和一个大球"，它在差点将在场的7万人压得粉身碎骨后，出其不意地失踪了。

到了第二次世界大战后期，这些不明飞行物目击案又突然成为热门话题。这是因为许多同盟国的飞行员忽然发现了一些神秘的战斗机，它们突破了当时的航天技术中所有被称为极限的技术手段。然而在所有政府对这些事件隐而不发、视而不见时，一般群众已经无法平静地接受这种状况，媒体也开始跃跃欲试了。几乎正在同一时间，著名的阿诺德事件发生了。

经 过

1947年6月24日下午，32岁的肯尼思·阿诺德（Kenneth Arnold）驾驶一架单引擎的私人飞机从契哈利斯起飞。在飞临美国华盛顿州的卡斯卡特山脉时，他决定顺便寻找一下几天前在该地区失踪的海军陆战队C46运输机。当天，天气晴好，能见度极佳。而阿诺德作为一名退役的空军飞行员，有着丰富的飞行经验和娴熟的飞行技术。

15时左右，他在海拔4391米的雷尼尔峰转弯时，"忽然左边一些闪光的物体引起了我的注意。于是，我的目光顺着光源寻找，发现有九个非常耀眼的圆盘状的东西。我估计它们的长度有15米左右。它们排成阶梯形，从我驾驶的飞机前方由北向南飞去，它们一边飞一边在山峦间曲折地穿行。有一阵，它们在其中的一个山峰后面消失了"。

据阿诺德当时估计，这些飞行物距离他的飞机有32千米远，它们编队从邻近的贝克山飞过。它们在阳光下发出金属般耀眼的强光，贴着绵长的山脊，高速滑翔。阿诺德顺手用工具测了一下那些碟状飞行器的大小和速度，发现飞行物的编队长达8000米，每一个飞行物的长度约15米，而速度则在2700千米/小时。要知道，当时最快的喷气式飞机的速度也只有900千米/小时！更令人感到不可思议的是，这些碟状飞行物的飞行姿态——它们不停地跳跃着飞行，就像是在水面上打着水漂的小碟子。

大约16时，他在亚奇玛着陆后，和当地的几个飞行员谈到此事，随后他的这一经历很快在各新闻媒体上曝光。事后，他在形容那些高速飞行的碟状飞行物时做过一些比喻：他先是觉得它们看上去像是高速行驶的快艇，或是风中飘扬的风筝的尾巴，或者说像是一个碟子在水面上飞掠而过。很快，一位记者将此话引申为一个新词：飞碟，从此飞碟成为不明飞行物的同义词，它也与阿诺德的名字紧紧相连了。

1982年，当他已68岁的时候，在他接受了无数次的采访和盘问后，他仍然坚信："我在1947年6月24日所见的是千真万确的事实，并不是幻觉。"他还说，在阿诺德事件之后，1948年他驾机飞跃俄勒冈州拉德兰格市时，又看到了24个不明飞行物，它们看上去更像高速飞行的黑鸟。1952年，他在内华达州沙漠上空飞行时，也看见过飞碟在周围非常近的树顶飞行。它们有着坚固的金属外壳，但又能随时改变形状。而他每次遭遇不明飞行物时，都向有关部门提供了目击报告。

分　析

然而，阿诺德事件背后的真相到底是什么？虽然人们众说纷纭，却始终没有一个令人信服的答案。

当时俄亥俄州赖特帕特森空军基地的美国技术侦察中心，负责搜集全球遥控飞机和导弹的情报，他们对阿诺德的证词做了一定的分析，最后形成两种意见。

一种认为，阿诺德所见到的只是列队飞行的普通喷气式飞机。他们认为，一般情况下，人无法区分弧角小于0.2′的东西，也就是说，阿诺德根本无法看到32千米以外一个15米大的物体。因此那些飞行物与阿诺德的距离远没有他想的那么大，所以他对飞行物速度的判断就是错误的，也就是说飞行物的速度要大大低于2700千米/小时。而他感到飞行物有跳跃现象，是因为当天天气很热，人们透过上升的热气流看东西时，就会产生这种现象。

另一种观点认为，阿诺德经常在罗切斯山脉飞行，因此他对这些碟状飞行物的定位是准确的，进一步说他所测算的飞行速度也是准确的。另外，阿诺德还说过一个细节，那就是那九个碟状飞行物可以在崇山峻岭中曲折穿行，这是一般人造飞机做不到的。因此，那些飞行物应该是一种性能高超并由智慧生命操纵的飞行物。

另外，调查人员在询问了当地的空管情况之后发现，当天该区并没有任何军用飞机做列队飞行。随着调查的深入，俄勒冈州的一名地质学家弗雷德·约翰逊也证实，6月24日他在该区考察时确实也看见过类似的碟状飞行物。

他声称："那天下午，我见到了一些异常奇怪的飞行物：五六个圆盘向南飞去。我看了只有几秒的时间，可是我发现我的特制手表的磁针猛然间摆动得非常厉害。"

后来，还有专家认为，阿诺德所看到的飞行物应该是地光。当时在圣海伦斯山地震及火山爆发之后，由于卡斯卡特地区在北美洲和太平洋分界线的地质断层之上，因此成为一种大气效应——地光出现的频发区。这种地光形状多变、非常耀眼，与地震有一定联系。在后来1957年的拉易斯德谢尔地震之前，人们也看到了

天空中有此类不明发光体。它们与阿诺德的描述不无相似之处，实际上是一种摩擦生电现象。

后　续

　　然而不管怎么样，阿诺德事件都是第一个在媒体上公开报道的不明飞行物事件，从而也开创了群众观测UFO活动的先河。从此以后，全球有关不明飞行物的目击报告急剧增加，成为社会关注的焦点。仅1946年7月4日美国独立日当天，美国各地就发生了百余起目击案例。

　　1947年9月23日发表的美国空军司令部的一份正式报告中，来自美国航空技术学院、谍报机关和一些飞机发动机研究实验室的研究者，就飞行圆盘做了深入的研究与分析，最后得出结论：

第一，所报告的奇异现象真实可信，并非当事人的幻觉；

第二，形状类似圆盘、体积相当于人造飞行器的目标确实存在；

第三，不排除所研究的不明飞行物案例中有自然现象引起的结果；

第四，这些案例中的不明飞行物有如下特征：起飞速度很快，行动很灵活，避免与人类飞行器或雷达系统接触，有较高的反应处理能力和反侦察能力；

第五，不明飞行物呈圆形或椭圆形，有金属外壳，一般没有声音。

在这种情况下，美国开始实施以前就已经制订好的追查UFO的"信号"计划和"怨恨"计划。这些调查的结果是，认定UFO并不对公共安全构成威胁。但是由于有关目击报告已经严重影响了美国情报部门的正常工作，所以从1952年开始的"蓝皮书"计划，不以收集和分析有关报告为重点，而把主要精力放在消除公众对UFO的疑虑上。

无论怎样，阿诺德事件在整个不明飞行物的历史上有着极其重要的地位。从它开始，不明飞行物不再只局限于街谈巷议，许多政府和民间组织都对它投入了很大人力与物力进行调查，大大促进了这一学科的正常发展。

最后，请允许我引用肯尼思·阿诺德的话来结束这篇文章：

"这类飞行物这些年来一直为人们所见，有人说我是第一个发现飞碟的人，显然这种说法是不对的。我只不过是把我所看到的真实情况说了出来……我们的人已经登上了月球，如果外星有生命存在的话，它们是会到我们这里来的。这些飞碟的发现，说明我们不是孤单的，标志着我们进入了一个新的时代。"

"库尔斯克号"悲剧与UFO

文_王永宽

不明飞行物有没有危险？那些并不相信受控制地外飞行器存在的人甚至不会去考虑一个问题，那就是：至少他们的观点是没有远见的。肉眼不能见到病毒和细菌并不能使我们摆脱由它们引发的疾病的困扰。简单地否认"飞行的碟子"或者其他形状的不明飞行物体的存在，也无法防止它们带来的危险……

对"库尔斯克号"的回忆

2000年8月12日，整个俄罗斯都被来自巴伦支海的一条可怕的新闻震惊了。在那里，俄罗斯海军的自豪——"库尔斯克号"核动力潜艇连同它的118名全体船员（另有消息称，当时潜艇上有130人）沉到了108米深的海底。对于这次事故发生的原因几乎立刻出现了几种说法：潜艇上的新型鱼雷直接撞到发射舱的舱壁上引起了爆炸；大型水面舰只——"彼得大帝号"核动力导弹巡洋舰发射的导弹偶然击中了"库尔斯克号"潜艇；"库尔斯克号"与不明国籍的潜艇发生了相撞……事故发生几年了，官方仍然没能给出明确的解释。可能，这一事件真的很不寻常。

奇怪的受损处

最初，"库尔斯克号"的沉没是无论如何也联系不上在水下活动的不明物体的。至少，在2002年俄罗斯三星海军上将科马利钦发言之前一直是这样。俄罗斯联邦国防部航海与水文地理总局局长科马利钦在由非常现象调查委员会召开的记者招待会上声称，导致"库尔斯克号"失事的原因有可能是当时水下发生了某种不明状况。在这一状况中，一种强大的力量摧毁了自重达三万吨的"库尔斯克号"的船体，而这艘巨型潜艇的双层船体有着极好的防护能力。上将暗示，"库尔斯克号"可能撞上了水下不明物体。

科马利钦上将的观点不是没有根据的。由调查委员会向北方舰队司令部提交的调查报告中这样写道："在'库尔斯克号'左舷外层船体的第一舱和第二舱之间发现巨大的凹陷，其中心是穿透了双层船体的直径达3米的窟窿。在窟窿边缘处，钢板向内弯曲并且呈烧熔后的凝固状态。"根据"和平号"水下探测器的录像资料还可证实，在第二舱的右侧还有一个稍微小一些的窟窿和从左向斜上方被划开的巨大而平滑的裂口。

可以看出，事情的确有些不同寻常。合乎逻辑的推测是，由于船体被损毁，"库尔斯克号"沉没了。受损处的钢板向内弯曲，当然能够证明是由于来自外部的某种力量造成的，但对边缘处的钢板曾经处于熔化状态这一事实则无法给出合理的解释。也就是说，由钛合金制造的"库尔斯克号"船体在遭到强大的撞击时，撞击处曾有高温产生。而熔化钛合金所需的温度高达1500℃，并且所有这一切又必须发生在冰海中，因此，造成这种撞击的物体必定具有非常先进的技术。要知道，与其他的潜艇以及水面舰艇发生机械性碰撞是不会产生这一结果的。然而，在整个救援过程中，这些奇怪的创口却没有引起任何人的注意，虽然正是它们导致了悲剧的发生。

谁是罪魁祸首

"库尔斯克号"船体被毁坏的程度严重得令人难以置信。第一舱几乎完全被摧毁了，只剩几处连接着第二舱，以致救援组不得不将其与整个船体分割开，以防止在打捞过程中脱落。在第二、第三和第四舱中，舱壁、甲板以及所有设备就像乱七八糟被堆在一起的废铁，只是连着一些扭曲的管线和电缆。无论是鱼雷战斗部的爆炸，还是与其他潜艇的相撞都不会造成如此严重的后果。

而且在事故发生时，巴伦支海的这一海域根本没有出现其他潜艇。总检察长乌斯季诺夫也声称，没有消息证实其他国家的潜艇曾经出现在事发海域，也没有任何材料能够证明"库尔斯克号"的沉没与美国或英国潜艇有关。退一步讲，即使有材料能证实的确发生了这样的撞击，那么，根据相关数据，当时美国位于巴伦支海的"孟菲斯号"和"托勒多号"的排水量均为7000吨左右，而且只有一层船体，与具有双层船体、排水量为24000吨的"库尔斯克号"相比，美国人的生命值无疑更少。也就是说，在这样猛烈的撞击后，无论"孟菲斯号"还是"托勒多号"都将难逃噩运。

事实上，当时的确在这一海域发现了不明水下目标。惨剧发生10天后，俄罗斯电视一台转播了时任国防部长谢尔盖耶夫的讲话，称事故发生前监听站曾在"库尔斯克号"附近发现一个体积与前者相仿的水下目标。而8月13日——事故发生后的第二天，"彼得大帝号"巡洋舰上的声呐探测系统也在海底发现了两个大型目标，它们相距大约1千米。经证实，其中之一就是"库尔斯克号"，而第二个神秘的长形物体甚至成了电视一台8月末电视节目的主角。播音员报道，这个位于"库尔斯克号"不远处、体积比前者大得多的不明水下物体在事故发生几小时后进行的第二次水下搜索时已经消失了，就像从没有出现过一样。

调查委员会主席科列巴诺夫声称，巨大的动力性打击或与其他体积庞大的水下物体撞击是导致"库尔斯克号"潜艇沉没的原因。前国防部长谢尔盖耶夫、俄罗斯海军总司令库罗耶多夫上将和北方舰队司令波波夫上将等许多人都持有这种观点，但是他们中的任何人都没有说明这一物体有可能是什么。

官方消息——鱼雷爆炸

2002年8月，总检察长乌斯季诺夫向总统通报：事故发生的原因被初步认定为一枚失修的65-76型鱼雷发动机中的过氧化氢与煤油发生反应引起爆炸。然而，北方舰队司令部的默查克中将却声称，演习前"库尔斯克号"上的65-76型鱼雷根本就没有添加燃料。同时，一些专家也认为，对65-76型鱼雷进行的详细研究完全可以证明，这种鱼雷在任何时候都不会发生自爆，而且在投入使用的20年间也从来没有发生过一起类似的事故。此外，由于在这种鱼雷的控制系统中采用三个梯形闭塞法来防止鱼雷在舱内爆炸，因此，即使与其他潜艇相撞也不会引起它的爆炸。这一安全措施已经通过了常规爆炸和模拟核爆炸条件的检验。

换句话说，如果"库尔斯克号"上的鱼雷发生了爆炸，只能是出现了极不正常的状况。这样，我们的注意力又转向了不明水下物体。但是，得到真实信息的可能性几乎为零，因为，甚至连潜水员也签订了保密协定，即使调查人员询问，他们也不能透露任何信息。而根据总检察院发布的"关于停止对核动力潜艇'库尔斯克号'失事原因的调查"的命令中，部分调查记录也被列入保密文件。

尽管如此，仍然有这样或那样的消息透露出来……科列巴诺夫承认，潜艇的损坏处看起来很不正常。总参谋部的一位负责人马尼洛夫上将也说道："'库尔斯克号'事故中所有得到的数据都远远不符合被推测出来的物理技术条件。"2001年11月，当"库尔斯克号"已经被打捞出水并开始调查时，库罗耶多夫上将在接受《共青团真理报》的记者采访时谈道："至今都不能查明导致'库尔斯克号'失事的真正原因，而对受损处不明残留物的分析暂时还没有结果。"

尽管官方多次做出了承诺，但至今仍没有公布造成"库尔斯克号"失事的真实原因。也许是来自不明潜水物的撞击导致了"库尔斯克号"的沉没，然而，有关不明飞行物或不明潜水物的消息始终被所有国家的政府部门隐瞒着，而且还将继续隐瞒下去。

外星人对人类真的是无害的吗？一些专家在研究了劫持案例中类人生命体对被劫持者进行身体检查并使之丧失记忆的事实后，得出了一个可怕的结论：在劫持的背后隐藏着更加险恶的阴谋。他们的主要论据是：①被劫持者被类人生命体抽了血（一般都是抽淋巴液和关节的血）；②一些奇怪的物质被注射进被劫持者的静脉之中。

持这种"险恶阴谋"论的最有名的学者，是约翰·A.基尔，他在自己的论述中写道："如果不明飞行物乘员对我们的淋巴系统和人体的其他保护组织感兴趣的话，我们对出现在夜空中的奇异光芒感到忐忑不安是完全有理由的。"基尔甚至认为，有些被劫持者也许已经被类人生命体用外科手术改变了性格。

发生在澳洲的惊天劫案

文_梁晓鹏

1868年7月25日：新南威尔士帕拉马塔

一位测量员经历了一次幻象，看见人头从自己身边飘过，后来又看到一只"方舟"沿着相同路线移动，降落在悉尼的帕拉马塔公园，有一个声音问他是否想进入方舟。他给了肯定的回答，然后就"飘"了过去，这时出现了一个"精灵"，看上去像一个"穿着普通工装的灰人"。灰人领他在舟内一圈然后消失。第二天早晨醒来时，他对"昨晚的幻觉还记忆犹新"。

1942年以后——新西兰和澳大利亚

穆雷一生体验到了一系列的事件，包括处于清醒状态但不能动弹、室内有光、屋子里有人和其他有趣的事情。

1949年：新南威尔士纽卡斯尔

16岁的艾里克有一天晚上在城市的一边骑自行车。突然脑子里一片空白，然后他意识到自己到了城市的另一边，但不知道是怎么过去的，明显没有受伤。后来理发时发现头上有个V形的小伤疤，解释不清是怎么回事。

1951年：南澳大利亚的哈立顿

A太太外出圈牲畜时碰见一个长着腿的东西降落在地上，里面出来三个"人"，也飘到了地上，长相和普通人一样，穿银灰色服装，银灰色靴子，还有头盔。那些"人"要她进去，她就被带进了一间屋子，里面摆着电脑桌一样的工作台。那些"人"和她讲话，告诉关于她的一些情况，搞不清它们是怎么知道的。然后她回到了地面。

1955年：新西兰

一位妇女在半有意识半逆向回忆状态下体会到自己至少三次被劫持：11个月、2岁和4岁。4岁那一次是在城镇，她当时正在熟睡中。她的窗户后有一块地方发亮，她就被几个外星人用一束光带着穿过窗帘和玻璃，大约有10个，个头在90厘米～120厘米之间，头很大，卵形，深颜色，杏仁眼，嘴是一条缝，耳朵很小，有的甚至没有。皮肤外是银灰色的服装，带手套，三四根指头。动作短促迅速。

它们通过心灵感应告诉她不会伤害她，看上去冷漠、沉静、自信、细心、坚定。它们告诉她不会想起这件事，而且说它们还会回来。她在一个工作台上接受了检查，屋子呈圆形，很像大理石筑成。屋里很快暖和起来，她感到很舒服。周围总共有7个外星人，顶上有灯，直接照射到检查的部位；其他光非直接照射，好像是油漆在反射光似的。它们似乎在她喉咙部位做了点什么文章。

然后她被放回原来的位置。她记得自己哭着不愿意离开，结果发现回到了床上。她说不到周岁那次事后右大腿外侧留下一个深洞。

1955年：南澳大利亚阿德莱德

10岁的珍妮正在接受轻微神经紊乱的治疗，在催眠状态下，她自然地讲述了她与外星人和飞碟打交道的故事。恍惚中她说自己在飞碟里，还有三个"人"，正在访问一个星球上的先进社会。

1956年晚些时候：昆士兰胡根登附近

12岁的L小姐正在穿过自家农场的一个小牧场时，突然感到一种奇怪的力量袭来，听见轻微的嗡嗡声。她感到离开了地面，晕了过去，醒来时发现自己在一个奇怪的大屋里，有两个"人"身着银白色的滑雪服。它们一言不发。环视屋子一周，她发现一面墙上有一幅彩色的银河图，然后感觉到巨大的压力，又一次失去知觉。屋子里没有陈设。她看见一个拱形的门通向走廊，一面墙上有舷窗似的一排窗口，屋子没有接合点或缝隙什么的。她发现自己回到了农场，但不是在那个小牧场，头顶上有一个巨大的碟形物体升空，迅速飞向西边。她认为从她最初失去知觉开始忽然过去了两个小时。

1958年前后：维多利亚吉普斯兰地区

一个小姑娘晚上看见一个UFO向附近的树林飞去，她跑去想看个究竟。她记得遇到"一个小人"在奇怪的东西外面忙活，向她示意不要过去。她回想起乘坐那个东西玩了一圈，通过UFO的地板还看到她家的样子。她不记得是怎么回的家，但清楚地记起睡觉时脚丫弄脏了床单被打了屁股。她的左膝被擦伤。

1961年：塔斯马尼亚

韦恩今年35岁，在他18岁时曾回想起4岁以后的一些事。他记得蓝灰色的外星人，没有耳朵、大眼睛和大头，身体小，衣服在脚踝和手腕处与皮肤接合。外星人把他抬上一个硬台做了检查，烟盒大小的一个盒子在他胸部移动，好像是在扫描一样；还有针一样的东西插入他的鼻孔，感觉很难受。他还能想起当时卧室窗外闪过亮光。

1961年：新南威尔士

一个14岁的女孩住在农场，她说有一天晚上家人都已歇息，但她却睡不着。当时出现了三个"影子"：整体上长得像人，但没有嘴巴、鼻子和耳朵，只有从来不动的卵形大黑眼睛（好像是什么能量物质），在她床周围飘浮着。它们好像很温和。她听见柔和的声音告诉她不要害怕，它们不会伤害她。突然一黑，有一个声音说"请跟我来"，再能想起的就是她已经回到被窝里，一切都还是原样。它们告诉女孩会一直观察她。

1962年：新南威尔士

一位20岁出头的妇女在半有意识又借助于催眠的情况下想起发生在她身上的最后两起劫持案。她和两个人同时乘坐一辆车，到了乡下，一个UFO向他们飞来，整个地区被照亮，她感到手脚不能动弹，被光束带入UFO。里面是一个圆形的灰白相间的空间。在场的有两种外星人，一种较矮，另一种稍高。矮子有一两个，大圆头，尖下巴，眼睛又黑又大，嘴是一条缝，鼻子是个孔，皮肤灰色，有皱纹。它们身着灰色或蓝色的金属般跳伞服，头顶头盔。

另外两个高个儿也在场，也是大黑眼睛，嘴巴、皮肤和头都是一个样儿。一个女性矮个儿是头儿，高个儿是它手下的。

那个妇女的同伴也在上面，她似乎不友好，还有好奇心，而其中一位男子的态度由冷漠转为同情。它们通过心灵感应告诉她不会伤害她。

做了妇科检查，从她身上取出了卵子，说是要用她的卵子帮助延续它们的种族。它们说它们是一个行将毁灭的星球上的幸存者，它们也有末日说。她不清楚是怎么离开的太空，可是那三个"人"回到了飞船上。

1962年~1970年：昆士兰凯恩斯之北

家住阿瑟顿高原的一位妇女说她一直都能看见UFO，反复不断地做噩梦。她妹妹说她们曾经上过飞船，外星人还给她看过一些东西。她晚上经常用奇怪的语言喊叫个不停，自己也不知道是梦还是现实。她看见《神合》（甘肃科学技术出版社1997年出版）封面上的那张脸以后读了那本书，两年以前，醒来经常看见卧室里有戴着头盔的小人，手里拿着什么器具。

1963年：昆士兰的马凯

华伦9岁时在红树林附近钓鱼的时候看见一种不同寻常的光逐渐靠近，越来越近，越来越亮，所以他决定离开那儿。然而，他想不起来回到家人呆的地方去。后来他想起过外星人，看到过外星人。在过去的30年，他脑子里出现了大量信息。

1964年之后：昆士兰

一位女学生，29岁，已婚，专业为社会福利，她回忆到四个具体的情节：

①3岁的时候，有一天她醒来时发现屋里"全是大夫一样的人"，十来个。当时她和妈妈睡在一个屋里，所以它们可能既检查了她，也检查了妈妈。那些人各自周围都有光，不知怎么的她觉得很亲近它们。好像都是女性。后来看杂志上的一张

做手术的图时回忆起这个情节。②19岁时她想起被带着离开床，飘出窗外，上了在屋顶盘旋的"飞船"。③20岁时她飘出后门，当晚月色明亮，她的头发是飘起来的。回来的时候也是那样。④28岁时又发生了一次，但没有细节。

1964年：新南威尔士伯伍德

一个小女孩和她爸爸在院子里玩。她们看见车库顶上飞来一艘很大的飞船然后离去。妈妈出来问她和爸爸跑哪儿去了，因为她能清楚地记起乘坐过那个飞船。

1965年～1966年：塔斯马尼亚霍巴特

基蒂，已婚，以前是精神病院护士，能够断断续续想起自己4岁～5岁时的一些经历，包括看见从另外一个星球来的黑人，据说它们是逃难到地球上来的。基蒂有两次差点丢了命，她相信自己有透视功能。

1966年：新南威尔士悉尼

黑兹尔说她在艾平有一次正在睡觉时感到不安，就出去解手，结果看见一个巨大的银灰色的UFO。舱口有舷梯，所以她就登了上去。刚一进舱，舷梯就关上了。第二天，她只隐隐约约记得所发生的事。然而，看电影《第三类近距离接触》的时候她想起了一些片断。当时的情景一想起来就令她头疼。那个UFO里有四个人，彼此之间有交流。她觉得挺愉快，感觉实在是太好了。在地球上，她过得非常辛酸，所以她面临着两条路：或者留在地球上，或者跟它们走。可是因为孩子她不能不留下来。后来她清醒过来，就回屋睡觉。她在童年也有类似经历。在她4岁～5岁时，隐隐约约看见过一些影子，看见过自己的三种情形。1964年她从睡梦中苏醒时发现屋里灯光明亮，床边有小人，戴着灰色头盔，看不清面容。

1966年8月11日：维多利亚

墨尔本的马琳·特拉维斯小姐据说看见过一个银白色的巨大飞碟降落在她附近。据信她被外星人劫持并强奸，那个外星人身穿宽松的金属绿束腰外衣。波尼·格迪克调查后认为很可能是恶作剧。

1966年～1967年：新南威尔士

一名24岁左右的男子四次遭劫持，而且都是催眠状态下回忆起来的。他驾车驶过乡下时突然发动机熄火，然后又发动起来。他先是开着车，然后步行过去。现场没有UFO，但是他想起了UFO里的另外几次劫持。

在场的有4人～6人，90厘米～105厘米身高，头被拉长了的样子，眼睛周围长着像蜥蜴般非常大的黑圈，看不清嘴巴、鼻子和耳朵。肤色苍白，似白似灰，没看见穿衣服，尖脚，走路好似快镜头，似乎不搭理他。

它们跟他交流，把信息或图像或图画或颜色直接输入他的大脑，意思是警告他地球上可能发生的全球性危机。

过了大约有两个小时他开着车离开了现场。

1967年：新南威尔士

1967年，一位20岁的妇女讲那几年发生在自己身上的多次劫持事件。有些是在半清醒状态下想起来的，有些则是在催眠状态下想起来的。断断续续的记忆中有几个矮子，大头，长着大眼睛，一条线的嘴巴，小鼻子，没长耳朵。身穿具有弹力的紧身服，走起来好像飘在空中一样。

外星人通过心灵感应的方式告诉她有一些从一个行将毁灭的星球上逃难来的人，它们的繁殖出现了问题；还告诉她让她忘掉这次经历，说它们还会回来。她接

受了检查，不知是什么东西通过一根又细又长的针注入她的左耳。

UFO里一切均正常。有一个外星人告诉想让她认为它长得高大英俊，实际上它确实矮小。还有一些老人，看上去像古希腊哲学家一样。

1968年：西澳大利亚

一位特里先生，今年（1990年）30岁，他说在他大约六七岁时有两个小人进了他的卧室，想把他带走。他经常记起它们说的话："跟我们走，跟我们走……"他记得自己吓得目瞪口呆，心里在想："我不喜欢你长的那个样子……"他还想起1988年～1989年间发生在西澳大利亚梅兰兹的一件事，但搞不清是做梦还是现实，他被又矮又胖的小人架起来带走。1990年他梦见被戴着黑斗篷身材稍高的"人"带走。

1969年：南澳大利亚阿德莱德

一位31岁的妇女，人们称她为"苏姗"，家住阿德莱德。她说在她10岁或11岁的时候，曾被一个高个儿从她的卧室劫走，有一群小人从卧室门进入她的房间。小人大约有120厘米高，大秃头，大眼眶，但看不出瞳孔，眼球深蓝或黑色，嘴巴是一条线，鼻子很小。高个儿似乎是指挥，大约有210厘米高。她被从床上抬起来，带到一间"圆形"的屋里，躺在一张金属的台上接受了体格检查。再能想起的是苏醒后躺在自己的床上。

催眠揭示了她的被劫经过。这位妇女也讲了她一生中许多有趣的故事，如闹鬼、感觉屋里有人、入睡后被人抬走、看见小孩的三轮车自己动、看见幽灵、预知、心灵感应和灵魂照片。她的脸上还有不同寻常的植入物，X光透视结果一个属于明显的异常，另一个实际上什么也没有。

此外她还断断续续想起另一起劫持事件，童年时期她曾遭受性侵犯。

法国UFO着陆案例

文_云立中

    1981年1月8日，在法国特朗·恩·普罗旺斯地区，发生了一起著名的留有物理证据的UFO案例。该案例引起了人们的广泛关注。该事件中，有人看到一只UFO降落，并在它离开后的很短时间内找到了物理痕迹。法国的一个政府机构分析了样品，并公布了不寻常的结果。

    事件的过程很简单，但其对环境的影响是巨大的。一位52岁的技术人员——伦纳特·尼古莱在下午大约17时，正在外面他的坡地的高处散步，这时他听到东边一声呼啸。他转过身来，看到一个物体，像"用两个盘子在边缘用胶互相粘住的有点凸出的碟形物，带有一个约20厘米宽的中心环"。这只飞碟飞过靠近尼古莱园子的两棵树。并降下来，在距尼古莱约50米处着陆。但是，因为尼古莱的地较高，这个物体被挡住了。他只好在一座小房子附近，找个能向下看到该物体的有利地点。

    在地面上停留了几秒以后，这个物体升起来，卷起一些尘土，折回它来时的航线，再次发出低声呼啸，最后在东方消失。在它飞走的时候，尼古莱看见它的下部有两个圆形的突出物，就像起落架，还有两个看上去像是"活板门"的圆形区域。整个消失过程的时间约为30秒~40秒。

    尼古莱当即去检查了着陆地点。他发现了一个直径约2米的圆圈，在这个圆圈的周围有些痕迹。调查者们说。他们发现了两个同心圆圈，一个直径为212米，另一个直径为2.4米。第二天，得到尼古莱一位邻居的报告以后，宪兵队到了这个地点，收集了痕迹处的土壤样品和圆圈以外的对照样品。

最后，不明飞行物现象研究组（法国空间部门负责调查UFO报告的机构）被宪兵队召去。着陆事件发生后，他们检查了这个地点，另外收集了土壤和植物样品以供分析。他们的调查还包括对目击者的评估（他的背景和经历），遭遇UFO时的环境条件的检验，以及那天的空中交通情况。这个研究组与宪兵队协作，又继续调查了两年有关这个事件，调查者没能发现其中原因。当最终报告发表时，它达成下列结论：

第一，证据显示，该地点确曾有过一个对地表的强大压力，可能约四五吨。

第二，在这个压力产生的同时或紧随其后，土壤被加热到300℃～600℃之间。

第三，这一地带发现了微量元素磷和锌。

第四，地面上紧靠痕迹处的野苜蓿叶子的叶绿素含量减少了30%～50%，并且与距离成反比。

第五，嫩苜蓿叶子经历了叶绿素的大量损失，因而显示出"早熟和衰老的迹象"。

第六，生物化学显示，在靠近事发地和远处采集的植物样品之间有很大区别。

无法落幕的UFO追击案

文_陈育和　安克非

最长的时间

当前所记载的时间最长的警察追踪不明飞行物事件，发生在1966年4月17日清晨，当事人是美国俄亥俄州波西治县的副县长戴尔·斯波尔和骑警队副队长威尔伯·内弗。

该事件始于4月17日凌晨4时50分，发生在雷威那附近。当时，他们正坐在P-13巡警车上一边喝着咖啡，一边和旁边一名汽车修理人员说话。这时，有电话打进来通知他们，有一个不明飞行物正从西面的萨米特县低空飞来。两人遂向波西治县的西部驶去，中途发现一辆汽车闲置在路边，便停车查看。两人下了车（引擎发动着，灯亮着），斯波尔突然注意到，在他们的西边有一团强光从树上升起，并向他们靠近。于是，他指给内弗看。

他们正看着，那个物体变得更大了，并移到了他们的南边，接着又移向北方，继而又移到他们的头顶上方，将他们笼罩在一片亮光中。它调转着方向，盘旋在他们周围约30米远，发出轻微的嗡嗡声。他们立刻跳到了巡逻车上，并打电话给波西治县长办公室，副县长罗伯特·威尔逊记下了当时的时间是5时07分。斯波尔在电话中描述了当时他们所看到的情况：

"它约15米宽。我只能依稀辨出它的上面有一个穹顶或者类似的东西，但非常暗。它的底部却非常明亮，现在正发射出一道强光束，整个物体看起来像是坐在这个光束上。刚才，它正处在我们的头顶上方，并将这里照得亮如白昼。我们的汽车大灯是不会那么亮的，就连直升机也不会发出如此的亮光。它在我们的上方静止不动，只发出嗡嗡声。"

应该指出，斯波尔除了摄影、无线电操作等警察应具备的专业知识外，他还曾在空军服役3年，负责操作空中加油装置。传统的飞行器和直升机对他来说，应该是轻而易举就能辨认出来的。

在他们通话期间，在场的人们还给当地的警长肖费尔特打电话。他告诉他们继续观察，同时派出一辆巡逻车带着摄影器材赶过来。当斯波尔将P-13巡逻车移到一个更好的观察位置时，该物体向东飞去，并开始攀升。肖费尔特告诉他们继续追踪。于是，斯波尔加快了速度，而那个物体也加快了速度。很快，它的速度就接近到每小时145千米。

斯波尔和内弗通过车窗时刻观察着。他们将巡逻车向南开到了224号公路上，这个物体继续向东；当224号公路转向东时，物体转向了南，在他们的前方穿越了公路；继而它又转向东，在车前方与他们保持一定的距离。天已破晓，这一物体的顶部轮廓在晨曦中更加清晰了。在它顶部的后方，有一个约6米长的凸起。物体的底部十分明亮，并向下后方发出一道光束。这物体的宽度是厚度的两倍，当行进时，它稍微向前倾斜。当他们的车开至迪菲尔德水库时，这个物体的高度升至150米。它再一次横穿前面的公路，由南向北飞去。然后，它以145千米的时速，向着坎菲尔德方向继续与他们赛跑，最后向东飞离了波西治县。

斯波尔再次给县里打电话，肖费尔特告诉他们继续追踪直到摄影车赶到。但是不巧的是，当时斯波尔说他们在第14号公路，县长办公室的人误解为第14A号公路，结果摄影车和其他接到信息的警官走错了方向。在坎菲尔德，该物体再一次由北向南飞越公路，向着偏南方向飞去。他们的汽车好不容易追上，而那个物体又离开他们向东飞去；接着突然调转方向再一次向南，并又一次穿越前方的公路。

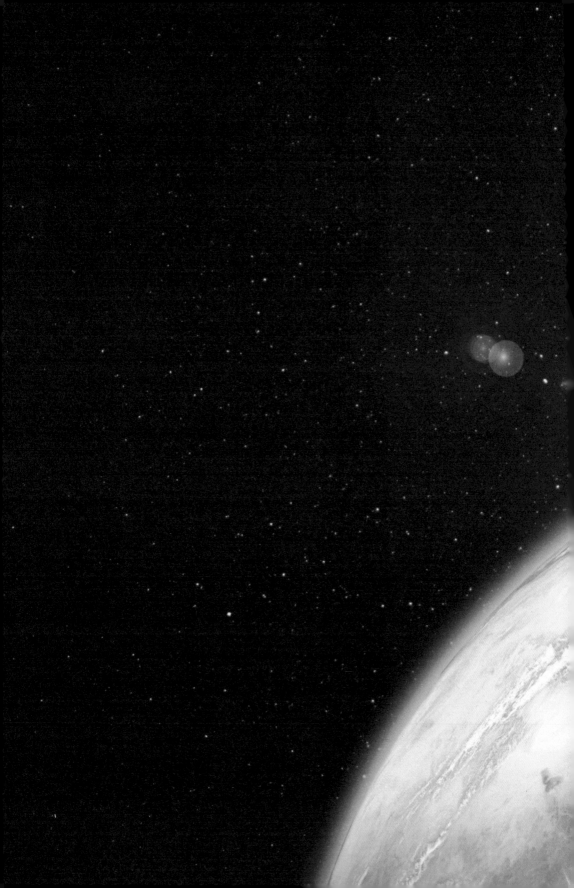

当他们的巡逻车开到宾夕法尼亚附近时，斯波尔和内弗开始变得越来越烦躁。他们不但看不清正在追踪的目标，而且好像在与该物体玩着"猫捉老鼠"的游戏。斯波尔在事后的回忆中说，当时他们特别需要援助。他让威尔伯与有关部门联系一下，看是否可以让人乘飞机在天上进行观察。

这时，从无线电中得到信息的巡警杰克·海恩斯，装备好一架摄影机，火速驶向第14号公路，但是UFO和P-13巡逻车已经穿越市中心疾驰而过了。巡警维恩·哈斯顿也驶往14号公路，他等候在那里，看到一道强光从西北方向飞来。据他估计，那个物体的时速约为129千米，高度约为275米。他说，那个物体像一个倒伏的冰激凌锥，顶部是一个穹顶，底部很亮。

当波西治县的巡逻车呼啸而过时，哈斯顿跳上自己的巡逻车跟去。

"P-13，我是OV-1，我看到了你的目标物，我在你的正后方。"哈斯顿用无线电与斯波尔和内弗取得了联系。

接着，哈斯顿打电话给他自己的部门，通知他们，他已离开第14号公路上了宾夕法尼亚第51号路。哈斯顿让总部打电话给宾夕法尼亚州警局寻求支援。正在值班的特洛安东尼奥·托格里安提，打电话给大匹兹堡机场，但被告知雷达上没有发现不明飞行物的迹象。当哈斯顿试图调一辆宾夕法尼亚州警察巡逻车到该地区时，看到两辆俄亥俄巡逻车疾驰而过。这时斯波尔和内弗不但驶离了他们的县，还驶离了他们的州。

在比弗附近，那个物体径直停在了他们的正上方，离地面有几百米高。接着，它急升到几千米的高度，再一次停下来，然后开始向着罗切斯特方向移动。现在，正在跟踪该物体的两辆巡逻车行驶在65号公路上。65号公路是一条四车道的高速公路。斯波尔的汽油不够了，这时他看到一辆警车停在一个大西洋服务站，于是他开了进去，巡警哈斯顿紧跟其后。至此，他们已追踪了138千米的路程。

这三个俄亥俄警官跑向那名康威的巡警潘赞尼亚，问他："你看见了吗？"

由于不知道那到底是什么东西，潘赞尼亚犹豫着没有回答。后来他说，那个东西就像是一个劈成两半的足球，下面很亮，尾部有一个突起，就像是一枚一臂远的便士。

四个人正在观察着（只有两个互相认识），此物向东边移去。这时他们注意到月亮在该物体的右侧，而金星在月亮的右侧。不一会，这个物体升得更高了，一架商业飞机（美航454航班）在它的下面飞过。潘赞尼亚打电话给罗切斯特基地无线电站，请求工作人员约翰·比格与大匹兹堡机场的观察塔联络，问他们是否可以通过无线电让那架商业飞机追寻该物体，并询问是否该物体出现了雷达上。同时，他还请求当地机场，是否可以调一架截击机。不一会，比格打回电话说，他们的雷达上发现了该物体，并已派了两架截击机。接着，四人就见那个物体急速升空并消失了。月亮和金星仍可见到，在东北方向的天空他们还可以看见两架喷气机。

同时，伊卡纳米镇巡警亨利·基尔坦诺斯基正站在康威东南4.8千米的地方。在此之前，他曾通过无线电与潘赞尼亚联络，以找到该物体的确切位置。这时，他看见东北有两架喷气式战斗机正向南飞，后面紧跟着一个明亮的足球状物体。

斯波尔和内弗开始向本州返回，但潘赞尼亚收到比格的电话，让他们与大匹兹堡机场的美国空军防御警官联络。潘赞尼亚在弗里德姆赶上他们。他们一起来到罗切斯特基地，在那里斯波尔回答了空军上校的几个问题，并被告知他们的报告将被送到"蓝皮书"。这之后，他们返回各自的县，很多记者已经等候在雷威那准备采访斯波尔和内弗。看来，警方在追踪UFO时的无线电通讯被新闻媒体发现了，又通过无线电波传遍了全国。

最短的调查

第二天，海科特·昆坦尼拉少校（"蓝皮书"的主要负责人）打电话给波西治县的县长办公室，并与斯波尔通了几分钟话。斯波尔告诉他，那个不明物体宽11米～14米，7.3米高。但是，昆坦尼拉少校似乎并不十分感兴趣。

1966年4月22日，昆坦尼拉少校向波西治县县长罗斯·达斯特曼，解释了这一事件。他的这一解释也正式公布于众：警官开始追踪的是一颗从西北向东南运行的回波卫星，接着他们又是追踪金星一路到了宾夕法尼亚。

NICAP的调查员威廉·威泽尔对此事做了更加深入的调查。斯波尔告诉他："我并没有追踪金星，或对金星进行观测，并为此疯狂地跑到郊外，我还没有那么无所事事。""蓝皮书"发布的消息中，并没有提到其他三名警官的相关证明，只将斯波尔放在了公众瞩目之列，这是他所不情愿的。

迫于俄亥俄国会议员威廉·斯坦顿的压力，五角大楼派昆坦尼拉少校于1966年5月10日再次采访斯波尔本人。当议员问起昆坦尼拉以前是否采访过哈斯顿和潘赞尼亚时，昆坦尼拉的第一反应是："他们是谁呀？"

空军官员也声明，在发生此次事件时，并无空军喷气式飞机紧急起飞，人们追踪的不过是由于大气的厚度变化而变了形的金星。

之后的几个月里，NICAP以及亚利桑纳大学的大气物理学家詹姆斯·迈克唐纳德博士共同努力，试图让"蓝皮书"改变其结论，由"卫星—金星"一说，改为"不明物体"。同年8月，就连"蓝皮书"自己的科学顾问（也是一位宇航员），也公开声明不同意"蓝皮书"的结论。而国会议员斯坦顿继续向五角大楼施加压力，空军于10月终于给了斯坦顿正式答复。法律联络处的哈弗顿·米姆兹上校写道：

"空军已仔细研究过他们的关于将波西治县事件定性为'不明飞行物'的意见，但是，经过重审所有人的报告，我们认为最初的结论是成立的。"

米姆兹上校的主要理由是该事件缺乏雷达证明，因此不能确定他们看见的是一个真正的飞行物体。他承认内弗的报告和斯波尔的报告十分吻合，并说："空军将努力对所有的消息做一个诚实的鉴定。"NICAP的威泽尔试图做进一步努力使官方的结论有所改变，结果空军寄信通知他那样做是徒劳的。

最怪的结论

现在，我们必须努力对此事做一个理性解释。也就是说这种解释必须是基于一种合理的、符合逻辑的理性分析，而非主观臆测。

首先，欺骗的可能性必须摒弃。大多数目击此事的警官互不相识，而他们的报告内容也基本相同。另外，他们做这样的欺骗又会有什么好处呢？倒是对此事给予关注的新闻媒体本身持有偏见。最后，斯波尔不得不辞去在县长办公室的职务，哈斯顿也辞了职，离开俄亥俄。

空军的解释是：那些"经验丰富"的警官们可能认错了，他们最初追踪的是一颗卫星，然后是金星。众所周知，卫星在夜空中看起来不过是一个小亮点，它在几分钟内就能匀速地滑出人们的视线。那么，这些警官仅仅为了一颗卫星就傻傻地追踪了138千米，这样的解释合乎逻辑吗？况且，根据史密森廉天体物理天文台的记录，当时在波西治县根本看不到任何卫星的影子。

空军称，警官们后来追踪的是金星。但哈斯顿巡警看到该物体从他面前飞过去，后面跟着波西治县的巡逻车（若是一颗卫星，这段时间早就无影无踪了），将这样的运行方式解释为金星合理吗？而且最后，该物体被四名警官同时看到，与此同时，他们还看到了金星。如果我们保持理性的分析，就必须承认：那晚追踪的物体既非卫星也非金星。

近几年，UFO怀疑论者罗伯特·谢弗尔对此事进行了分析研究。他认为：

"这一警察追踪事件，提供了一个非常典型的关于人类认知错误的实例。它充分显示了暗示的力量。毫无疑问，所谓被追踪了那么远一段距离的UFO实际不过是金星而已。当时，金星是一颗很耀眼的'晨星'。尽管见证人宣称，该不明飞行物的运动没有规律，但是他们实际上始终在向着南-东南方向追踪，这正是金星的行进方向。这段长距离追踪的结果是，警车在它原来位置以东79千米、以南40千米处停了下来，相当于117°的位置。在此期间，金星的平均移动方向几乎相当于115°。换言之，警官们的确是在追踪金星。根据他们的报告，在追踪期间除了UFO，他们并未发现有金星。这是很令人费解的，除非我们推断金星就是他们谓之的UFO。

"太阳升起的时候，警官们有几分钟失去了追踪目标，而这一时段正是金星难以分辨的时候。当他们再一次看到那个物体时，他们注意到它并不处于原来的位置了。来到康威时，警官们报告目标物的高度降低了一半。这就是说，当金星难以分辨时，他们仍寄希望于看到一个不明物体，而他们看到的不过是另一物体，即他们将注意力转移到了另一物体上。由见证人的描述可知，这一物体几乎可以肯定是一个天气探测气球，它正反射着初升太阳的光芒。只有当UFO的高度降到一半时，见证人才报告说，同时发现了金星和不明飞行物。金星仅仅在几乎消失时才被注意到，而在40分钟前，当金星在天空耀眼夺目时却被忽视掉，这种说法令人难以置信。这就说明，警官们追踪的原本就是金星，当金星难以辨认时，他们就将注意力转到了另一物体上。"

在他的分析中，把空军的"卫星—金星"理论，发展到"金星—探测气球"理论，但是谢弗尔同样不能解释一个问题：金星能向着斯波尔和内弗飞来，并把他们沐浴在一片亮光中吗？金星可能在哈斯顿巡警的密切追踪下飞走吗？如果我们的分析仍保持理性的话，答案就是否定的。我们还不能忘了该物体的体积，不管它到底是什么，它被描述成房子大小，直径约15米，底面非常明亮，一道光束倾泻而下，将下面的所有事物笼罩在一片光亮中。那会是金星吗？

至于，另一个新的概念：探测气球。它也许可以解释物体迅速上升并消失的原因，因为探测气球在强风流中确实飘忽不定。但是我们要问，怎么就那么凑巧，当警官们结束了追踪金星后，就恰好出现一个天气探测气球呢？

读者必须自己判断，波西治县事件是否已经得到了合理的解释？我坚持认为：还没有，至于这一谜底何时揭开，我想还有很长一段路要走。

劫持现象背后

文_时秀华

随着希尔夫妇于1961年9月19日在新罕布什尔州首次近距离遭遇飞碟劫持以来，不明飞行物学就翻开了历史的新篇章。在他们的遭遇之前，对不明飞行物的研究只限于直接搜集证据，并力图推翻目击者的证词。但希尔夫妇这次不同凡响的体验为不明飞行物学研究引入了一种新的因素，即回溯催眠。在之后发生的遭遇不明飞行物的案例中，催眠往往成为唯一用来证实或者推翻的办法。总之，催眠术成了一种麻醉剂，不需要有具有独立个性的证人，也不需要对自称受到劫持的人进行背景核查。研究人员也不再探究支持性物证的缺乏，以及为何被劫持者从来不向当地的警察机关报告遭劫事件。他们认为，外星人利用屏障记忆隐藏了它们可怕的劫持行径，并通过切断劫持事件的目击者的记忆以掩盖它们险恶的行径。

研究人员普遍采用了对被劫持者实施催眠以探寻其背后真相的做法。然而，在对众多的案例调查研究之后，客观的研究人员发现，这些事件背后存在着许多混乱不清的地方。

被劫持者经常提到，他们在房子里面会听到某种来由不明的但令人心惊胆战的奇怪声音。他们还见到小光球在房子的天花板上掠过，在他们的房屋内闪现出绿色和蓝色的光。而那些正在睡觉的被劫持者有时会发现他们陷入了非常可怕的噩梦之中，身体动弹不得。他们通常感到有什么东西压在他们身上并牵制着他们，醒来时还会发现有些影子或者穿着长袍的黑色小物体出现在他们的床尾附近。但令人惊奇的是，这些不明物体一般不会惊扰目击者，许多人相信，它们在劫持过程中是通过心理控制来诱使被劫持者保持心情平静的。

几个世纪以来，此类事件频发不断，只不过经历了这些事件的人们从来没有想到它们和飞碟有关。早期受害者相信，是他们的房子在闹鬼，是妖魔鬼怪在骚扰他们。

要解开这个谜团，人们必须要接受多数证据已经暗示的事实：虽然我们不能断言每个人的经历都和劫持无关，但是我们却可以断定，我们不该忽视卧室劫持和鬼怪行为之间的相似性。的确，除了少数几例有关劫持的描述有目击证人外（比如特拉维斯·瓦尔顿所描述的亚利桑纳州的斯诺夫雷克事件。这一事件的目击者们声称，他们曾经见过有一个人被绑架到一个不明宇宙飞船上），其他有关劫持事件的证词，不论是从什么渠道得到的，都不可以轻信。假如劫持现象的研究者们对此做到了真正客观，就不会发生目前这种将不明现象和地球异类活动混为一谈的混乱局面了。经验丰富的研究者们相信，人们见到的所有不明物体几乎都和外星人有关。

没错，它们是一种外族，但它们没有血肉之躯，它们可以人不知鬼不觉地轻松地飞檐走壁，并可以无处不在地在精神上劫持无数的受害者。它们要接触我们根本无需宇宙飞船或太空服，也无需像许多被劫持者相信的那样进行疯狂的繁殖试验。劫持现象研究员大卫·雅各布博士把这些情形贴切地称为一种"恐吓"，但他相信那不是外星人所为。

在过去的50年中，所观测到的飞碟事件像浪潮一般出现。二战以来有史料记载的飞碟浪潮曾经在1947年、1952年、1965年～1966年以及1973年先后发生，1987年～1988年间规模较小，没有详细记载。规模最大的一次发生在1993年～1997年间。如果进行一下比较，或者至少比较一下发生在美国的案例，就会发现好几例都属于区域性的浪潮：比如佛罗里达海湾的微风、纽约的松林、阿拉巴马的法菲以及最近发生在佐治亚拉格朗日附近的那一次。这些观测报告清楚地显示，在各大波浪之间飞碟活动通常出现大幅度的减退，然而劫持事件往往没有像波浪一样的跌宕起伏——自希尔夫妇劫持事件之后，它们似乎无处不在和无休无止地发生。

　　尽管大部分的飞碟和劫持研究者都住在大城市，但真正的飞碟却很少出没于城市。相反，多数可信的飞碟现象大都发生在乡村地区。理由很简单：假如飞碟真像许多人所怀疑的那样是外星宇宙飞船，那就可以推测它们在地球上的活动至少应该是隐蔽的。所以与飞碟的近距离相遇几乎都发生在与世隔绝的地点，在这样的地方很少有其他的目击者。而且，观测到飞碟的时间通常都是在夜里，更加有趣的是，通常都是在星期天到星期四，这个区间正好是多数人都不在室外的时间！保密对这些飞碟来说是至关重要的，因为一旦被觉察的话它们不仅会被人类看到，而且可能会被人类接触到。而让被劫持者称为灰怪的东西实际上就是地球异类。地球异类的劫持和闹鬼一样，似乎通常既发生在乡村，也发生在城市，而且时间也不确定：这些特征表明保密性不是特别重要。

　　地球异类——魂魄、影子、巫师、魔鬼、灰怪、仙女、侏儒、精灵、幽灵、爬行动物……或者无论你想把它们称为的什么东西，它们根本无需如此小心翼翼。如果有人看见有个灰怪站在他的床边也没什么大不了。人类碰不着它们，它们也碰不着人类。许多见过灰怪的人说，他们有过它们用爪子一样的手戳进他们的体内，结果却对他们毫无伤害的经历。尽管人们会把全部责任很容易地推到催眠师身上，因为是他们把实际上的地球异类和外星人联系在了一起，然而，真正的罪魁祸首却像著名的飞碟研究家凯文·兰德所指出的那样，是近来的文化条件反射所致。

　　例如，假设一位父亲一天深夜醒来时，看见一个穿黑色长袍的无脸怪物站在自己儿子的小床前，而数月后他又亲眼在自己家附近看见一个飞碟或者看了一场关于劫持的电影，接着便意识到它们和自己所见到的物体有相似之处。怎么回事？自然而然地，这位父亲很可能会以为自己的儿子被劫持了，因为他曾经在自家外面见过外星人。

　　事实上，在人类历史的长河中，人类时常会见到不明物体。

矛盾重重的劫持事件

文_赵 楠

"我觉得这东西对我们都很感兴趣……它看上去很伤心……在太空中没有爱，但是地球上却有关爱。"

艾瑞尔学校位于津巴布韦首都哈拉雷城外，是一所规模不大的小学。在那里我和约翰·迈克一起听了埃尔莎（化名）和她的同学们讲述他们1994年9月16日奇遇UFO的经历：共有60个6岁～12岁的孩子说，见到了一个大型宇宙飞船和几个小型宇宙飞船在操场旁边茂密的灌木丛上空盘旋并着陆。

两天内，我们采访了12名孩子，他们都详细连贯地讲述了相同的奇遇。除了宇宙飞船，他们还看到了其他两个不明物体，其中一个紧贴在宇宙飞船的上部，另一个则在草地上来回飞行。

据孩子们说，这些不明物体有黑色的身体，长长的脑袋，橄榄球般大大的眼睛，细长的四肢。许多年纪较小的孩子都被吓哭了。一个四年级的学生告诉我们说："刚开始我以为是个花匠呢，后来才知道那应该是个外星人。"

孩子们说宇宙飞船在操场停留了15分钟后，才逐渐消失。虽然害怕，孩子们却仍然很好奇，被这些奇怪的物体深深地吸引着，特别是被它们的眼睛深深吸引。埃尔莎告诉我们，她当时以为那能知道一些关于未来的事情，"世界将会怎样灭亡，原因可能是我们没有好好保护地球，污染了环境"。她那天晚上到家后心里很

害怕，"就像所有的树都倒在地上，世界没有空气，人类也将要灭亡。这些都是外星人的想法，是从外星人的眼神中流露出来的"。

10岁的伊莎贝利沉着冷静，口齿伶俐，她和埃尔莎有相同的感受。"它一直瞪大眼睛，看起来很惊慌。它真的很害怕，我们尽量不看它，但我能感觉到它的感受。"当她看着这些不明物体时，内心深处有种歉意，"我们正在破坏地球"。

艾瑞尔学校的目击事件是近年来UFO研究中最有意义的目击事件之一，也是第一次如此多的目击者和外星人同时出现。1994年9月，我们接到了英国广播公司记者的电话。据这位记者称，一些UFO于9月16日之前的两个夜晚相继从津巴布韦上空滑过，最后在艾瑞尔学校被很多人看到。接到电话后，我们决定进行实际调查。

国际劫持现象探索计划

在1993年～1994年两年中，国际劫持现象探索计划作为特别经历调查的组成部分，一直都在调查涉及UFO目击事件和外星人劫持事件的相关报道。其他国家是否也有这种现象以类似的方式发生，成为劫持调查中最中心的探索问题之一。如果其他国家也有类似的现象发生，那么不同文化间的这些现象在哪些方面具有一致性？又在哪些方面受到了文化差异的影响呢？

参与此次计划的成员远赴巴西和非洲，并向美国和加拿大人了解情况。除此之外，他们还赞助了在日本、斯堪的纳维亚和智利的调查，并采访了欧洲、伊朗、中国、澳大利亚、墨西哥、波多黎各等国家的事件亲历者。我们将其所做调查与萨满教徒所经历的劫持事件做了比较，并研究了与外星人和其他星球有关的神话故事。这些调查结果使我们大吃一惊。

世界各国人民正在遭遇的外星人劫持事件，与美国的报道非常相似；但是在不同的文化背景下，这些事件又各有不同。例如在巴西这样一个崇拜祖先神灵的国度，因为外星人与高科技太空飞行有更密切的联系，外星人的来访显然要比祖先神灵显灵更受到敬重。我们采访的一家巴西人，妈妈一直都与先祖神灵交谈，以此获得在家族中的威望。但是，自从她的儿子开始与所谓的外星人有联系后，她感到自己的威信受到了威胁。

我们采访的土著美洲人谈到，外星人目前的行为使我们注意到了地球、人类和宇宙之间的不平衡。亚利桑纳州一位年长的霍皮人预言：有许多人被外星人劫持，这就是世界的末日。他说，"地球将会灭亡"。

劫持经历挑战现实世界

劫持事件的很多方面越来越被人们所熟知：炫目的灯光射入风挡玻璃或者是卧室窗户；这些灰色的东西身体虽小，眼睛却很巨大而且没有瞳孔；被劫持者的身体像全身瘫痪一样，毫无知觉地飘入宇宙飞船。外星人为他们做的手术，有时候可以治愈病痛，但很多时候则带有实验性质。据一些被劫持者描述，他们被浸泡在一排如玻璃缸般的人造子宫中，紧贴着宇宙飞船的舱壁，外星人试图与他们一起创造出新的物种。其他人则描述，那里是一个知识的世界，充满了先知的启示，神秘的象征和心灵感应的无声警示。

被劫持事件引发了一系列的问题，涉及如何准确地理解这些经历，怎样帮助被劫持者接受治疗。这一现象所引发的争论，使人回想起历史上关于其他异常现象的科学之争。埃文斯·文策是一位研究凯尔特传统精灵的人类学家，他试图在科学的前提下解释他的发现。"这些神秘的事物长期以来吸引着科学家的注意。科学家们一方面尽量遵循认真严谨的科学态度，另一方面却不能对这些能引起人类好奇的神秘事物视而不见。"

哈佛大学的社会心理学家威廉·詹姆斯也曾思考过这些问题。他在1890年发表的论文《超自然界的研究成绩》中写道："所有科学的完美境界就是发现一套完整并无懈可击的真理体系……如果不能将某一类现象归类到这个体系之中，那么这个现象就一定是荒谬的和不真实的。"

在跨文化思想领域的研究中，我们遇到了特殊的困难，包括主观与客观的界定以及广义层面上的真实和神秘的界定。我们梦想和幻想的产物——在其他星球的经历与自然界中普遍的现实，这两者的结合很严重地影响并限制了我们在调查中提出问题和提出假设的方式。

为了更全面地理解个人被劫持的意义，我们应该对人类与外星来客间发生的各种不同形式的交流给予宽容的态度。我们只有在一种更宽松的环境下，才能更好地理解世界各国发生的劫持事件的重要性。

　　劳伦斯·范·波斯特说："人们经常对澳大利亚丛林居民的故事不屑一顾，认为没有什么意义。我突然间意识到故事之所以没有意义，是因为我们丢失了理解故事的钥匙和解码。是我们将故事的意义丢失了。"

　　我们如何解释这些发生在亲历者身上的陌生而又新奇的故事呢？世界各地的劫持事件本身就充满了矛盾：有些被劫持者被掠夺，经受痛苦的折磨；有些被救助，接受教育，被细心照料；还有些则是以上两种情况都经历过。各种劫持事件，或耸人听闻，或引人入胜，都使人类感到很困惑。我们如何解释所听到的这些故事和信息呢？一个人如何在那个带有面纱的神秘世界生存呢？对外星人的调查使人类突破了传统的思维假设，对传统思维假设的怀疑也可以作为人类学研究领域的一部分，从中人类学家也能获得乐趣。只有通过发现和探索人类学家所说的边缘空间，人类才能获得自由，以新的视角重新观察，从而为生活和现实注入新的活力。

潜意识对探索UFO的影响

文_敬一兵

当每尼罗河泛滥之际，正是最多美国人步上红地毯的时候；每当太阳黑子活动最强之际，正是生铁价格最高的时候；每当麦虱数量最多之际，正是人类心脏病易发的时候。上述种种不可思议的巧合在历史上一再发生，乍看风马牛不相及的事件每每在同一个时期出现。科学研究表明，是时间的周期性因素把它们联系在一起的。其实，在任何事物之间，经过细心的观察研究，我们都可以找出其间存在的某种内在联系。由此可见，在探索飞碟的过程中，把飞碟与潜意识知觉现象相提并论，虽鲜为人知但却也不足为奇。

据媒体报道，美国前总统亚伯拉罕·林肯遇刺前几天曾做过一个梦："这一带很寂静，梦中听到许多人啜泣。我不知怎么办，就从自己房间里走出来，走过一个又一个房间，最后走到的房间里摆着一副担架，上面有一具尸体。我问一名士兵：'白宫里谁死了？'他回答说：'总统被暗杀了。'"两三天之后，即1865年4月4日，林肯总统在福特戏院被凶手布思暗杀。这就是潜意识知觉的一个历史记载。

所谓潜意识知觉现象，指的是人们感知信息的能力，除了感觉器官的作用之外，还可以从梦、幻觉、体感传递、预测能力等习惯思维框架之外的形式来感知事物的现象。在日常生活中，潜意识知觉现象屡见不鲜。诸如人们所说的"踏破铁鞋无觅处，得来全不费工夫"、"心有灵犀一点通"、"有缘千里来相会"以及体育比赛中队员间出神入化的配合等等，都是潜意识知觉现象的侧面反映。因此，在世界各地众多的飞碟目击观察者中，出现的这样或那样的有关飞碟的潜意识知觉现象也就不难令人费解了。

相关科学研究表明，当人们休息、睡眠或是注意力高度集中时，大脑皮层的原有"兴奋灶"会被不断地替代、转移、弱化和消失，使大脑皮层形成一种主动的休息抑制状态，也就是我们通常都会发生的遗忘过程。伴随大脑原来"兴奋灶"的逐渐淡化，大脑对各种信息的传输通道得到进一步的疏通，大脑对信息的储存能力也获得整合及提高；同时还使过去被传统思维框架限制和压抑的，在精神活动及心理机能活动的较低层次上处于休眠状态的那些潜在知觉的原始机能得以释放出来。不仅如此，由于这些深层意识的知觉缺少分化（即对客观事物的知觉更为概括，甚至是模糊而叠合的），因而在这种潜意识机能被最大限度发挥之际，通常在人们脑海中的时空观念和相关法则定义也就失去了作用，这就是潜意识知觉现象的形成和表现过程。

据此我们就可在一定程度上，对媒体报道的诸如1994年黑龙江山河屯林业局孟照国被外星人邀请等诸多与外星人第四类接触的事件进行解释。的确，在未得到科学的彻底证实之前，有关这些事件目前还难断其真伪，所以用潜意识知觉现象来进行分析和解释，从逻辑上看也是唯一可行的方法。

正如弗洛伊德在《精神分析引论新讲》中所说："神秘主义者告诉我们的事情究竟是否真实，这个问题最终有可能通过观察得到解决。事实上，我们应当感谢神秘主义者。古代的奇闻怪事是我们的实验力所不及的。虽然我们认为它们不可能得到证实，但也得承认：严格地说，它们也不可能被反驳。但有关我们能够亲身经历的当代事件，我们则必定可以做出确定的判断。"

早在1963年，美国著名心理学家本杰明·西蒙就对在1961年9月19日晚上被外星人绑架的贝蒂·希尔夫妇，进行了地球人类第一次用回归催眠术进行与外星人接触的调查。后来美国的UFO研究者还利用该催眠术，对数以百计的外星人绑架

事件进行了调查。催眠术之所以被用于调查地球人与外星人接触事件，是因为这样能更清晰、更完整地回忆起他们与外星人接触的细节，其依据和来源就是潜意识知觉现象的形成机制。

从大量的记载中我们可以发现，如同伊斯兰教预言家在进行预测之前，要长久凝视浅盘中细沙形成的图案，欧洲的预言家要凝视水晶球，吉卜赛的预言家要凝视顾客的掌心一样，这种行为目的就是使注意力更加集中，从而让头脑中的潜意识知觉活跃起来而不受理智的干扰。所以有时候在特定的条件下，潜意识知觉是有助于我们对UFO进行探索和认识的。例如清代诗人刘霞裳的"星摇似醉愁他堕，手举难扶笑我低"的诗句是来自梦中潜意识知觉，而非冥思苦想，这从一个侧面说明，潜意识知觉是可以激发人们探索UFO的科学创意和灵感的。

潜意识知觉作为一种研究方法探索UFO，特别是在调查第四类接触事件时，是具有明显应用价值和相关意义的。但是，在科学对UFO尚未得出确切结论之前，我们应当慎重使用这种方法，更不能仅仅依此方法就对与飞碟相关的诸现象做出完全是地球人幻觉的结论。

当然我们相信，潜意识知觉与虚拟现实技术是有许多相似之处的，这是因为人类精神的固有状态在经验的作用下也是能够改变的。以往人们对现实的认识是由感官感受到的，但随着虚拟现实技术的发展和人类对潜意识知觉能力的挖掘，环境的现实与自己感觉到的现实，两者的明显界线将变得越来越模糊。所以作为生命运动中物质性和统一性的客观存在，潜意识知觉现象是与生俱来的，而并非一种猜想性质的表征。在探索UFO方面其本质的作用就是，帮助人们摆脱传统思维的束缚，从而客观地看待飞碟和外星人等问题。

匈牙利，在午夜时分

文_宋学娟

救护车的故事

1986年4月22日晚上22时以后，匈牙利东部离黛布勒森（匈牙利第二大城）大约40千米的35号高速公路上，一辆救护车载着一名病人从黛布勒森经过底比里斯向医院方向驶去。这是一个好天气，天空飘浮着淡淡的云彩，能见度非常高。几分钟后，一个运动着的橘黄色球形物体带着类似土星环状带一样的东西，出现在医疗工作人员和车上的其他人面前。这个物体飘浮在汽车前方道路上空30米～40米处，看上去好像就在那边等待什么似的。几秒后，那个物体移动了，在15分钟的时间里一直沿着救护车行驶的方向移动了大约19千米远。车上的人发现这个物体密闭得非常好，也比他们的车子大许多，他们都很惊诧。

之后UFO在一片小树林上方暂停片刻之后，慢慢加速向地平线移动，不久便消失了。车上的人都非常恐惧，他们也加快速度，从这个街区迅速离开了。

巡警夜遇

1986年12月底的一天，大概凌晨2时以后，在接近黛布勒森的35号高速公路上，一位公路巡警发现一个明亮的、盘子状物体停留在离公路350米远的耕地上方。当时，他正驾驶着巡逻车沿高速公路朝黛布勒森方向驶去。

两星期后的1987年1月9日凌晨2时40分，另一位高速公路巡警也注意到一个类似的飞行物。它就像两星期前他的同伴在同一地方看到的一样，当时他也是在同一条路上。他看到一个盘子形状的物体在200米～250米的远处。他说，它像一艘奇怪的船，有着15米的直径和7米～8米的高度，有一排窗户在船的一侧。他还能看见窗户底下有一个入口。船上的人穿着灰色的衣服，这使得这位发现者极为惊恐。他钻进汽车里逃离此地。

发生在35号高速公路上

时间大概是1990年10月初的一天，晚上22时以后，一位名叫戈伯的中年男子驾着他的汽车从黛布勒森回家。他住在赫本米尼镇，离黛布勒森有20千米的路程。他正开着车行驶在路上，突然他的车停住了。事后，他只记得看到一个小的、绿色的奇怪的人在路边上，这个人有着一双大大的眼睛。但是，他却不能再记住更多，在他的意识里仅仅残留着一些记忆的碎片。

他记得，他躺在一个有好些窗户的房间里，被一些绿色的人注视着，它们都有一双大眼睛但没有瞳孔……然后他发觉自己在自己的车里。他觉得有些不舒服，有点头痛，就立即回家去了。

他是一个画家，在此之前他画肖像画和风景画，但在这次与小绿人遭遇之后，他的画风发生了令人奇怪的变化。一些没有人类的宇宙飞船或是奇异生物，大石头，冰冷奇怪的世界出现在他的画里。他无法解释为什么他会画这样一些相似的题材！

圣诞夜的绑架案

1991年12月26日午夜，匈牙利东南部百科镇，一位名叫伊斯塔的21岁年轻人成为又一UFO事件的受害者。那时他和他的父母住在一所带花园的房子里。那天直到午夜时分，他才从外面回家。当他回到家里，进了花园时，一个不明飞行物停在花园里。这个物体是明亮的，灰色的，盘子形状，有着4米的直径和大约2.5米的高度。它飘浮在离花园地面10米的空中，这就是这位年轻人看到的一切。接下来，他丧失了控制自我的能力，他觉得有一种说不出来的力量迫使自己向这个物体底部走去。他走过去，有一束光从UFO底部射出来。他不得不走进那束光里，之后他觉得自己在UFO里面。从进入UFO之后，他的记忆里只有一些残片。他记得那里有着明亮的地板，墙是灰色的，很光滑。他说，房间里有两个奇怪的"人"。这些生物长得像人，身高120厘米～130厘米，头和眼睛非常大，在他们长长的手上有三根手指。这些人穿着黑色的衣服，但他们的肤色却是绿色的，非常奇特。

最后他在自家的花园里苏醒过来，这是两个小时以后了。他觉得头疼，他的脸被扭曲了一样，不能从地面站起来，不得不请父母帮助他起来。之后他经常害怕，怎么也无法理解为什么在他身上会发生这种事！

皮肤上的印迹

这个故事发生在米伯镇，时间是1992年1月底，也在匈牙利东南部。

一位50岁的妇人被UFO绑架，连续在三个晚上的时间里！她仅仅有一些零星的记忆。对曾经发生的事情，最初她以为这是一个梦！她处在一个特殊的房间里，有一些奇怪的小人，但在她的"梦"里她不知它们是谁。

在这个"梦"之后的日子里，这位妇人发觉，一些不知道怎么出现的红点和印迹，就像烧伤的一样在她的皮肤上出现。她感觉不到任何疼痛，这些印迹对冷、热或压力都不敏感。一个星期以后她去看医生，描述了自己所遭遇的事件，并指给医生看自己的伤口。但是，医生从来没有见过这样的伤痕，因此她无法给这位妇人提供更多的诊疗。对医生来说，这个伤口太奇怪了。面对这样的事实她不得不相信这个故事，她认为这位妇人的伤口是被UFO上的人接触后留下的印迹。

关键证据：纳什-福坦贝利事件

文_陈育和　安克非

对于UFO的研究人员来说，1952年是一个丰收年，据报道，在那年的7月发生了最为壮观的一次UFO事件。

一架泛美DC-4飞机飞离纽约，驶向佛罗里达的迈阿密。在接近弗吉尼亚的诺福克和柴瑟匹克海湾附近时遭遇到UFO。当时天气晴好，能见度极高，纽斯新港的灯光隐隐可见。机长暂时不在座舱，二副威廉·纳什（也是一名机长）控制着操作杆，副驾驶员是威廉·福坦贝利。

晚上20时刚过，两人同时发现在纽斯新港以东有一亮点。紧接着，亮点变为六个，可见它们是在进行高速飞行。当这些亮点在他们飞机的下面疾驰而过时，他们发现这些不明物体是闪着红光的盘状物体。突然，这些物体翻了个筋斗，做了个急转弯。此时又有两个同样的物体加入其中，八个盘状物体的亮光即时熄灭，紧接着又亮起，然后向着纽斯新港方向飞去，最终飞离他们的视野。整个过程只持续了15秒。

据纳什说，这些物体为圆盘状，没有忽闪不定的磷光，轮廓清晰易辨。至于它们的运动情况，纳什说：

"它们的边缘翘起，闪光的一面朝向右，底部看不太清，似乎没光，厚度约为4.6米，顶部看起来像是平的。以形状和大小来看，它们非常像一枚硬币。它们

在空中不停变化队形，当后面的五个越过前面的飞行物时，整个队形的排列就颠倒过来。也就是说，最后的排到了最前面，离我们最远的现在最近了。接着，不经过转弯，它们全部转向水平方向，同最初的航线呈锐角疾驰而去。前六个物体刚刚排列好次序，又有两个同样的物体从我们飞机的后面掠过，飞行高度与其他几个相同。"

第二天早晨，两名飞行员在迈阿密接受了空军情报机构的调查。据纳什说：

"目击飞碟事件后的第二天早晨7时，空军打来电话要我们接受调查。调查我们的共有五人，其中一个穿制服，另外几个出示了ID卡和特别调查员的USAF徽章。我俩先是在不同的房间分别接受了一个小时的采访，接着又共同接受半小时采访。我们画了草图并在表格上标出它们的运行轨迹……我们所画的图都是一样的，描述也是一样的，所有谈话内容都记录在一台速记机里……

"他们有一套完整的当天天气情况报告，它正好与我们目击的情况相同。调查人员还告诉我们，他们收到了七份类似的报告。一份来自一位海军上校和他的妻子。他们说，发现一些红色的盘状物体在高速飞行，它们排列成某种形式，在飞行中迅速转变了方向，但整个队形的半径并无变化。

"至于飞行速度，我们竭力做出保守的估算。这些物体首先出现在纽斯新港方向10米远的地方，在离飞机约0.5米远时改变方向，然后穿越城北郊一带消失在夜色中。当它们再次出现时，离我们的飞机呈45°夹角。

"我们沿着可见区域画了一条定位线，并测量出飞机到此线的距离为40千米（可以用目测及VAR导航系统测得飞机所在的准确位置）。我们曾看到这些不明物体两次穿越此线，由此可见它们至少飞行了80千米。

"为了得到它们飞行过程的一个较为准确的时间，我们分别做了7次实验。我们按下自己的秒表开关，在脑子里回忆曾经经历的一切，甚至重复当时的自言自语，令人惊叹的是每次都是12秒。为了稳妥起见，我们将这一时间延长到15秒。15秒飞了80千米，即时速19200千米。"

宇航员唐纳德·门泽尔在他的书《飞碟世界》里，试图将这一事件解释为光的作用，即地面光线和空中逆温层联合而成的物理现象。他说：

"在纽斯新港和诺福克附近人口密集的沿海地区，有几个机场和军事设施，更有不计其数的探照灯、发光广告牌和航空灯塔。逆温层有可能将这些灯光折射、放大成为闪光的碟状物体。"

但是，据一些研究者看来，门泽尔的解释很欠说服力，原因如下：当时当地的天气情况是，在6000米高的天空，1/3被薄薄的卷云覆盖，能见度几乎为零；而在较低的空中，万里无云，没有明显的烟雾，一望无垠。能见度非常好的情况下，不存在逆温层。

为了驳倒那些可能有损其论点的证明，门泽尔想出了一个颇为复杂的方法：先驳倒官方的天气预报，再评述这一事件本身。他坚持认为，曙光是被"西边低空厚云层"所遮挡。但是他所谓的"西边低空厚云层"没有任何人提到过，是他自己凭空假设的，但这一条件又是在他的理论中必不可少的。

同时，门泽尔还坚持认为，当时当地肯定有过温度和湿度的逆增现象，这与官方的说法正相反。如果存在这些现象，飞机以东的弗吉尼亚海岸闪烁的灯光，就极易被看成是人们所见到的物体的形状。

但是，如果我们回过头来再看一下纳什和福坦贝利的叙述就可发现，当时天空的能见度极好，下面纽斯新港的灯光清晰可见，这些描述都只能与门泽尔的观点背道而驰。如果云层是在约2500米以上的高空（此高度正是DC-4飞机当时的飞行高度），那么"探照灯—云层"理论根本就不能成立。

有关专家还认为，反射或折射的物理现象（如门泽尔所述）不会像纳什和福坦贝利描述的那么清晰。那种反射或折射的影像必是如烟雾一般弥散，而非两位飞行员所说的"边缘清晰，一点也不闪烁、不模糊"。

地面目击证人所述的情况和两位飞行员所述极为接近，这也反驳了门泽尔的观点，因为门泽尔假设的大气光学效应从空中和从地面看是绝对不会一样的。

唯一值得一提的问题是，目击时间极短（12秒～15秒），那么在一个很短的时间肉眼是不大可能观察得那么详尽。当有人问到这个问题时，纳什回答：

"……在海军服役期间，威廉·福坦贝利和我都像所有飞行员一样接受过一种'辨别机型'训练。通过训练，我们可以在很短的时间里记住所有轮船和飞机的外形。在测验时，我们还必须画出它们的草图。学过后，让它们在屏幕上闪现，开始1秒10次，后来1秒100次，我们必须告诉教导员它们的型号、国籍、标号等等。经过了这样的训练，我们当然可能有充分的时间观察清楚UFO。

"在我看来，飞行员应该是最可靠的目击证人，因为我们受过专业训练（我们自己的生命和乘客的生命皆有赖于此）。"

另外还要说的是，飞行员的身心健康状况必须定期做检查。而且，对于多数商业飞行员来说，为UFO见证并不会给他们带来商业利润，相反只会使他们不利。若真有什么值得一提的，只能是，许多飞碟事件没有被报道，并非飞行员们的报道不可信。除非有事实证据摆在面前，否则绝人们不应该认为那些职业飞行员是在有意说谎，或者他们没有观察清楚。

最终，这一事件被美国空军定论为："尚未被解释的"不明现象。

51区：不明飞行物的乐园

文_吴再丰

美国的51区位于内华达州拉斯维加斯西北130千米处，是美国各种先进飞机的试验基地。这块面积约2万平方千米的基地被划为禁区，基地上空不准飞机穿越，但作为美俄两国核查军控行动的一部分，允许卫星在基地上空通过。

尽管51区长期不为人们所知，但是有关它的传闻却绵延不断。附近地区的居民经常能看到一些奇形怪状的飞行物从空中掠过，不少人还在此拍摄到UFO的照片。以下就是一个日本UFO研究小组的亲身经历：

1998年3月25日傍晚18时45分刚过，在我们所处的辽阔平原的前方，在神秘的51区境内的格鲁姆山系之一江布尔德·希尔斯山脊正在薄暮中映出黑黑的棱线。在美国这样的景色哪里都有，对于我们来说看见这样壮丽的景色一点也乐不起来。

"啊，在那里出现啦！"

"两个飞行物正在靠近，哎呀，下降了，不一会儿又消失了。"

我们兴奋的声音在夜空中热烈地飘荡着。我们期待的发光体出现了。几分钟后，发光体再次展现它的身姿。以昏暗的天空为背景，被我们称为"红光"的飞行物渐渐远去，光亮越来越弱。

与此同时，从我们左手方向出现的发光体正在空中往前飞行，不想在其旁边又冒出一个发光体。于是原先的发光体缓缓上升，后来出现的发光体慢慢下降，落入山脊棱线的后面，消失踪影。好像是在等待那一刻似的，原先的发光体开始向山那边飞去，同样没入山脊棱线的后面。

现在我们恰好是在内华达试验场51区秘密基地称为S4的地方，它的西面正是帕普斯湖。回顾两年前，并木也曾目击到被认为是这个试验基地的同一发光体。不过这次的地点比上次在梅德林牧场的目击现场要南移16千米左右，观测地点在更靠近S-4平原的一角。

天气实在太冷了。并木身上觉得发冷，不由得钻入车内，想哪怕是暖和一会儿也好。正当他身上感到有点暖和，突然听到外面的喊叫："在后面出现了！"他慌慌张张地跳出车外，向着早川所指的方向看去，四个白色发光体以等距离自右向左缓缓地移动。宛如知道我们存在似的，有发光体甚至会发出闪光。在注视之中，我们几乎产生了被那个神秘的光的编队吸进去的奇怪错觉。

编队依旧列队飞行，并且毫无声息地朝着有监视塔的博尔德山方向飞去，直至消失踪影。几分钟后，这个UFO编队从博尔德山背后再次出现。它们一边发出神秘的光，一边缓缓地向着原来的方向移动，不久从我们的视野中消失。

并木看了一下手表，已经过了晚上20时。按以往早川和舒尔茨的经验，这个时间以后UFO是不会再出现的。我们只得回到旅馆等待天明。

第二天凌晨4时40分，天空渐渐地露出一缕晨曦。等我们在适当的地方停车，带上相机和摄像机到观测点时已是凌晨4时52分。眺望江布尔德·希尔斯的山脊棱线，我们只见一个闪烁着红色光芒的发光体早已在那里活动。那是一个清晰的红色发光体，我们把它称之为"红光"是十分恰当的。

遗憾的是，每次出现仅几秒的发光体在这之后只出现了两次，以后我们一直在那里等到9时，也再未见到它的踪影。尽管如此，我们确实找到了在51区飞行的神秘飞行器的证据。它没有像飞机或直升机那样发出轰鸣，是完全无声的，并且显示了现有飞行体不可能有的超速移动。

为了进一步证实我们的观点，第二天，我们决定冒险闯入S-4禁区，收集材

料。S-4禁区在江布尔德·希尔斯山脉的背后。迄今为止，许多UFO研究者以为S-4禁区是在格鲁姆湖附近，事实上不是那么回事，确切地说应该是在格鲁姆湖西南的帕普斯湖旁。

第三天没走多远，我们看到道路被栅栏截住，旁边醒目地竖起"禁止入内"的警示牌。环顾四周，我们可以清楚地看到右手后边的怀特山上有监视塔，头顶上还不时响起黑色直升机的盘旋声。显然自这儿起，我们的一切行动肯定已受到监视。由于栅栏挡住了去路，看来要观测S-4地貌，我们只有折回去攀登怀特山了。不久，一架黑色直升机出现在我们的上空，好像是要看清我们。它威吓性地在我们头顶上盘旋了两圈，然后离去。看来后面还会发生什么，我们只有做好精神准备。

果然如我们所料，刚登山一半往下看，我们发现美军的两辆警车停在下面的小丘上。显然，他们是在监视我们，接着又有三辆警车相继到达。途中我们休息了一会儿，为防万一，并木在岩石的背后把已拍完的胶卷卸下，分散隐藏在上衣的内口袋和行李包中。

　　从怀特山的山顶，我们确实能够把格鲁姆湖一览无余，并且能够看清好像是散布在各处的设施。考虑机会难得，并木不断地按相机快门。下山后，我们所有人都遭到警察的盘查。接着警官又简单地巡视了车内，看到我们一个没有藏起来的相机，让人取出来，连同胶卷一起拿走。

　　刹那间我们眼前一片漆黑。幸运的是，对方只取了放在相机里的一个胶卷，并以检查相机为由将其一并扣下。在烈日下，警察盘问完了后就释放了我们。当听到可以离开时，我们一行人一溜烟似的驶离是非之地。

雷达幽灵：莱肯西斯-本特沃特斯事件

文_陈育和　安克非

肯尼斯·阿诺德于1947年6月24日首次发现飞碟，此后不久就有媒体报道称军方雷达监测到飞碟。人们会很自然地认为，雷达是飞碟存在的最好证明。但是，雷达屏幕上可能会出现各种各样的令人迷惑的图像。这些图像有的代表着某个具体物体，有的则不是。这些被称做"魔鬼"或"天使"的东西，可能是地面物体的折射（如建筑物、水面甚或大段铺设的地面），或是不规则传播（即由反常大气状况导致的无线电波折射）。

有经验的雷达操作员对这样的问题是比较熟悉的，特别对于机场中出现的这些问题，因为每天数千人的生命就掌握在他的手中。然而，排除这些情况后，雷达仍可监测到许多不明物体，它们是不能用任何物理现象来解释的。

1952年，华盛顿国家机场的雷达监测到的一系列不明物体，以及人们看到的一系列不明物体就是一个例证。

另一个典型的例子发生在1956年8月13日～14日的夜晚，地点在东英格兰平原。两架飞机上的驾驶员分别在空中目睹了一些不明物体，其中一架飞机上的雷达也监测到了这些物体。该飞机由三个地面雷达站跟踪监测，两个地面站的工作人员也目睹了这一场景。据说，这些UFO是圆形的、白色的、高速运动的物体，可以突然改变速度和方向。

　　第一个用雷达监测到不明飞行物的是，本特沃特斯雷达监测站，时间是晚上21时30分。当时该物体正以每小时6437千米～14483千米的速度高速行进，从离本特沃特斯东南40千米～48千米的地方，到离它西北24千米～32千米的地方，共飞行了64千米～80千米，然后从雷达屏幕上消失。它具有普通飞机的所有特点，但是速度奇快。

　　晚上22时左右，又一个快速移动的目标出现在本特沃特斯雷达的搜索范围内，并被雷达跟踪了88千米，时间用了16秒，相当于时速19311千米。这一速度对于流星来说太慢，对于普通飞机来说又太快。目标物同样具有普通飞机的特征。亚利桑纳大学的大气物理学家詹姆斯·E. 迈克唐纳德对此进行了研究，认为它们绝不是反常物理现象所致。当这一物体被雷达跟踪时，本特沃特斯的地面工作人员看到有一道模糊的光线掠过头顶。一架C-47飞机驾驶员也在机场上空看到一道模糊光线在他的飞机下方疾驰而过。

在21时30分～22时15分，本特沃特斯站的雷达又跟踪到一个形状不清的物体，它看起来好像在按照风的方向飘移。USAFT-33喷气教练机因此做了飞行勘察，但没有发现任何物体。

这时，坐落于莱肯西斯的另一雷达站报警，在那里也发生了同样的事情。一个发光物体向西南飞行，突然停止，然后消失在东方，这些由雷达监测记录及莱肯西斯的地面人员的目击为证。正如蓝皮书计划中所描述的："如此，两套雷达设备及三个地面目击者观察到了同样的物体。"另一个飞碟事件的报道是："莱肯西斯雷达交通控制中心，观察到机场以东27千米处有一物体。它在飞行中做了个90°转弯，这个动作并不是绕一个大弯，而是以时速965千米～1287千米的速度做直角转弯。该物体还能够以惊人的速度迅速停止或起动。"

大约午夜时分（正是莱肯西斯地面站观测到那些不明飞行物的时间），尼提斯哈得站当班的战斗机总指挥接到一个电话。几分钟后，一架夜间截击机"威纳姆号"紧急起飞，向着第一个目标飞去，该目标被跟踪一段时间后消失。接着飞机飞向第二个目标（在坎布里奇以西的贝福德上空），"威纳姆号"的领航员认为，那个目标在飞机雷达屏幕上再清楚不过。与此同时，该目标还被尼提斯哈得站和莱肯西斯站的地面雷达追踪。

大约15秒后，信号突然出现在战斗机后方（此前是在前方），飞行员请求地面协助跟踪。几经努力，"威纳姆号"也未能摆脱掉它，它始终以24千米的距离跟在后面。约10分钟后，该物体忽然在空中静止不动，战斗机返回基地。另一架战斗机紧急起飞，但由于引擎故障不得不放弃行动。很快，UFO消失在雷达范围内，向着北方以965千米的时速飞走了。但是，直到14日凌晨3时30分左右，不明信号仍时时传到莱肯西斯站。

有人说，这次事件是雷达跟踪记载中最令人迷惑不解的、最反常的一件事。

《UFO百科全书》对此事做了如下评价：

在追踪的时间性和广泛性上，此次超过了以往的任何一次UFO事件。分布在两个地方的两个地面雷达加上一个空中雷达总共三个雷达，分别以不同的频率数和脉冲重复率运转，却在同一时间、同一地点发现了不明飞行物。当然同时还有"威纳姆号"飞行员的亲眼目睹，任何已知的反常传播效应都无法对此做出解释。事实上任何想象的到的解释，都离不开这个前题，即在1956年8月，莱肯西斯上空确有某种物体出现。这就是为什么一些媒体称："至少有一个真实的UFO出现了。"

有人会问，如果真的出现过UFO，那么是否可以肯定高级雷达、光学监测装置、追踪网络一定会监察到它呢？如是，为什么像北美空军防御机构这样的权威机构从未报道过UFO？莫非是空中防御雷达已发现UFO的踪迹，但是政府官员将其保密了？我想更为精确的回答应是，军事人员一般不大关心UFO，除非这些UFO的运行轨迹与他们的监测目标相吻合。

例如，美国空中防御中心（SDC），坐落在科罗拉多泉附近，就肩负着一项神圣使命，即跟踪绕地球运转的任何人造物体。这些物体不仅包括人造卫星，还包括各种各样的小物体和那些宇宙垃圾（如火箭助推器、前锥体及其他碎片）。监测这些物体的首要目的是，为了通知弹道导弹系统和其他防御设施，有什么样的物体进入或返回到大气层，这些物体很可能正向着美国飞来，很可能被误认是敌方导弹或飞机。最近的一次统计表明，SDC正在追踪离地球2414千米～3540千米范围内的近5000个物体。

如果一个不明物体出现在SDC监测范围以内时，会发生什么情况呢？高级计算机系统会立即判断，正在追踪的物体的轨道是否近似于一架轰炸机、导弹或新发射的卫星的轨迹。若不相似，目标自动从系统中清除（或许会被储存在磁带中）。换句话说，"不相干物体"时常会出现在这种情况中：被自动清除，因为空中监视系统并不是用来跟踪UFO的。

艾伦·海尼克博士曾向美国空军提议，空中防御中心应在计算机体系中安装一个子程序，以便可以追踪那些反常物体，但此建议从未被采用。

核设备吸引UFO吗

文_陶　晶

　　无数次报道称，UFO正在美国核武器工厂以及军事基地的核研究设备和核武器存储掩体的上空，如洛斯·阿拉莫斯、橡树岭、汉弗德原子能委员会以及萨凡纳河原子能委员会。此消息是从政府科学家以及被准许揭密高级机密的军事人员那里得到的。

　　一个解密文件讲的是，在1975年11月初，不明夜光和不明身份的"神秘直升机"光顾了许多美国军事基地和横穿美国北部的导弹发射点。在10月27日～11月10日期间，在迈阿密州北部劳瑞空军基地、密歇根州的武特史密斯空军基地、北达科他州的格莱德福克斯和麦诺特空军基地以及蒙大拿州的麦姆斯特空军基地，频繁发现UFO出现在当地核武器存储地点上空。并且，F－106拦截机在大瀑布附近的麦姆斯特空军基地遭到扰频。

　　一些相似的入侵还发生在1948年12月，洛斯·阿拉莫斯地区；1950年12月，橡树岭；1952年7月，汉弗德原子能委员会、萨凡纳河原子能委员会和阿拉莫斯；1965年8月，怀俄明州科特兰附近的华伦空军基地；1967年3月，新墨西哥州麦诺特空军基地、桑迪实验室、科特兰空军基地；1980年12月，英国萨克福皇家空军基地；以及1991年10月，乌克兰切尔诺贝利和俄罗斯阿尔汉格尔斯克导弹基地。

　　这些报道引起人们的一些猜测：UFO背后的智能对核武器感兴趣。这些报道的共同特点是：暗示不明光线和能量束聚焦于核物质上；声称光束从UFO上射出来，穿透地表，直接射到核存储掩体和地下导弹发射井；除此之外，还有一些传闻称，一些地点的武器遥感勘测因此产生了变化。一些研究者提出，UFO的占有者对核武器的安全和核武器的研制非常关注，因此基地做出了详细审查。

在1986年4月26日，切尔诺贝利核电站事故的灾难期间，技术人员报告说，在最初的爆炸后3个小时，他们看到在已被毁的4单元反应堆熊熊大火上空300米，有一个颜色和黄铜相似的火球。两条明亮的红色射线从UFO中发出，直射核反应堆。该不明飞行物在该区域盘旋了约3分钟，然后射线消失，UFO慢慢地移向西北方向。技术人员还称，辐射度在UFO出现之前读数为每小时3000毫卢（瑟福），而当UFO发出射线后读数变成800毫卢（瑟福），显然UFO使核辐射减弱了。

那么，是否有对核试验地点日益出现的UFO的统计证据呢？为了确定，我们收集了二战以来的所有UFO证据，对164个拥有核设备的县和164个没有核物质的美国县进行比较。

核设备包括，有核储备的核电站或者核武器生产厂、配置核武器的军事基地以及商业或研究性核电站。它可能是一个小的商业性的核电站，如佛蒙特州温德汉县的核电站；或者可能是一个核产品生产厂，如美国科罗拉多州的落基弗莱慈；或者可能是一个核潜艇基地，如华盛顿的邦戈海军基地。

在人口介于5万～10.1万之间的美国县，其UFO的报告率在有核设备的县中每10万人中有37.03起。这个报告率与没有核设备的县相比，高出2.61倍。总的来说，UFO目击报告率在核试验地点的所在县为13.84，而在没有核设施的县为9.59。近距离接触报告中，每10万人为2.58起，而没有核设施的县仅为每10万人中1.79起。92%的核试验地点所在县，被视为目击UFO的"火锅"。

核设备是否吸引UFO？答案似乎是"是"。在一个早先的数据中发现，教育程度与UFO的报道有积极的联系。那些县中拥有高中学历的居民越多，报告UFO的次数越多。因此，在有核试验地点的县和没有核试验地点的县中，教育水平的不平衡性也是有很大关系的。

　　从美国1960年人口普查数据来看，那些成年人（超过25岁）拥有高中学历的平均比率在164个有核试验地点的县是43.7％，而在没有的县为38.9％。一般而言，核设备要求一个受教育程度更加高的工作团队，这一事实可能对两组数据的测试有影响。但是，这个区别是否能够解释所有的UFO报道以及近距离接触事件，似乎不能确定。

　　所以我们被置于一种混沌的情况之中。显然，UFO的报道的确在核试验地点附近发生得更加频繁。假设UFO是被某种智能控制着，而它的动机我们仍弄不清楚，那么我们应该对此保持关注。

福克斯频道UFO事件逸闻

文_康佳立

太平洋时间2002年10月21日早晨7时30分，美国国家不明飞行物报告中心（以下简称NUFORC）接到了一位在福克斯23新闻频道工作的记者——丹·巴扎尔打来的电话。他向NUFORC报告，该电视台的一名摄影师10月20日下午在机场附近拍摄到了一组不明飞行物的镜头。此物体当时正穿过纽约州阿尔巴尼市近郊的天空。

在这次电话交谈中，NUFORC并没有很清楚地了解这个物体与它出现时的情景，但随后巴扎尔向NUFORC提供了该物体的录像。作为回应，NUFORC也尽可能向他提供帮助，并使福克斯频道与能够对录像进行进一步分析的专家保持联系。

10月22日早上，NUFORC在与巴扎尔的第二次谈话中，他告诉他们一些新情况：载有不明物体的原始录像带已经被联邦调查局（FBI）的探员强行没收。巴扎尔描述了，探员们是怎样把拍摄此录像的摄影师"请出"电视台的；以及当他与FBI探员会面时，他们是怎样把"原始"录像带从这位摄影师手中"夺"过去的。NUFORC认为，这种行为缺乏正当理由，甚至可能是非法的。巴扎尔也同意这种观点。尽管如此，他声称电视台仍旧有许多原始录像带的拷贝。

当NUFORC问巴扎尔，福克斯23新闻频道是否计划把不明物体事件做成新闻报道时，他回答说有这个可能，但决定权不在他手中。为了更好地回答问题，巴扎尔想首先与他的上司谈论有关不明物体的事情，并答应在几分钟后回电话。

大约45分钟后，NUFORC向福克斯23频道打了电话并与巴扎尔联系上，仅仅寒暄几句，他就让他的上司——福克斯23频道负责人大卫·布朗接过了电话。

在与布朗7分钟的谈话里，他声明，录像带的拷贝是电视台自愿给FBI探员的，并非他们"夺"去的，因为电视台"愿意与具有法律效力的人员合作"。他还补充道，自己在周日晚"大概8点或9点"就已经到了办公室，那时电视台拍摄到了FBI探员观看录像带的镜头，并且电视台已经把不明物体的录像作为新闻播送出去了，时间是周日晚。布朗还声称，事实证明，FBI对录像带感兴趣的现象是不足为奇的，而且依他而言，巴扎尔所形容的有关录像带转移到FBI探员手中的用词是不恰当的。

布朗说，他自己并不知道原始录像带是否已经提供给了FBI，或者他们已经收到了拷贝。尽管这样，他表明没什么大碍，因为拷贝几乎没有弄丢详细内容。当问起星期日晚上有多少FBI探员来到了电视台时，布朗说不太清楚，但至少有两人，或许有更多。他自己不很确定，因为"那晚有很多人在电视台里"。布朗在结束谈话时声明，福克斯23频道将不会做更多有关不明物体录像的新报道，因为它已经是旧新闻了，而且电视台也没有必要关注这件事。

在与布朗交谈之后，NUFORC联络了位于阿尔巴尼市的FBI办公室的一位公共事务发言人：尼斯·马沙罗尼。她讲了自己所知道的有关录像带的事情：FBI已经有了一盘拷贝，他们正准备研究它，但她不知道研究的情况。尼斯还告诉NUFORC，如果有进一步的问题可以去问她的上司，但他出差去了，10月24日才能回来。

NUFORC还联系了一位来自于阿拉巴马州伯明翰市的录像带鉴定专家布莱恩·胡佛。他已经从福克斯23频道的网站上下载了与录像带内容相同的视频，并且也研究了该录像带。通过对录像的分析，他向NUFORC表示，这个物体是存在的，不是人为添加上去的。他也证明此物体是在云的另一端，这样通过透视法就可以知道物体的大小与飞行速度。胡佛下的结论是：这盘有关不明物体的录像带是真实可信的。

谁参加了军事演习

文_聂 云

美军在与拉丁美洲一些国家的空降特种兵在美国本土举行过一次联合军事演习。演习期间，一些军官曾看到像人一样的神秘生灵突然出现。然而多年以后，那些军官仍不知它们到底是什么，这个谜一直未能得到美国官方的明确解释。

1992年初，冷战刚刚结束，美国为了加强与拉美一些国家的军事关系，决定进行联合军事演习。4月15日，联合演习在美国阿肯色州查非陆军基地拉开帷幕，代号为"屏障行动"。参加演习的国家，除美国外，还有拉美的委内瑞拉、厄瓜多尔和美属波多黎各等。预计，演习将进行到同年5月5日结束。

一天晚上，特种兵们被军车送到基地边缘的沼泽地进行特种战科目演习。根据预案，假想敌将从沼泽地另外一个方向进行偷袭，而他们将展开拦截作战。他们秘密设伏到指定地点后，静静地等待假想敌的出现。为了逼真地模拟夜间作战环境，演习规定，特种兵们不能携带任何夜视作战设备，只能凭借肉眼进行侦察和拦截。然而，在波多黎各特种兵中，一位军士不知何故却私自携带了一只夜视镜。因此，那只夜视镜成了规定之外的"漏网之鱼"。

在指定的沼泽地上，有一座搭好的桥。然而，美军指挥官已经下令士兵不得炸毁它。因此，大家无法估摸假想敌到底从哪儿出现。他们只得趴在地上，耐心地等待着。假想敌到底什么时候能够出现？特种兵们希望对方早点到来，免得他们长时间干等着活受罪。

等待很快就有了结果，"敌人"终于来了。凌晨0时30分许，埋伏在沼泽地一边的波多黎各特种兵忽然听到一个声音从远方传来。但是，声音怪怪的，不是他们平常听到的人的说话声。虽然如此，他们还是如临大敌，变得高度紧张起来。他们的眼睛睁得大大的，紧盯着声音传来的方向，仔细寻找假想敌。可是，大家搜索了好长时间，什么东西也没看到。

就在特种兵迷惑、彷徨之际，沼泽地忽然飘来一股强烈的怪味。味道很浓，几乎每个人都闻到了。一名波多黎各军官耐不住性子，请求那名军士把夜视镜给他看看。军官戴上夜视镜，开始搜索前方。突然，三名怪异的小生灵出现在夜视镜里。那名军官从未见过这样的生灵，吓了一大跳。

他不敢相信自己的眼睛，急忙把夜视镜给另外一名军官。另外一名军官看了看，又把夜视镜传给其他军官。结果，那些军官都看到了那些奇特的生灵。他们通过夜视镜对怪异生灵进行了观察，对其模样感到很吃惊。军官们对此感到恐惧，就报告了上级指挥部。然而，指挥部沉默了好长时间，迟迟不做回答。最后，指挥部下令特种兵们仔细观察生灵，但告诫他们千万不要伤害无辜。

据参与演习的那名军士回忆说，那些怪异生灵很像小人，大约1米高，在夜视镜里显示为白色。当时，还有一个怪异生灵坐在树墩上，似乎正观察附近的爬行动物。开始，他们觉得那些怪异生灵戴着某种头盔。然而，目击者很快就反应过来，认为那些头上的东西不是头盔，而是长长的鸡蛋形状的脑袋。他们甚至可以看到那些生物又大又黑的眼睛，只是眼眶里没有眼球。在它们的脸上，也没有鼻子，但有两个很小的洞。奇怪的是，目击者没有看到它们的嘴，不知道嘴在哪里。更怪异的是，生灵的手不是5个指（趾）头，而是4个指（趾）头。

许多年过去了，曾经参加过演习的军士一直无法搞清那次军事演习的真相。有人认为，那些生物很可能是外星人。但这等于说，外星人秘密参与了这次联合军事演习。然而，大家谁也无法予以证实。那个偷藏夜视镜的士兵现在虽然说出了当年的奇特遭遇，然而为了安全，却不愿媒体公布他的真实姓名。

UFO：美国空军与FBI的对峙

文_霍桂彬

FBI尚未知情

1948年，报到FBI高质量目击报告的数量大幅减少，与空军方面的联系名存实亡。尽管如此，FBI仍坚持向空军方面传送刚到手的报告——按照胡佛的意愿，即便对军方满肚子怨言，但以防卫国家领土责任为重，因此必须这样。空军方面却鲜有反馈，相当冷漠。

或许空军方面的沉默可以在1948年8月找到答案。当月，爱德华·拉佩特（曾出任"蓝皮书"计划的负责人）所在的空军科技情报中心认为，UFO的确是外星人的飞船。这一说法震惊了军界，以至于总参谋长霍特·范登堡将军下令立刻停止该计划。因此，我们无从知晓"蓝皮书"计划的细节，但与此同时，空军方面也收到了一系列不明飞行物的报告，而所有这些报告FBI并不知情，从而进一步证实了胡佛关于军方没有诚意与FBI合作的判断是正确的。

1948年7月1日，拉北德市空军基地哈曼少校报告，看见空中有12个"铁饼"，呈椭圆形，长约3米，估计飞行速度为800千米/小时……

1948年7月17日，克特兰空军基地在新墨西哥州圣·阿卡西亚附近发现7个不明飞行物以"J"形编队飞行，高度为6000米……倘若高度无误，推测其飞行速度有2400千米/小时。

1948年10月1日20时30分，一架F-51飞机的飞行员飞往北迭哥塔的法哥，在其巡航高度1350米下面约900米处发现一泛白光物体。飞机追逐该光源时，它会做规避动作飞行……

快件工人的遭遇

1949年，无论是官方还是非官方，送到FBI的UFO目击报告数量大有增加。仅摘其中一例，描述如下：

4月16日下午17时30分，怀德·H.哈里森——一位在阿拉斯加州福特—史密斯快件公司工作的工人——正在一个十字路口等绿灯。当他用眼睛扫过交通灯时，发现其上方有一闪亮物沿东南方向飞行，估计其高度有3200米。哈里森试图停车以便引起其他司机注意此物，可他刚抬起手，就听到身后一阵震耳欲聋的喇叭声，原来司机们都抱怨哈里森停车挡住了他们的去路！他只好坐回车里继续开车，直到物体被树叶挡住。当日天气晴好，可见度良好，物体旁没有云。也许是在十字路口嘈杂的缘故，他没有听到此物有什么声音。起初哈里森以为自己是看见了某架飞机的反射光，可抬头四望并未看见任何飞机的踪影。于是他将车子开到北C街，见到了一位挂着中校肩章的军官，便问他是否注意到了天空上的异物。军官予以否认，却又说："我很高兴其他人也报告说看见了飞行物。"因为4月15日他从俄克拉荷马到福特—史密斯，路上他太太在类似的天空区域看见过一个飞行物，他也看见了。哈里森现年52岁，受过良好的教育。

来自贝加尔湖深处

文_傅 氏

迄今为止，已有46起UFO骚扰贝加尔湖地区的事件记录在案。

1977年，两名前苏联研究人员驾驶加拿大制造的"帕希斯号"深潜器，对贝加尔湖进行深水考察。他们计划，将深潜器下潜到1410米深度。"帕希斯号"沿着水下山脊的斜坡下潜，当下潜到1200米深时，为了能更加真实地感受湖底世界，研究人员关掉了深潜器上所有的探照灯。奇怪的是，虽然在幽深的湖底，探照灯已关闭，却丝毫不使人感到黑暗。原来，"帕希斯号"深潜器已驶入一个令人费解的神秘光亮区——这里亮如白昼，似乎有一盏强力探照灯从深潜器顶部照射下来。

据乌兰乌德一位叫A.斯捷潘诺夫的目击者说："1989年，我和几个朋友在贝加尔湖畔休假。一天清晨，我起床后走出帐篷来到湖边晨练，当时风很大。我发现在湖的远处，突然出现一面带有五颜六色奇异图案的'船帆'。转眼间，'船帆'变成一个正方形，很快又变成一个椭圆形——与此同时还不断变换着颜色。这一切看上去犹如在昏暗的天空背景中出现的某种焰火和礼花，整个现象持续了10分钟。当时，我看到这一奇观后惊奇地喊了起来，于是帐篷里的伙伴们也应声而出竞相观看。最后，我们一起目睹了这个变幻莫测的'帆'渐渐沉入湖中。"

另据，戈里亚琴斯克小镇一位叫B.门塞阔夫的目击者介绍："1990年4月中旬，我像往常一样，在离岸约200米的贝加尔湖冰面上垂钓。我的弟弟就站在我身旁。在离我们100米的半径内还有另外两位渔民也在垂钓。下午14时左右，大家都感到封冻的湖冰轻轻地震颤了一下。'难道发生了地震？'我心里暗想。通常，贝加尔湖很少出现这种现象。

"突然，传出一声天崩地裂的爆炸声，我们脚下的湖冰猛烈地抖了一下。这时我发现，在离我们约100米的湖冰下冒出一股巨大的'喷泉'。随着水柱升起的同时，一个形状和颜色都模糊难辨的怪物一下子从湖冰下冲了出来直奔高空，顿时融化在蓝天中。湖面顿时又变得死一般的寂静。通常，每年的5月底贝加尔湖才解冻。据另一个目击者确认，从冰湖中钻出的那个怪物是一个银灰色的球体。"

1992年6月，乌兰乌德工学院的一批大学生到贝加尔湖游玩。一天夜晚，大学生们发现，湖中出现一种奇异的辉光，它似乎是从湖畔深处发出来的。最初，这一奇异辉光很像电焊弧光，后来变成一个大光圈。它沿整个湖面缓缓滑动，看起来就像一盏沿低云层快速移动的探照灯形成的光圈。当时，大学生们正坐在一条小船上，打开半导体收音机用中波段收听广播。奇怪的是，当这个大光圈接近大学生们乘坐的小舟时，半导体收音机突然出现严重干扰。当它远离小船时，这种干扰又突然消失了。这一现象持续了约5分钟。

1989年9月，一个巨大的银灰色圆柱体突然出现在离贝加尔湖不远的乌兰乌德民航机场上空。它在离地面约500米的空中悬停了约1小时。当时在场的几百名旅客和机场工作人员都目击到这个空中怪物。但叫人费解的是，在机场调度室的雷达屏幕上，却丝毫没有留下这个空中怪客的踪影。

真实or谎言
第四辑

英国国防部报告——萦绕不去的幽灵

文_宁春慧

英国情报机构公布了厚达450页的秘密报告，详细阐述了军方对不明飞行物的研究情况。

提供帮助

英国专家们首先在军用地图上出了UFO经常出没的地点。通过分析，他们惊奇地发现，大部分飞行物出现在有纪念意义或历史意义的建筑物周围，而且他们的排列也非常奇怪——沿着难以想象的完美直线绵延几十千米。而且，著名的英国巨石阵也处于这些UFO飞行线路的某一个点上。专家们推翻了一些神秘的假设。他们推测，古人已经能够确定，通常沿直线流动的地下水层在哪些位置更接近地表，因而在这些地方建造了祭祀建筑物或军事工事。但到底为什么这样做，仍是不解之谜。既然地下水在这些地方流动，那么当地一定会有岩石断层。也就是说，UFO与类似化学发光的自然现象有关，或者说它就是地球磁场作用产生的现象。我们知道，岩层断裂的时候能够在空气中引起发光，甚至有些地方会周期性地发光。

关于这些火光最早的报道，出现在1981年。当时经常有人发现，在赫斯达林峡谷的火光几小时悬空不动，极个别时候有些缓慢的移动。但随着时间流逝，科学家每一年都能发现它们移动的速度在加快。到1985年，它们移动的速度快得惊人，个别火光竟以8千米/秒的速度飞驰！当然，人们只有借助专门的仪器才能观察到这些火光的急速运动。它们是不明飞行物吗？

挪威军方拍摄了许多图片，并把这些火光分成三个等级：

一，白色或浅蓝色，杂乱无章地分布在天空中的小型火光。

二，静止悬停或极缓慢的移动的单个黄色火光。

三，大型的黄色火光，与小的红色光点保持固定距离并随其移动。

其实，在岩石断裂带由于电磁场的剧烈变化也可能出现这类现象。但是这些火光为什么呈现不同的颜色呢？最重要的问题是，他们为什么能聚在一起？为什么能飞行，而且有时速度极快？这些问题的答案，尤其是与现有的地球构造理论相符的答案至今未能找到。

不知为什么，1985年以后在该峡谷出现火光的频率开始减弱，"赫斯达林项目"因此也就被束之高阁。不过在那里至今仍有自动监测站在工作着，因为虽然火光减少了，可直到现在仍然存在。

地之精灵

有推测认为，神秘发光球及北极光以某种方式与地球内部有关联。

英国专家们在报告中列举的许多事例显示，UFO的出现与岩石断裂存在某种联系。他们还引述了法国科学家某些尚未公开的研究结果。法国科学家对UFO的出现进行了大约25年的统计，得出的结论是，在大多数情况下，UFO的出现与岩石地区相关，另外他们还提到，美国矿务局的专家们在1981年做过的一个有趣实验：在黑暗的地方打碎一大块花岗岩，当时在空中相应地出现了亮光。

有证据表明，在较强的地震发生之前，夜间空中也会出现亮光。顺便指出，罗赫尼斯湖也处于岩石断裂带上。科学家和游客在这里也偶尔看到过绿色发光的小球。这些小球能改变形状，有时降到距离面很近的地方，有时又升到高空。目击者在描述的时候称，它们像在"跳舞"或"相互追逐奔跑"。当然，这样的"换位游戏"是超自然的。当然，科学家们早就认识了一种更为简单的奇观——所谓的"地光"。该现象被解释为：物理力和电力在地震活跃地区积聚起来，经过数周或数月，岩层中的压力会导致地质结构出现断裂，断裂时能释放出带电粒子，粒子流便会发光。

英国国防部的专家最后表示，应该可以假设UFO现象与"地光"有关。岩石断层的走向也表明了这一点，而且这个走向与古老的建筑——巨石阵的脉络线路时常吻合。但"地光"是地震活跃地带或山区特有的现象，而UFO却在平原及海上也常能看到。

另外，科学家从未见到过能将人灼伤的巨大的"地光"球，看来，试图用"地光"这一普通的自然现象揭开不明飞行物的秘密只有一部分能说得通。而从传统的角度来看，大部分的目击现象仍然无法得到解释。正如英国专家们所强调的那样，再没有其他自然现象可以用来或多或少地解释了远古的智慧。

但英国人的秘密报告中还强调了一个事实，不过许多现代历史史学家对此并不认同，即英国所有史前建筑物的而积倍数都是80厘米。这不是一个简单的数字，80厘米，是人迈出一步的平均长度！由此可以得出，所有古代建筑都是用同样的体系丈量的。

80厘米这个单位现在被称为"史前巨石核心"。这样的丈量方法没有什么大惊小怪的，古代的人们除了用脚步，还能有什么办法来测量长度呢？可话说回来，的确不可思议，他们是如何用如此粗糙的丈量方法建造起了巨石阵的呢？直到现在，人们还能利用巨石阵的这些"设备"来进行精确的天文观测呢！

2005年英国UFO报道

文_霍桂彬

在2005年10月1日，有120人步入位于利兹的利兹橄榄球拥趸俱乐部，参加为期一整天的2005年英国UFO研讨会。近20年来，利兹曾承办过多次UFO会议，但自从2003年9月英国《UFO》杂志的创始人之一格雷厄姆·伯德萨突然去世之后，就一直未开过会。

伯德萨先生是一位杰出的企业家和作家，他于1980年创办的《UFO》杂志影响巨大，在UFO圈内声名远扬，最高时每期销量有35000份，并且通过其在世界各地的巡回讲座，促使一批政界、军界和科技界的知名人士转变了对UFO的看法。其猝然因病去世对整个英国UFO界而言无异于一场致命灾难，导致了近年来英国UFO活动陷入低潮。其间的2004年2月，发行了二十多年的《UFO》杂志宣布停刊，UFO爱好者又失去了一个收看新闻、交流信息的平台。2005年10月，英国UFO搜寻者组织位于康布雷分部的报告显示：本月他们没有收到任何一份有关UFO的目击报告。这与去年和前年的报告数量分别为40起和60起相比是大相径庭。各地的报纸杂志也大多认为英国的UFO活动陷入了困境。

这是否意味着那些火星上来的小绿人和星系访客突然间在人们眼前黯然失色了呢？

答案是否定的。至少组织此次会议的伯德萨先生的女婿卢梭·卡拉汉先生不

这么认为。依照其观点，当前的英国UFO活动仍很活跃，仍在发展，只是方式发生了变化。人们的兴趣并未减少，只是改变了寻找的方式，例如网络。数以百计的网站如雨后春笋般冒了出来，各种BBS已取代了UFO会议。就在《UFO》杂志停刊9个月后，卡拉汉及其同事们便创办了一个UFO网站www.ufodata.co.uk，不久又建立了一个姐妹网站www.ufo-uk-forums.co.uk。

是1980年秋发生的一件事改变了卡拉汉先生对UFO的看法。那是10月某日拂晓3时45分左右，在布莱德佛镇上空，夜色朦胧，晨曦微展，当时十几岁的卡拉汉是个汽车售票员。当日他和当班司机早早地出了车。汽车到达欧得赛顶汽车场时他俩下车休息。他们一边抽着雪茄，一边百无聊赖地望向夜空。忽然两人被眼前所见吓了一跳：距其前方300米的夜空上方有一个银色盘子在空中旋转。他们没有听到任何声音。不明飞行物在停留了8秒后，飞离了他们的视野。当时两人的感觉只有一个：天啊！这是什么东西？尽管至今他们也无法得知答案，但有一点是肯定的，他们亲眼看到了自己无法解释的不明飞行物。

其后，卡拉汉先生还见到过几次UFO。他认为现在的媒体普遍缺乏客观公正的报道和分析，也缺乏耐心，总是来来回回传放一些发光物体。事实上，有许多更好的人证物证。究其原因，恐怕是大众患上了媒体歇斯底里症，变得麻木了。倘若真有个外星人哪天登陆地球，人们只会争着去看早晨的《新闻聚焦》，不会被轻易吓着。

来自兰卡色天空现象调查会的罗布·怀特黑德先生也不同意UFO爱好者在减少的观点。他认为，基层组织在壮大，每年全国有十几个会议，因此人们的兴趣并未减退。当然，他也承认，诸如《X档案》类的电视节目在稳定UFO爱好者兴趣方面起到了作用，将来UFO活动可望进一步复苏。毕竟UFO的历史渊源流长，自古罗马、古希腊和《圣经》中皆有记载，它不可能自己消失。

怀特黑德先生的职业是绘图设计师。某日，当他和几位朋友带着金属探测器沿着德汉海岸散步时，忽然看见一个黑色雪茄状的物体顺着海岸线低空飞过。次日，当日报纸的头条新闻标题为《东北目击UFO》，他才恍然大悟，从此对UFO痴迷。

他坦率地承认大多数的目击可以解释为空中现象、错视飞机或者气象变幻引起，然而令人着迷的却是剩余的未解之谜那部分。每个人都热衷于神秘之物，一旦你目击了非凡之物，它将永存你脑中。

研讨会的主要发言者有四位。

菲利浦·蔓托：作家、演说家，以在电视上主持专题UFO富有名声。会议上的论文主题集中于英国境内发生的劫持案。

马尔科姆·罗宾逊：UFO和遭遇外星人方面的专家。演讲内容富于例证，生动有趣。

约翰·汉森：有27年警龄的退役警官。讲述他在调查一宗1995年其同事目击UFO案过程中所遇到的种种神奇和惊险。

克里斯·马丁：UFO社圈知名人士，曾到美国和澳大利亚进行过演讲，当然在英国也做过演讲，以拥有拍摄到在伦敦市内及郊外的一些有趣脚印更为人所知。

让大多数人感兴趣的是一对夫妇安·安德鲁斯和保罗·安德鲁斯的儿子贾森被劫持的离奇经历。

贾森看起来不过是个22岁左右的年轻人，外表与正常的年轻人毫无不同。他自称曾多次遭外星人劫持，是一个拥有外星人心灵披着地球人面目的"梦游者"。有时在床上，外星人来了把他劫持走，如何教授传心术、星际遨游、识辨事物以及展望可能的未来等等。这些经历自从他有记忆时起便存在。可以想象作为孩童当他夜半三更睡在床上，这些奇怪的家伙忽然冒了出来站在他面前要带走他时，他该是多么的惊惶失措和恐惧啊！他刚想开口叫喊，却已感到浑身瘫软。不过后来次数多了，他也就渐渐不再感到害怕，开始逐步信任外星人。他称曾到过许多不同的地方，能回忆过去的事情。

从外星人那里他得知：他的第二次生命是人。万物不会灭亡，只会从一种形态转变为另一种形态。人的生命是一种形态的不同转换。

贾森之所以与会，是希望能将所学所悟与公众分享，传播星系的心声。他自认所言发自内心，倘若有听众有异议，悉听尊便。

作为邀请人，卡拉汉先生对贾森表现出鼎力支持，毕竟在大庭广众之下阐发宏论需要极大的勇气。尤其是当与会者不乏知识精英时更为如此。120余位参与者中，有诸多的专业人士如教授、医生、核物理学家、博士、飞行员、警察等等。

由此可见，UFO以及人们又恨又爱的小绿人并不会从雷达屏幕中消失。谁也无法预料，哪一天他们会敲响你家的门。

发生在巴西的罗斯韦尔事件

文_霍桂彬

坠毁疑云

1996年1月13日早晨，卡洛斯·达·索萨开车行驶在圣保罗到贝洛奥里藏特的路上。在距一个交叉路口300米处，他听到一阵轰轰的响声。这个路口向西到瓦吉尼亚，向东到三心市。声音来自距地面120米空中的一个银色的雪茄形飞船，它正沿着高速路以每小时七八十千米的速度飞行着。它长9米～12米，宽3.6米～4.5米，侧面至少有四个窗户。它的前部有个参差不齐的大窟窿，一条长长的裂缝（或者凹痕）从前部一直延伸到中部，裂缝中冒出类似蒸汽的白烟。

索萨开着自己的皮卡追了约16千米，直到飞船一头扎下去消失在一个高土坡的后面。他又往飞船坠毁的方向开了25分钟，来到一处布满了碎片的田野。令他吃惊的是，现场居然有40余名士兵正在寻找四散的碎片，此外，还有两辆军车、一辆救护车、三辆小汽车、两位男护士和一架直升机。

现场弥漫着浓浓的氨气的味道。索萨随手捡起一片像是铝片的薄薄轻轻的东西，结果被一名士兵发现。他大声呵斥索萨，让他马上离开。在回圣保罗的中途，索萨来到路边的小店喝咖啡，这时一辆小汽车停到他的身边。两位身穿便服的军人走近他，叫他的名字，并警告他不得把所看到的情况告诉任何人。

直到1996年9月，索萨从一本杂志上读到一篇文章时，才得知瓦吉尼亚生物的事情早已被传得沸沸扬扬。这篇文章是与帕卡奇尼一起工作的UFO学者克劳德·科沃撰写的。他立即与科沃联系，带他来到曾经看到飞碟坠毁的现场，但一切已烟消云散，附近也没有人知道发生过飞碟坠毁事件。

这一切与1947年7月发生在新墨西哥州罗斯韦尔的事件何其相似！尽管部队的基地离事发地点只有11千米的路程，但军人们竟然能在事发25分钟内就赶到现场，还是令人大吃一惊。后来得知，负责北美空防的北美空间防御指挥部在1996年1月13日就曾告诫巴西负责空防的军民联合中心，说他们近期已追踪到一系列空中不明物体，至少有一个已经进入巴西领空，还给出了经纬度，但无法预测物体是否降落或者坠毁。或许是担心不明物体坠毁在人口密集的地区，当局才保持如此高的警惕，行动迅速？

后来，巴西的UFO学者又回访了曾经发生坠毁的地点，结果发现有36平方米的地表被盖上了新鲜的泥土。有几位军人证实，1月13日看见飞船遗骸被两辆军车拉到了军事基地，后来又被押运到位于圣保罗附近圣若泽·杜斯坎普斯的国家太空研究所。

1999年12月1日，西班牙记者、作家J.J.贝尼特斯谈到了在距离第一个被抓到的生物30米开外的篱笆上被其他UFO学者忽略了的不寻常的痕迹：在一片杂草丛生的斜坡的硬土上，发现了三个深20厘米、直径20厘米～40厘米的圆柱形洞，而且三个洞恰好是一个斜边为11米的直角三角形的顶点。一个洞旁边有棵树倒下了，枯干了。根据贝尼特斯取回的样品所做的分析表明，这个三角形中间的石头被1100℃的高温熔化。昆虫专家认为，在这样的洞口的泥土样本里应该有许多昆虫，但都被高温杀死了。在贝尼特斯看来，有关瓦吉尼亚事件还有许多秘密有待解开……

魅影重重

1996年4月21日，67岁的T.G.克丽夫正和丈夫及一帮好友在瓦吉尼亚动物园的花园里吃饭。大约21时，克丽夫走到走廊上想抽根烟。刚过几分钟，她突然感到有些不安，好像有人在盯着她。她转向左边，看见有个生物在盯着她看。这个生物约1.5米高，距她4.5米远。她不知道那是个什么东西。它长得丑极了，褐色的皮肤油光发亮，红色的大眼睛，一条缝似的嘴巴，就躲在那里直愣愣地盯着她。她吓坏了，待在原地有5分钟，然后才慢慢缓过神来走进餐厅。其间她还回头看过那生物一眼，那家伙还在盯着她。

大约在此事发生的一周前，动物园里的两头母鹿、一只食蚁兽、一只北美大山猫和一只金刚鹦鹉神秘死亡。根据动物园园长雷拉·卡布拉博士的说法，大山猫和金刚鹦鹉死因不明，母鹿死于不明原因的腐蚀性中毒，而食蚁兽死于不明毒素。

还有一起有关不明生物的目击报告发生在1996年5月15日19时30分。21岁的生物系学生I.L.格蒂诺在从三心市通往瓦吉尼亚的路上，在靠近1月20日报告说看到雪茄形飞船的农场附近的地方看到一个奇怪的动物。当时，它正在车子前方12米处准备横穿公路。汽车大灯照到一只深褐色浑身长毛的怪兽，大眼睛在灯光照耀下泛着红光。看到车子后，它用手遮住脸部蹲了下去。

同样在离瓦吉尼亚64千米的帕索斯，5月的某晚，20岁的L.O.雷斯正走在回家的路上时，突然遭到一个咆哮着的高约1.5米的长毛生物的袭击。雷斯身高约1.8米，体重约86千克，居然被那个长毛生物打倒在地，衬衣、夹克也被利爪撕烂。雷斯用脚还击，在该生物失去平衡时找机会逃走，可是没能逃出几步，就又被生物击倒在地。在打斗中，雷斯一脚踢中生物的腹股沟，它翻滚过去，雷斯赶紧跑进旁边的屋子里。帕卡奇尼曾经检查过雷斯的伤口和被扯烂的衣服，他很肯定地说事情确实发生过，但他并不认为此事一定与瓦吉尼亚事件有关。

黑衣人

1996年5月4日晚22时，最先于1月20日报告说看到不明生物的L.席尔瓦、V.席尔瓦和妈妈路易扎正在桑塔纳的家里睡觉。突然她们听到一阵敲门声，开门一看，是四位穿着黑衣的人。他们缓缓地进到屋子里，坚持要和两姐妹谈话。路易扎只能把两姐妹从床上叫起来，把她们拉到小客厅。母亲和两姐妹坐在一个沙发上，四位黑衣人坐在她们对面的沙发上。

其中一个黑衣人约50岁，其余的约30岁。他们彬彬有礼，但一副公事公办的派头。他们中只有长者和一位年轻人开口说话。他们没有透露自己的身份，但是花费了一个多小时企图说服两姐妹改变说辞，甚至还说假如她们愿意在电视上按照他们的说法澄清这件事，可以得到一大笔钱。路易扎有些害怕，说会考虑考虑……黑衣人最后离开了，但走前警告她们说别跟着他们，也别看他们开的是什么车子。这些黑衣人再也没有回来过，而姐妹俩也没有收回说过的话。

官方解释

1997年在调查瓦吉尼亚事件时，布鲁斯·布吉斯设法得到两份对此事件的官方解释。一份是瓦吉尼亚消防队少尉鲁本的证言："我认为大家应该问问六个消防队员是怎么抓住从外星球来的怪物的。这怎么可能呢？这里的每个人，包括总指挥都不相信此事，因为我们从没见过它们。"而布吉斯却不这么认为。对消防队员而言，那一天不过是例行公事。在被问到当天他们到底都干了些什么时，他们的回答是"军事秘密，无可奉告"。

在三心市，布吉斯想采访壁垒森严的训练基地的高管时，在等待了漫长的1小时后，一位少校同意接受采访。如果说前述目击者所说的有些离奇的话，那军方的说法就是荒唐至极。

"外星人根本就没有出现过，"卡扎少校说，"因为官方从未公开承认过。

事情是这样的：1996年1月20日那天，瓦吉尼亚有场暴雨。而在三心市，正好有一场丧礼，于是我们就派了两辆军车和士兵到瓦吉尼亚维持秩序……让事情变得更复杂的是，在瓦吉尼亚医院，有一对侏儒夫妇正好准备生小孩，肯定是人们把这对夫妇当成怪物了。"

那最初看到不明生物的三个女子的描述又当做何解释？"在瓦吉尼亚，有个神经病的侏儒，他的皮肤黝黑，脸部受过重伤，所以脸部有缺陷，面貌狰狞。当时又下着暴雨，所以他在躲雨的时候把自己搞伤了。而这一切发生的地点正好在三位姑娘经过的桑塔纳地区，被姑娘们看见。也许是姑娘们把他当成外星生物了。"卡扎解释说。

证据何在

瓦吉尼亚事件的大部分信息都是由巴西知名的UFO学者U.罗德里格斯和V.帕卡奇尼提供给于1996年3月和1997年8月到巴西调查的鲍勃·普拉特和辛迪娅·露西的。作为一名有着48年记者生涯的鲍勃来说，他曾经多次来到巴西调查遭遇外星人的事件，其中许多都记录在他写的《UFO危险地带：巴西的恐惧与死亡》一书中。而露西拥有人类学和实验心理学的硕士学位，她在巴西距离里约热内卢3小时车程的圣保罗里约普拉多溪谷的一个山村里住了25余年。他们在专业领域中声名卓著，能够如此关注这件事情就很能说明问题了。

关于抓获不明生物的行动，帕卡奇尼说服了一名参加行动的军官，做了一次42分钟的录音采访。在采访中确认：①三位姑娘目击生物的目击报告及描述是真实的；②生物发出类似蜜蜂的嗡嗡声；③生物是被瓦吉尼亚消防队人工抓获的，然后被送往位于三心市的部队基地，接着又被送到仁爱医院，后来作为一具尸体转到了军官学校，最后落脚于坎皮纳斯大学；④整个军事行动的指挥官是O.V.桑托斯少校。

现在剩下的就是证据问题。正如罗德里格斯告诉鲍勃和露西的这段话："作为一名律师，假如我一定要在法庭上证实消防队员抓住了一个从外太空来的外星人，并且还要像权威机构如坎皮纳斯大学那样做书面证明说'一个死了的某种血型的外星人'等等，我是无法办到的。但我相信存在这么一份报告，事情的确发生过。我可以通过证人和证言来证明，只是缺少任何官方的报告。一个生物被抓获了，但我们不知道它的来源……"

美国出击

还有一位研究瓦吉尼亚事件的专家叫艾迪孙·博阿文图拉，他告诉《巴西UFO报道》的编辑迈克·维斯米尔斯基说，有一些军方人士想向大众透露有关事件的真相，但是他们担心个人和家庭会受到当局的迫害。

一些巴西的研究人员相信，生物被带到了美国。消息的来源据说也是军方人士，他们对巴西当局放弃对生物的控制，把生物交给美国人的做法相当不满。如前所述，1996年1月20日那天，当第一个生物被装上军队卡车的时候，有个美国人在场，在圣保罗国际机场还有一架美国空军的重型运输机，而同一架飞机又于22日出现在坎皮纳斯机场。巧合的是，1996年3月初，美国国务卿沃伦·克里斯托弗与美国航空航天局局长丹尼尔·S.戈尔丁访问了圣保罗和其他城市，表面上的目的是"安排一名巴西的宇航员加入一项未来的航天飞行计划"。

出乎意料的是，有很多公民、警察和军人都愿意用真名出面作证，来证实事件确实发生过，尤其是在仁爱医院里给不明生物做过医学检查的人也乐意如此，是不多见的。众多的证据更增加了此次事件的真实性。有研究者指出，这次的抓捕行动很可能得到了美国专家的现场指导，被抓获的生物也极有可能转运到了美国。毕竟，美国无论是在军事还是在科技力量方面，有应对类似事件的经验和能力。然而在事件后期仍能看到的不明生物不禁使人发问：它们现在在哪里呢？它们存活下来了吗？倘若幸存下来了，那么，它们现在到底在哪里？来访的目的何在？

罗斯韦尔事件：真实or谎言

文_钱　磊

有关飞碟坠毁的传闻已经被谈论了许多年，但是近来，许多人（包括UFO研究者）也认为这件事是不可信的。

然而，新的调查揭露了一些惊人的事实：1947年7月，在新墨西哥州很可能有一架UFO坠毁。一位名叫迈克·布瑞尔的牧场工人，在他的牧地上发现了奇怪的金属。由于金属具有不同寻常的特性，布瑞尔便取了几片残骸，送去位于新墨西哥州罗斯韦尔的权威机构进行鉴定。空军基地上校布兰查德对这些残骸很感兴趣，命令两个情报局工作人员进行调查。这两个人是少校杰西·马尔和上尉谢瑞旦·卡卫特。根据他们的报告，上校布兰查德秘密命令将这片牧场包围隔离。之后，士兵们把这些残骸运往田纳西州的空军总部。

起初，罗斯韦尔的空军指挥部发布了一则消息，宣称他们已经发现了"飞碟"（这正是UFO当时的名称）。当这则新闻被"澄清"之后，与此相关的报道均受到了限制。在田纳西州的新闻发布会上，空军指挥部解释说，罗斯韦尔的情报局人员和UFO研究者误判了这些残骸，事实上它们只是带有金属雷达反射器的飞船坠毁在地面的残骸，并不是UFO。公众的兴趣渐渐消退了，由此，罗斯韦尔事件也成为众多UFO传闻中的一部分。大多数UFO研究者最终接受了官方的说法。

直到20世纪70年代末，随着杰西·马尔决定公开评论这些奇怪的金属残片和罗斯韦尔事件的其他方面开始，人们才再次回想起罗斯韦尔事件。从那时起，新的证据证明，对残片的最初解释只是政府煞费苦心的掩饰手段。事实上，有关UFO的最初报道很可能是真实的。自此，关于UFO坠毁事件的调查得以继续展开，美国政府也不再继续掩盖事实真相，并告诉美国公众在1947年7月那天晚上，到底是什么东西坠毁在新墨西哥州的土地上。

关于外星人秘密基地的传言已经持续了很长一段时间。据称，这些基地位于不同的地方，比如说月球上、海洋底部或是在热带雨林里。在UFO研究领域中，一些极端主义者认为，外星人已经和政府官员有了交往，甚至有人说在美国的空军基地已有了外星人的设备。更有甚者，说它们已经为政府做出了UFO机密计划，并在军队设备里看见过UFO。大多数情况下，声称掌握外星人秘密基地或研究UFO计划的人，都被证实是真实可靠的目击者。因为确有可信的证据，他们的言论应该得到认真考虑。

美国是否拥有外星人技术还是个悬而未决的问题。如果发生在罗斯韦尔的UFO坠毁事件是真实的，那么从1947年起美国政府就已拥有了一些外星人的技术，但美国是否能理解并运用这项技术还是一个问题。一位研究者从理论上分析说，20世纪80年代中期，在纽约哈德逊峡谷发现的飞镖状UFO，是基于UFO技术的美国超级机密隐形飞机。现在仍须进一步的调查来证明这个假想。

光影重重——伊朗空军追踪UFO事件

文_陈育和　　安克非

比莱威尔兰得事件更为壮观的事件发生在伊朗首都德黑兰的沙洛奇空军基地附近，时间是1976年9月19日清晨。这次事件有很多地面见证人，既有伊朗居民也有高级军事人员。此外，还有几名飞行员和两架F-4鬼怪式喷气战斗机的机组人员亲身经历了这次事件，雷达也追踪到不明飞行物，同时伴随明显的电磁效应。

当地时间午夜刚过，航空基地收到德黑兰的舍米兰区居民打来的电话，声称他们看到夜空中有一种不同寻常的亮光，看不清形状，像是一架闪闪发光的直升机。当班调度员迅速察看，发现该区并无直升机或飞机，便报告给飞行副指挥官。副指挥官发回消息，说居民只是在观测星星，但他也不是十分肯定。于是，他继续观测，当看到一个非常壮观的亮光时（离他有112千米），他决定紧急起飞一架伊朗空军F-4鬼怪式喷气战斗机进行侦察。

1时30分，该战斗机沿沙洛奇机场跑道呼啸升空，去追踪那个不明飞行物。控制塔的操作人员在基地进行监测。开始的72千米平安无事，但当战斗机飞到离该物体不到40千米的距离时，机上所有仪器和通讯设备（包括超高频UHF内部通信联络系统）突然失灵，飞行员只好中断了侦察返回基地。当战斗机往回返时，所有的电子系统又恢复了运行。

这架战斗机在1时40分着陆。接着第二架F-4起飞，在离该物体50千米的地方，空中雷达搜索到该物体。雷达信息表明，该物体与波音707运油机的大小相仿。当F-4飞至离该物体40千米的地方时，这个不明物体也开始向前移动，并与F-4保持在一个固定的距离。这个不明物体看起来像一个闪着亮光的频闪灯，呈长方形，依次出现蓝色、绿色、红色和橘黄色亮光，各种亮光的闪烁速度极快，几乎交汇成一种颜色。

F-4继续跟踪该物体。当飞至德黑兰南部时，突然从该物体体内喷出一个小物体，这个小物体向F-4迅速飞来。当它离F-4越来越近时，F-4上的所有通讯设备也像第一架战斗机一样失灵。飞行员急忙俯冲躲避，而那个小物体却继续跟踪在F-4的后面，并保持在五六千米的距离。突然，一个急速转弯，这个小物体又重新飞回到大的不明物体里面。与此同时，F-4上的武器控制系统和通讯设备恢复了运行。F-4机组继续追踪。不久，又一个小物体从大的不明物体中喷出，但这次它是向着地面飞去。机组人员认为它肯定得发生爆炸，不料这个小物体却轻轻地降落在一片干涸的湖床上，亮光照亮了方圆两三千米的地方。亮光很快熄灭了，那个大的不明物体也消失在了茫茫夜色中。

天亮后，人们察看了小物体的着陆点，未发现任何遗留痕迹。据当地一位居民反映，他听到一声巨响，并看到一道明亮的光亮。

美国国防部于1977年8月31日发布政府公文，重述了伊朗空军追踪不明飞行物的事件，但对已公开的报道未做任何评述。它重申了这个事件令人费解的地方，并表示这个由多个见证人证实的事件将会得到满意的解释。

当然，还没有确切的证据证明，就是这些不明飞行物引起了机上设备的失灵。但是就当地的环境而言，还会有什么其他的可能性呢？令人失望的是，UFO并不像我们期待的那样合作，它们并没有降落在白宫草坪上，也没有外来生命走进大学的生物实验室或医疗中心供人们检验。因此，在缺少理想环境的条件下，我们只能将这些物体当作不明飞行物进行研究。尽管我们没有外来生命到访的科学证据，但至少我们有确凿的证据证明，这世界上正在发生着我们用今天的科学知识无法解释的事情。

亚当斯基型飞碟之石——来由始末

文_刘欲庭

1946年晚，美国科学家55岁的乔治·亚当斯基先生在加利福利亚洲利用天文望远镜观察流星的时候，突然看到一架发光物体出现在他的关顶上方，并悬停下来，高度不到1000米，没有任何的声音。

他清楚地看到：它的顶部有一个穹窿状的舱室，周围布满圆型的窗口，底部有个圆型的腔洞，外部有三个均称圆球状的设施，亚当斯基先生当即拍下它的照片。

后来他将这幅珍贵的照片公开的发布在报纸上，当时可算震惊世界，各国都抢先登载了他的照片，顿时大小新闻部门都动了起来……

同时更引起全世界的科学家、天文学家、以及航天工程技术人员的注目与重视，并当作一件科技项目进行研究探讨……

从此，这个类似代伞的电灯状、又有点像汽车钢胎型、礼帽状的飞行物体——便称为亚当斯基型飞碟！这是为了纪念亚当斯基先生的发现和拍摄照片的成功，才用亚当斯基的名子命令的！从1946年开始留传至今，并得到世界的公认，这就是亚当斯基飞碟之名的由来。

1952年11月20日，亚当斯基先生化带着仪器到沙漠地区进行考察，正当他小心翼翼的工作时，突然他看到一架发光物体从远方向他飞来，并降落在100米以外的空地上。

不一会儿从中走下一位外星人，慢慢地来到他的面前，他身高1.65米，头披着长长的金发，身穿类似棕色的滑雪服，脚上穿着软皮高帮状皮靴，态度十分温和、善意……

他告诉亚当斯基先生，说他们来自金星，亚当斯基先生他坦然自如，细心地看着眼前所发生的一切……

外星人在临行时，向亚当斯基先生借了一片玻璃感光片，不一会儿他的举动像告别似的回到飞碟里，随即它离开地面升空而去，亚当斯基先生当即拍下了它的照片。

从外星人的脚印里，人们看到上面有图案，后来他们将这双脚印拿到实验室去化验研究，经专家鉴定后发现脚印里有感人的图案，有一种透镜状的飞碟图案，还有一个十字架状的图案等等……

可以想见：这些图案是象征着某种意义的，它是外星人作为某种信息留给地球人的……

看来他们与苏联和美国卫星探测器在金星上发现有两万座城市废墟的建造者有关，估计他们为了躲避冰河期的严寒，迁徒到和太阳较近的金星上，当宇宙大四季气候的高温到来时，他们又转入地内。

于此，美国和苏联的卫星探测器在金星上空早年所发现金星地下有电动脉冲的信息——从而证明：金星人在地下生活、工作是吻合的！

1925年12月13日，上午9点10分，亚当斯基先生在加利福尼亚洲帕洛局地区郊外，他无意中又看到金星上来的那架飞碟降落在地上，他看到它有20米大，5米高，上有穹窿状舱室，四周有三个圆球状的设施。

在这次接见中，外星人将11月20日借去的玻璃感光片还给了亚当斯基先生。

事后，他从玻璃感光片上看到密密麻麻的排列成行的外星文字和图案……亚当斯基先生对这些外星文字与图案未能理解，许多人类学家、语言学家曾作了长时间的探讨，均未得出明确的结论……

外星人与他接见完时，亚当斯基先生又用6寸反射望远镜式的相机拍下飞碟的照片。

从此后，亚当斯基先生和金星人成了相识的友人，在以后的一些日子里，他们有过很多次来往。纵然如此，但，若是亚当斯基先生他不愿意讲诉往史，那么以后的事人们也就不得而知了……

由于亚当斯基先生他和金星人的交好，成了世界的名人，后来他曾到世界各地去旅行访问，受到各国政府和科学家及社会名流们的热烈欢迎。

在欧洲他曾获得一些国王、皇后的召见，甚至教皇也单独会晤过他。

从而笔者在想：天下研究UFO及飞碟的人们也应该同样把亚当斯基先生的名字留在我们的心中，愿他能和我们一道并肩携手向着美好的未来前进……

战斗机向UFO开火

文_聂 云

1947年，美苏开始了冷战时期的军事对峙。双方关系十分紧张，都担心对方进行入侵，包括空中入侵。在这一时期，前苏联防空部队曾多次发现，有不明飞行物光顾前苏联领空。前苏军不得不进行空中拦截，但均以失败告终。日前，西方媒体披露了前苏联有关遭遇飞碟的内幕。

高加索惊魂

1947年的一天，前苏联高加索军区防空部队忽然发现，一个雪茄一样的飞行物体从土耳其方向进入前苏联领空，飞行高度大约为4000米。前苏联防空炮可以攻打1.2万米范围内的飞机。然而，这一不明飞行物速度相当快，最大时速高达2000千米，远远超过了世界上已知战机的飞行速度。"二战"结束后，世界最快的飞机是喷气式战斗机。然而，喷气式战斗机最快的时速只有1000千米左右。高加索军区防空部队还没来得及动用防空炮进行攻击，不明飞行物突然加速飞行，消失在远方茫茫的山区上空。

前苏联军方感到了巨大的压力，担心受到上级部门的批评和指责。在这之前，不明飞行物从土耳其进入前苏联领空时，前苏联边境部队和庞大的黑海舰队均没有及时发现。这可是重大的"漏情"问题，如果被政府高层知道，军方将受到严厉查处。于是，军方下令严守秘密，不得将这个情况对外泄露。

危机一刻

1984年的一天，前苏联南部的突厥斯坦军区阿斯特拉罕防空部队突然发现，在边境附近里海沿岸飞行着一个不明飞行物。它是球的形状，高度为2000米。防空部队使用无线电进行查询，然而不明飞行物根本就不回答。前苏联防空部队认定，这是一架敌对的飞机，是对前苏联领空的侵犯。于是，防空部队下令两架值班的战斗机升空拦截。战斗机发现目标后，试图迫降不明飞行物，但没有成功。在这种情况下，战斗机开始向不明飞行物开火。不明飞行物却突然下降高度，进入只有100米的超低空飞行。战斗机无法在如此低的空域飞行，也无法进行攻击，只能眼看着不明飞行物在自己眼皮底下飞来飞去。令战斗机飞行员感到惊奇的是，不明飞行物虽然遭到攻击，但在超低空飞行时显得很正常，丝毫没有被击中的感觉。随后，不明飞行物飞过几支军事部队所在地的上空。前苏军认为，不明飞行物可以拍到许多军事秘密，于是决定设法迫降不明飞行物。

不明飞行物飞到克拉斯诺亚尔斯克城附近时，防空部队立即起飞一架武装直升机。直升机升空后，迅速向不明飞行物飞去。不明飞行物发现它飞过来后，突然爬高。直升机驾驶员知道，不明飞行物试图溜走，马上向不明飞行物发射武器。结果，武装直升机所有武器都用完了，也未能击中不明飞行物。直升机一般只能飞到几千米，不明飞行物很快就飞到了高空，远远超过了直升机能飞的高度。武装直升机无可奈何地看着消失的不明飞行物，不得不降落。不明飞行物飞行一段时间后，突然朝大海方向飞去，从防空雷达荧光屏上消失了。

子母飞碟

1985年的一天，在前苏联克拉斯诺沃茨克城附近，防空雷达突然发现一个巨型的不明飞行物显示在荧光屏上。不明飞行物形状如同碟子，大小达1千米，而且还在悬停着，没有移动。过了一会儿，一个5米大小的小飞碟从里面飞了出来，降落在克拉斯诺沃茨克附近。前苏军巡逻部队立即赶过去，想俘获它。然而，巡逻部队离小飞碟还有100米的时候，小飞碟突然起飞，飞到离他们1千米的地方。巡逻部队不甘心，继续追赶。然而，小飞碟如法炮制，再次飞到不远的地方。巡逻部队总共进行了五次这样的追赶，均以失败告终。不久，小飞碟突然加速离去，回到大飞碟里面。最后，大飞碟朝着太空飞走了。

无法打开

1987年8月初，列宁格勒现圣彼得堡军区5名士兵接到特殊命令，要求立即去凯雷拉A地区执行特殊任务。他们来到目的地后才知道，那儿有一个不明飞行物。不明飞行物是在维堡城附近被发现的，长约14米，宽约4米，高25米。士兵们想看看地面到底有什么，就去寻找入口。然而，他们惊奇地发现，不明飞行物没有任何舱门或其他进出口。士兵们花了半天时间，也没有发现任何入口。他们不甘心，决定采取强硬措施，试图把一些地方拆开。然而，他们折腾了半天，只从尾部取下一些金属条之类的东西，根本无法打开里面的东西。前苏军不知里面有什么，十分谨慎，只好作罢。当年9月底，不明飞行物突然从机库里飞走了，没有留下任何痕迹，消失得无影无踪。

来自何方

1971年6月底，卡普斯廷雅城附近，前苏军士兵们可以看到，在800米的空中云

层下飘浮着一个飞行物。它形状如同雪茄，黑黑的颜色，长约25米，直径在3米左右。然而，它没有机翼，没有发动机，却以150千米的时速移动着，没有任何噪音。有人认为，这是前苏联秘密研制的飞碟。20世纪60年代末，前苏联确实秘密组建了一个实验室，专门研究飞碟，以及抗重力的飞行器。然而，前苏军遇到的不明飞行物到底是什么，谁也说不清。

佛罗里达上空的UFO

文_祖 华

1999年9月7日清晨5时左右，美国东南部佛罗里达州有许多人在不同地点目击到UFO。有趣的是，在飞碟问题研究情报中心，众多目击报告中所描绘的UFO却五花八门、大相径庭，这实在令人匪夷所思。

三角形UFO

当天早上，一位名叫约翰·魏的热心人走进佛罗里达州西海岸汤姆伯市电视台，随身带来一盘录像带。他说，他是旅游观光路经此地，清晨在海岸附近见到UFO，便用摄像机记录了下来。

这盘录像带清晰地记录下一个巨大的三角形飞行器在空中由远及近渐渐飞来。不过，当摄像机继续追随飞行器背影渐渐离去时，它的外形又仿佛是希腊字母σ。

雪茄形UFO

几乎在同一时间，另一位目击证人在汤姆伯市东北160千米处驾车行驶时，看到空中有一个巨大的雪茄形不明飞行物。

起初，那人简直不相信自己的眼睛。后来，他停下车，聚精会神观看起来：那是一个银白色雪茄形的飞行器，由南往北在空中飞翔。它时而一动不动地悬挂在空中，时而往北变速飞行。他头脑中的第一个反应："没错，UFO！"

一个色彩斑斓的光团

女医生维佳与儿子莱亚住在谢明诺乌尔小镇上。7日早晨，一束明亮耀眼的彩色光线从窗外直射进卧室来，把女主人惊醒。一看时间才4时59分，她猜想："难道有人开车送急诊病人来？"可当她快步走出门，屋外什么也没有。

这时，她抬头一看，西边空中有一个不断转动的色彩斑斓的光组成的很大很大的光团。远远望去，它犹如一个巨大的、五彩缤纷的龙卷风的中心。五彩的光线有：玫瑰色、红色、橙色、黄色、淡绿色、蓝色、紫色……是她一生中从未见过的最美丽的彩虹。

维佳慌忙叫醒儿子。当惊醒的儿子来到窗前看到这束光时，旋转的光已经变得暗淡，化为青紫色的光流，中心显现出一个碟形怪物，一动不动地停在远方树梢上方的高空中。

奇怪的是，莱亚一见到它，竟惊慌失措地连奔带跑退回自己的卧室内。儿子的恐惧很快感染了妈妈，女医生全身皮肤一下子起了一层鸡皮疙瘩，呆呆地望着飞碟越升越高，然后休克过去。等她苏醒过来，值夜班的丈夫已经回到家。一整天，女医生都闭门不出，无法遏止的恶心和眩晕时不时向她袭来。

一艘真正的宇宙飞船

与此同时，从阿尔卡季耶到萨腊松的72号公路上，一位名叫杰拉尔特的目击者坚持，他看到的不是UFO，而是一艘真正的宇宙飞船，其大小至少有一个半足球场那么大。它在空中慢慢移动，有时悬在空中不动。

好奇的杰拉尔特把车停在路边仔细观看。那宇宙飞船离他仅100余米，这使她能够把飞船的轮廓看得清清楚楚。那高约20厘米、长约40厘米～50厘米的长方形舷窗中透出天蓝色的辉光，尾部还有一束耀眼的白光往下直射到地面上。不一会儿，它便以高速瞬间消失在远方高空中。

两个白色光球

圣彼得斯伯格的一位67岁的老太太，那天早上也被一束银白色的强光惊醒。整个卧室被这束强光照得如同白昼一般。她住房的窗户正对着塔姆伯培海湾。她探头向窗外望去，看见"海湾水面上空有两个很大很大的光球，自西向东平稳滑动"。

那两个光球看上去是空中月亮的六倍，而且比月亮亮得多。它们在水面上方18米～20米处，闪烁着白光悄无声息地疾驰，白光是从球底射出的。当她想到阳台上看个明白时，那光球早已消失得无影无踪了。

结缘UFO：FBI档案中的致密前三页

文_霍桂彬

舒根的保证

在肯尼思·阿诺德目击到UFO两个星期后，美国空军情报局军需情报部主管乔治·F.舒根准将会见了FBI特工S.W.雷纳德，询问是否能在军方调查UFO时提供帮助。

解密的资料表明，在当时的联邦调查局局长J.爱德加·胡佛的要求下，自1947年6月以后，FBI以极高的热忱监视着有关飞碟方面的情况，而且兴趣不仅仅在收集证据上。

雷纳德认真地聆听着舒根的指示："必须采取一切行动，追踪并确认飞碟是否真实存在。如能肯定，则要了解有关它的一切情况。"舒根还透露说，一名空军飞行员最近报告说看到了一个碟状飞船，并坚信这东西非同一般。因此，当局已下令空军下属各部门收集证据。

在阿诺德目击UFO数个星期后，舒根一直以为飞碟是前苏联的秘密武器。正是出于这一点，空军方面才向FBI求援。

无论飞碟来自何方，舒根告诉雷纳德有一种可能性：飞碟不是陆军和海军的试验品。那么，它们果真是来自前苏联，还是来自更遥远的地方？

FBI总动员

1947年7月24日，FBI官员E.G.费茨给国内情报局副局长D.M.拉德一张两页纸的备忘录，内容主要是关于胡佛局长对7月初空军方面拒绝FBI调查在路易斯安那州发现并回收一个飞碟表示关注。

雷纳德回复费茨说，舒根将军向胡佛局长表示，保证在此事上予以全力合作。他将指示各地机构与FBI配合，允许FBI特工检验所有发现的飞碟。

双方还探讨了相互交换情报的方式。于是，同年7月30日，在《局方公告栏》上，FBI发表了总动员令：

"你们应调查有关飞碟目击的每一起事件，以便确定其真伪。应特别注意目击人报告的各种动机，有人很可能是想出名，或制造混乱，或开玩笑。

"所有目击报告及调查结果必须通过电报送达总部。有价值的报告还需附上详细的调查经过。空军方面已表示在此事上予以我们全力合作，而我们有关飞碟方面的任何进展，也必须及时通过惯常联方式通报军方。"

由此，揭开了FBI正式介入调查UFO的序幕。来自军方的目击报告。

1947年7月8日，某军官在芝加哥空军基地附近散步时，看见有五六个人指着天空叫喊。起先他毫不在意，直到走在他前面的一名上尉和机长叫住他，他才知道是怎么回事——天空中有三个飞行物正沿西北方面掠过天空。前两个飞行物的速度高于普通的P-80型飞机，高度在2400米～3000米之间，视距离7000米～10000米。它们看似圆形，浅灰色。后一个飞行物似乎在自转或者滚动，因而很难判断出其形状，唯一能感觉旋转时忽明忽暗。目击时间约为4秒。此时，该军官从未出过如此景象。

1947年7月3日20时30分～21时30分之间，俄克拉荷马市飞行员拜让B.莎瓦基发现天空中有一物体，位于南面天空160度方位。城市的灯火似乎在物体表面产生反光。他赶紧喊妻子，快来看这个"飞过头顶的大白飞机"。可当它飞到45度仰角区域时，他意识到这不是一架普通的飞机。乍看之下它呈椭图形，临近时呈圆形，底部扁平，像个铁饼，长宽比例约为10：1；高度在3000米～5400米之间；无尾，同B-29飞机位于相同的高度。观察时间在15秒～20秒，飞行速度为喷气机的三倍，在所有状态下，它呈白雾状。

1947年8月7日10时45分，一些费城居民（包括一位退役空军飞行员）看见在300米天空有一个发着蓝白光的飞碟，沿着东北向西南方向飞行。该飞行物有尾烟，目击时间约2秒，可以隐约听到嘶嘶或嗡嗡的声音。退役飞行员认为，它不是喷气机，因为声音太小。估计飞行速度为640千米/小时。

1947年8月13日约9时，住在华盛顿州雷德蒙的西德克尔和L.R.布鲁麦特看见了两个飞碟。西德克尔在邮局看见丁两个十分亮的物体正高速飞行，它无翼、无声、无尾，两端逐渐变小，看似扁油罐，目击时间约8秒。布鲁麦特估计飞行速度是一般飞机的三倍，此外，俩人还找到一位目击证人，该女士说除了看见两个银球高速飞行之外，什么也不知道。

洛杉矶的传言

1947年8月14日，胡佛获悉洛杉矶报纸头条新闻称前苏联间谍已奉命潜入美国，寻找有关飞碟的真相。原因是苏方认为飞碟可能是美国军方重点保护的新型防御方式，从美国政府片面来看并未有此类情况出现。

8月18日，胡佛得知此消息来源于某联邦调查机构，但具体名称至今不得而知，时此事也未有定论。后来，前莫斯科航空学院的瓦拉里·布达科夫承认，受斯大林委派的确曾有特工在美国尤其是新墨西哥州出没。令人吃惊的是当时前苏联就知道飞碟既不是美国制造，也不是地球上任何一个国家所制造。

X上校的观点

但是在20世纪40年代，FBI中的任何人（包括胡佛）对上述情况都一无所知，只是猜测，如果真有前苏联间谍潜入美国的话，那飞碟肯定来自美国。于是，雷纳德特工受命与空军联系。

1947年8月19日，雷纳德与空军情报部门的X上校见面，双方开诚布公地讨论了飞碟是否为空军或海军实验的秘密武器的问题，还谈及如果是美国的绝密研发计划，那将对西方世界而言意义重大。令雷纳德吃惊的是，X上校不但承认有此可能，而且还称情报部的某科学家也同意此观点。这主要是因为，当不明飞行物在瑞典出现后，战争部的高级军官向空军情报部汇报这一情况时，他们却漠不关心。因此他认为战争部可能早就了解在本国出现的不明飞行物的真相。

雷纳德感到迷惑：假若真是军方的高度机密，那又何必要花费大量人力物力让FBI来调查此事呢？

于是，雷纳德向战争部情报处询问，飞碟是否为政府研制。战争部坚决否认曾以任何形式介入UFO凋查。并且在复函中"以张伯伦将军和托德将军的名义保证，军方没有进行导致误认为飞碟的任何实验"。

必须注意到两点：第一，倘若车方完全明白UFO属美国制造，那么它不可能危及国防安全则根本没必要请FBI协助调查；第二，1948年，美国海军学院的唐纳德·基豪少校五角大楼安全官询问有关绝密军事试验与UFO的看法时，安全官跳了起来："天啊！这绝不是真的！如果是真的，我们还会下令让飞行员去追逐那破玩意儿吗？"

飞行教官的自述

"1947年8月6日18时15分，我正在俄勒冈莱机场指导一个学生起飞。当时，我注意到米特克里克表面1500米～2000米的空中有一物体。当时天空能见度很好，物体似乎是钳制材料所制，闪闪发光。我立即把驾驶权从学生手中转换过来，向东拉升120米，以便更好地观察此物体。

"我看见该物体也随即爬升，向东以1600千米/小时的速度飞行。此物体呈椭圆形，其右侧还有另一个稍暗的物体。我没有观察到尾烟，也没听到什么声音，约10分钟后，我飞回机场，接着做一遍起降。在120米空中，我和学生在相同位置看见了该物体，其直径约12米。第一眼看见它时，我感觉很近，好像很快就可以靠近它，我的学生估计该物体直径有15米。第二次见到它时，从他的方位观察到物体以垂直方式爬升，他也没有清晰地听到任何声音或看见任何尾烟，学生被吓得够呛。

"本人曾在海军航空队服过半年军役，职务是上尉。"

FBI波特兰分局立即派人到米特克里克进行调查，情况基本属实。

以上只是1947年中期的一些目击片断，目击者多为军方人员。

正是由于这些目击事件，才使得FBI认识到调查UFO的必要性和重要性，从而决定对飞碟进行更为广泛深入的调查，这也是"蓝皮书"计划的源起。

格罗姆河上的航天飞碟

文_马文会

那是1995年的事，盛传着在美国内华达州的格罗姆河上空经常出现飞碟。人们早就知道那里有一个秘密的军事基地，因而飞碟之说更加引起世人的关注和兴趣。美国《大众机械》杂志社还派出记者前往暗探。

在内华达沙漠灼热的阳光下，记者带着望远镜，录像机和一台四轮无线电扫描器，摸索着向目标前进。他们行动十分小心，否则会前功尽弃。四轮无线电扫描器在爬坡时虽很不便，但没有它却不行，它是一台安全警救装置，以避开设在路旁的传感器。

夜间，记者到达基地的护墙之一，轻轻地从地面站起，窥视内情。他看到，在那19千米长的黑色灌木林的后方，正好是朦胧的"梦地"，万道光亮照着山谷，此山谷就是所谓的51号地区。这是美国财政支出的大黑洞，每天在这里要耗费100万美元，但却从未吐出半点消息。这里有一个复杂的机库系列，巨大的双曲线天线和两条世界上最长的飞机跑道。51号地区，正是在格罗姆河古河床的尽头。40多年来，从这里相继飞出了最机密的U-2侦察机（20世纪50年代）、SR-71侦察机（20世纪60年代）、F-17隐形机（20世纪80年代）……

柏林墙倒塌已很多年了，格罗姆河的灯光依然照亮着夜空，就像仍处于战时，并以高度的警惕性保卫着那里的一草一木。武装的便衣人员在林中巡逻。没有标记的"黑鹰"武装直升机不时低飞而过，电子传感器沿着出入口的道路，时时报告着车辆等的交通情况。

到了1994年夏天，美国空军当局还想掩盖那掩盖不住的事情。军方发言人说："我们在格罗姆河古河床的附近，确有一些设施。它们是用来试验、训练设备和人员的，至于一些特殊的活动，那是不能谈及的。"

军方的这番话，当然无法解释，猜测自然油然而生。专家开始研究格罗姆河的情况，他把此地称为"UFO的首都"和"美国公开的秘密基地"。关于格罗姆河的文章和电视几乎不断出现。但这里成为UFO探索者的兴趣所在，是源于飞碟。这位记者说："我们出于同样的理由，于1993年秋到格罗姆河探秘。有充分的理由表明，若军方有飞碟，那么它必在这里。"

可以相信，51号地区的某个地方隐藏着飞碟，且已做了不止一次的飞行。1988年，基地试飞了一种名为"沙艾发"的圆盘形无人飞机，其直径为18米，它具有很大的机动性和地面效应，故做侦察用途时，能适应地形且易于隐蔽。还有一系列的飞行器是南摩拉国际公司所承制，其最新的产品是M200X，是一种8引擎、1人驾驶的飞行器。

5年过去了，由于一系列军方文件的解密，《大众机械》获得了更多的资料和更详尽的细节。解密文件指出，军方过去有一个秘密计划，那是有关研制12.5米直径飞行器的方案，其目的是在480千米上空对前苏联进行核打击。

这是一种核动力飞行器，名叫"透镜状重返大气层飞行器（LRV）"，是南北美航空学院洛杉矶分部的工程师们所设计，且与军方签有合同。而该计划的具体管理，则由莱特派特生空军基地负责，那里还驻有一批曾从事过火箭和飞盘研究的德国专家。

LRV的研制工作一直逃过了公众的注意，那是因为五角大楼把它划入所谓"黑预算"的项目之内。所谓"黑预算"，是指秘密计划并入为保密的项目之内，以避人耳目。可是到了1962年12月，LRV又被列入保密项目，理由是这是一种攻击性武器系统。直到1999年5月，美国国会命令军方重新审查老文件，从而改变了

LRV计划的性质，降低了保密等级，从而可向公众公开。

据文件称，LRV为四座飞行器，可在480千米的高空飞行6星期。武器舱载有四翼飞弹，可发射，也可放置在空间轨道上。从其设计来看，它的机架直径在12.5米，材料强度足可耐住8克的加速度，在发射升空时足以经受住风的剪切力，但其推进器为何种类型，却未提及。人们猜测，LRV很可能为多级火箭所载，就像阿波罗登月飞船上所用的土星推进器。但从工程技术上来推敲，却有耐人寻味之处，即LRV很可能有一个核动力装置，它由美国空军和原子能委员会提供。事实上，基地已研制出核火箭，并在内华达进行了成功的试验。虽然政府称有关核火箭的全部记录已解密，但据能源部（DOE）人类辐射实验的数据库资料来看，情况并非如此。该记者翻阅了有关核火箭的大量文件（它们都保存在洛斯阿拉莫斯国家实验室的大楼内），也证实了这一点。此外，最近DOE的发言人称，有关核动力的文件，只要与军事有关的，都未解密。由此而见，有关LRV的解密文件虽未谈及核动力，却并不表明它没有核装置，而是被有意地抹去了。

LRV内有一个四座楔形舱，这个舱把飞行器的前部分成两部分，前面为工作区域，后面则为休息区域，而核火箭系统位于飞碟的后部。

虽然这些火箭并不被称为多级独立重返大气飞行器（MIRV），但它跟多弹头投掷器的描述颇为吻合。LRV配上MIRV，按军方的说法，使它完全有能力消灭前苏联的战斗能力。

在正常飞行中，楔形舱将作为LRV的飞行控制中心，若碰上紧急情况，飞行员可点燃该舱专用的2.3万千克推力的固态燃料火箭，使舱体脱离飞行器，然后舱降落伞自动打开，使其缓慢地降至地面。这十分类似于计划用于国际空间站（它目前正在太空构建中）的X-38救生船。按工程技术书上对飞行器的描述，LRV应整体返回地面，它将用核或液态（燃料）主火箭来刹车，以缓慢下降，并以飞行器的侧面（即以扁平状）切入大气。盘状易散发重返大气时的摩擦热量，飞行器扁平的尾翼结构有利于稳定方向和控制。在它着陆前的1分钟，滑行器将从飞行器底部伸出，以使LRV在干河床上着陆。

虽然前面谈到LRV载于多级火箭之上，但解密文件内始终未有升空描述。那么，这个约8000千克（不包含人员、武器、燃料和其他必需物资）的重物怎样进入高空？人们现在对其高压液氨储藏器进行推测，认为它可能是用举重气球吊入高空的。

1997年，军方就外星人登陆罗斯韦尔的说法辟谣，披露了举重气球的研究情况。在某些实验中，就有将6800千克的重物提升到6万米高空的项目，但没有说明是否与LRV有关。而用气球提升LRV的试飞过程，可以肯定地说，十分符合有关"UFO停在空中，然后又静悄悄地向上窜去"的这种报道。

从LRV的工程图中找到，它的主引擎燃烧的是自燃式火箭燃料，这是一种高反应性液态燃料，一接触就会爆炸，并释放出巨大能量。从网中可看出，LRV大约备有4540千克的四氧化氮和肼。

不过话还得说回来，LRV的解密文件，迄今仅告诉我们这个故事的部分，而非全部。随着时间的流逝，诸如该飞行器的结构详情以及飞行记录，相信都会被披露出来。最终也许会让人知道，LRV仅是一个白日梦，仅是一个花费了几百万美元的一纸方案。或者，它也许是飞行史中最富有冒险的试验：飞碟的试飞。看来，这个神秘的碟影还将隐藏一个时段。

美国UFO考察纪实

文_金 帆

2003年6月19日，我与夫人从大连乘日航班机途经日本东京于6月20日中午到达美国芝加哥。儿子从麦地逊开车来接的我们，车顺着94号公路开了近3个小时才到达麦地逊儿子的家中，儿子在美国威斯康辛州政府卫生部信息局工作，电脑专家。儿子住的地方环境很优美，房子也挺漂亮，周边都是成片的绿草地，据儿子说这里是几年前才开发的小区。儿子是93年到美国直接攻读硕士学位的，由于学习成绩优异，结业后就直接被留用工作了。就这样在麦地逊一住就是10年，由于他英语非常好，从而为我在美国的考察工作也带来了方便。

美国是一个科学技术高度发达的国家，因此想了解点什么在电脑上基本上都可以查到。在儿子的帮助下，很快查到了美国的UFO研究组织，其中最具影响力的是美国国际UFO联合会，总裁是约翰先生，该组织是在美国联邦政府注册的非盈利性质的社会团体，现有会员5000余人，各个州都有地方组织，每年他们都召开一次大型学术研讨会。约翰先生得知我是从中国来的又是世界华人UFO联合会秘书长，非常高兴，他马上邀请我参加7月4日～6日在密执安州底特律市召开的国际UFO大会，并发来了大会的相关资料，约定在大会上面见。为了去参加这次大会儿子特意请假，开车陪同我前往。从麦地逊到底特律开车需13个小时。大会是在底特律一个四星级宾馆召开的，会议设主会场场、展销厅、展览厅。当我与儿子赶到会场时，大会的执行主席密执安州UFO组织负责人，热情的接待了我们，并立即将我们到来的消息，向大会做了报告。按照他们大会的规定，报到需交注册费，进会场需买门票，需要资料得交费，这一切对我们全免了，大会主席亲自将大会的相关资料及他本人的著作免费赠送给我，许多与会代表纷纷与我们交谈，因约翰先生当时正在做报告，所以便与代表们交谈起来，大会执行主席热情地请我们参观展销厅，该厅是由各UFO研究组织设摊，销售他们编辑的UFO著作，及有关UFO的工艺品、纪念品等。UFO著作的作者现场卖书，这些物品及书籍价格一般都在20美元以上，当他们知道我们是从中国来的UFO研究者，都非常热情的接待了我们，有一位UFO著作的作者兰地夫人立即将她的著作，签上名赠送给我们，有些地方UFO研究组织负责人更是盯住我们不放，纷纷约定单独详细面谈，尤其是海尼克UFO研究中心总裁马克博士更是要求我们做一次学术交流，该组织是美国第二大UFO研究组织，是著名的UFO研究权威，海尼克博士组办的，他在世时该组织挂靠美国政府，他去世以后，指定马克博士为接班人，但从此该组织也脱离了政府而独立活动，他们的会员绝大部分是中高级科技人员，有很多人曾在政府工作时参与过UFO案例的调查研究工作，因此该组织以研究UFO为自己的工作重点，大会上他们也设了展览摊位，主要销售他们编辑的论文集及相关的UFO著作，因时间关系，当时我们只能简单的交谈一些双方特别关心的问题，双方约定另安排时间正式交谈，为了表示对我们的欢迎，他们赠送了一套资料给我们，由于儿子工作关系，不能全程参加会议，所以只好与他们约定另行安排时间面谈。

第一个面谈的是维斯康辛州UFO组织负责人比尔先生，因他家住在麦地逊，所以见面比较方便。因此在参加完国际UFO大会后，回到麦地逊的第一个星期天，我与儿子应邀来到比尔先生的家。我们到他家时老先生早就在门口迎接我们了。比尔先生老俩口住着一幢红色的老房子，但房间内装修却很好，因天气较热，老先生特意安排在他们后院的凉亭内会谈，比尔先生是一位退休的特殊教育的老师，硕士学位，老伴是州政府的会计，老俩口都是UFO研究的执着者：他们的子女都大了独立生活。老俩口非常健谈，尤其比尔先生对UFO特别热心，尤其对中国UFO研究表现出极大的兴趣：没等我开口，他便连珠炮似提出一连串的问题，我只好一个一个地耐心回答他的问题，当他对我们中国的UFO研究有了一个基本了解后，不由自主的连想到了他们美国UFO研究，因此当我向他提出问题时他也非常坦诚的将他知道的一切全告诉了我们，比尔先生详细的介绍了美国UFO研究组织的现状，以及他们的活动情况。美国的UFO研究组织也需要在联邦政府注册但不需要主管单位，他们的经费来源主要是自筹，在他们的组织内除了理事会以外还有董事会，董事会是该组织的决策者。经费也是靠董事会提供的，会员也需交会费，参加各种会议费用由会员自理，其它费用由赞助商，政府是不拨款的。但由于他们会员中有很多有钱人，所以搞一般的活动经费上是没问题，另外每一位会员基本上在经济上都还可以，在美国一般每一个成年人都有自己的汽车，所以在交通工具上不存在问题，参加会议都是自己开车前往，在美国开车16岁以上就可以，年龄没上限规定，只要你身体可以就行。我们的会谈很快就进入到实质性的问题，当我们提出你们美国是否掌握外星生命存在的证据时，比尔先生毫不犹豫的回答说：美国政府是掌握的，这个问题我们是非常清楚的。我说：你能不能举例说明呢？他第一个就提到了罗斯韦尔事件，他说这个事是真实的事件，因为他多次参加过美国的UFO大会听过当年曾参加过罗斯韦尔事件调查的人做的报告，这些人过去都在政府中工作过，退休后因知道UFO许多真实的事，因此参加UFO联合会，继续搞UFO研究，以至于后来的MJ-12小组、白皮书等，这都是客观存在的。在这方面了解最多的是福利德曼先生，他是一个核物理学家，外号大胡子。他曾经调查过许多当事者，因此他编辑出版了《罗斯韦尔》等许多著作。他还到世界各地做报告，介绍这些事件。近些年，他还应邀到联合国做过UFO的情况报告。话说这里我又问他：为什么在媒体上时常会传出美国政府的有关部门及个人出来讲话否定这些事件呢？比尔先生听到这话马上表现出不满的情绪。他忿忿地说：那纯粹是为了欺骗、为了掩盖事实，美国政府把这个事当成绝密的事来对待。他根本不赞成公开的谈论UFO。我又问他：美国政府为

什么采取这种态度呢？比尔先生这时情绪稳定了一些，毫不掩饰地说：美国政府所以采取这种态度，首先，他们认为这是当今世界最重要的事情，谁先掌握了这一切，谁就取得了绝对的领先地位。因此他要独家垄断，绝不能让别人知道。其二，为什么不公开承认UFO的存在呢？美国人有一个最坏的毛病，自认为自己是世界上科学技术最发达的国家。偏偏UFO现象有很多他无法解释清楚的地方，尤其是他没有任何办法可以抵御UFO。这使得他很没有面子，如果让世人知道了会影响他的声誉，所以他就来个避而不答的办法。还有第三个原因就是美国的媒体影视界把外星人大肆的炒作而且大部分说的很恐怖，所以在人们的心目中外星人很可怕，所以政府也怕承认此事会造成社会混乱。

对有些所谓科学家也有时说些否定的话，其实这也不奇怪。因他本身就说不清楚此事，自己想研究吧又比较难出成果。在美国这个社会没有成果，就没有收益，就不可能出名。这种得不到钱又得不到利的事当然他不愿意承认了。

比尔先生说到这个问题我也有些同感，确实，搞UFO研究目前应该说完全需要一种无私奉献的精神。UFO研究是关系到人类的进步的伟大事业，如果有所发现有所突破，必将会造福地球人类，虽然是意义非常重大，但一般人很少知道，既便有的人知道，但他也深知其艰难：在一定的时间内是很难取得成果的。所以有的人考虑到个人得失时会避而远之，就是在我们的UFO研究者中，不是也有不少的人悄悄地退出了UFO研究者的行列吗？何况美国是一个以金钱为主的社会，难怪他们会采取一些不公正的做法。为此我向比尔先行介绍了中国的情况，在中国只要是以科学的态度研究UFO，政府是赞成的，这个可以从我们在中国合法的成立UFO研究组织就可以说明这一点。另外中国有公开发行的《飞碟探索》杂志，而且是全国少数发行量较大的杂志之一，现如今已经发行了20多年每年出六期，当即我送了一本给他。比尔先生非常高兴，另外我还给他看了展示大连风光的画册和光碟。其中有大连经济技术开发区童牛山上修的飞碟型观景台。他连叹："上帝太漂亮了，中国太好了。"我接着给他们看中国报纸介绍UFO事件的报道以及报纸采访我的文章等。他高兴地说："你们做的太好了，我们美国做的不好。"比尔先生显然有些伤心，为了安慰他，我说："你们美国对UFO可不全是封闭的，2001年1月11日纽约时报第一版就刊登了该报驻中国首席记者罗林女士采访我和孙式立先生的文章，而且在2001年3月17日，你们美国电视探索频道派3人摄制组到中国大连拍摄采访我的专题片，这都说明你们美国政府是关心UFO的。"比尔先生听了以后说："美国政府就是这样，实际上他们非常重视UFO，可是有时候却说假话。现在在美国只要哪里发生了UFO事件，政府马上就控制起来，不允许宣传。所以我们除了成立国际UFO联合会和海尼克UFO研究中心以外，还由这两个组织赞助成立了UFO基金会，这个组织是专门对付政府的，只要知道政府掌握UFO方面材料，就由基金会出面与政府交涉，这也算是利用美国的民主吧。另外这里还需说明一点，在美国还有很多小的UFO组织，但他们大多数都不正规，其中甚至有的是歪曲UFO搞不科学的东西，我们也反对他们的做法，所以我们从不与他们打交道。其实这也是美国这种制度的一种毛病没有办法。"就他这个话题我说："在中国成立组织是很严格的，搞不科学的东西是不允许的，这样做可以避免出乱子。"比尔先生连连点头表示赞同。

接着我又问了他们现在如何开展UFO研究活动，这一问题又打开了他的话匣，比尔先生说："我们美国的UFO研究走过一段艰难的历程，在20世纪40年兴起以来到60年代一直很活跃，可是到70年代影视界大肆的炒作UFO，什么星球大战、外星人等的影片把外星人渲染的太过份！简直到了疯狂的地步，人们从对外星人感兴趣变得逐渐的开始不愿意接受外星人了。政府也开始避而不谈UFO了，我们的研究也越来越困难了，从而逐渐的造成了许多年青人也不理解外星人了，所以这给我们更深入进行研究造成了极大障碍，因而周围的人连外星人的存在也不愿意承认，你再去讲更深的理论，他就更不接受了，为了改变这种被动局面，我们现在不得不把工作重点放在UFO实际案件的捕捉搜集方面上来，对搜集到的案例进行科学的分析论证，千方百计的找到令人信服的证据来，因为原来那些案件证据都被政府控制了，虽然说美国号称民主社会，可是事关国家利益的事他绝不会让你得到的。因此我们现在要通过自己的工作来搜集到这方面的的证据。一旦我们得到了就可以有力改变当前的局面。到那时政府也没办法，他会主动找我们合作的，当然也有少数人坚持搞一些理论上和应用方面的研究。"说到这里比尔先生高兴的拿出了他保存的UFO录像带及各种UFO专著。这些专著中就有专门介绍罗斯韦尔事件的书，接着他选出几本UFO录像放给我们看，其中有他们开大会的录像。有一本专门介绍UFO案例的录像。这些是他的珍藏本。看了以后确实大开眼界，以往看到的UFO录像太多数是一个光点在运行，可这次看到是在墨西哥拍到的非常清楚的碟型飞行物，在城市上空飞行。现场人物、建筑物等都在画面上，这个录像无可争辩地说明UFO——不明飞行物的存在，完全区别于地球人类的产物，比尔先生一边放带子一边说："我们现在工作好多了，因为有了这些东西可以说服很多人，所以我们现在开大会、发广告，社会上有很多人也来参加。我们坚信将来一定会有更多的发现，到那时情况会更好。"这时我也向他介绍了在中国发生的UFO案例，并将我们制作的中国辽宁大连庄河地区上空出现的UFO案例的光碟放给他看，比尔先生及其夫人看了以后连呼："上帝！你们中国很大，人又多，一定会发现更多的UFO案例，以后我们多合作交流这方面的信息，以促进UFO研究活动的开展。"

接着我又问了他："你们在UFO理论方面重点研究哪些问题？有没有突破性的进展和成果？"说到这里比尔先生反倒客气起来，他说："首先说我个人在这方面还是学习为主。当然有的人在做一些譬如超光速、新动力、新材料、通讯传导等等的研究，目前应该说还是推理假设，但有些原理的研究已在实际应用中发挥作用了，比如我们很多的尖端技术的原理都是受到这方面启示。因为我不是这方面专家还无法说出详细情况，这些我只是从有关材料中看到的。比尔先生是一个非常坦诚的人，在说话中他还时时谈到美国政府的一些看法，非常直爽。所以他说的话是实在的，为此我谈了一些看法及其观点。首先我表示赞同他们务实的研究方法，也指出应主动向外界多做一些正面UFO科普宣传，让大多数人能正确的理解UFO，对一些不正确的做法及说法，要以科学的态度、说理的方法予以改正，这样会有利于UFO研究工作的开展。比尔先生听了以后表示完全赞同，接着我介绍了我们在中国开展UFO、外星文明展览的情况。当他听说展览一个月有20多万观众去参观时非常惊讶，连声说："太了不起了。"我把展览的文稿及图片给他看，他急不可耐地问："你们有这样的书吗？"我说："正准备出。"他高兴地说："你们出了以后，一定给我一本。"在这个展览文稿中完整地介绍了UFO知识，从UFO的来由到是否存在，为什么存在，从考古到现代，用详硕可信的案例说明，令人耳目一新。还详细介绍了UFO的各方面知识，并谈了我们中国目前对UFO的一些理论观点等。比尔先生不假思索地脱口而出："你的这个材料完全可以开一门UFO的课，可以当教材来用。在我们美国就有一个人在博士论文答辩时就是谈UFO，最后获得了博士学位，我们准备在大学里开设UFO学这门课程，以后我们再开大会一定邀请你来给做报告，一切费用都由我们承担。"我们的会谈由于需要儿子翻译所以整整谈了5个多小时，我们只好告辞。可是比尔先生好象还有很多话要说，因儿子第二天要上班只好再约时间交谈了。

这是与美方UFO第一次正式会谈。约翰先生因在大会期间做报告没能见面表

示非常遗憾。因此我们通过电子信箱互相频繁交换互相关心的问题和看法。通过
与约翰先生的交流进一步论证比尔先生说的一切是真实可信的。约翰先生今年78
岁，是美国UFO研究界德高望重的人，多年来一直担任国际UFO联合会的总裁。
该联合会与世界上30多个国家和地区UFO研究组织保持联系。日本的荒井欣一、
台湾的江晃荣先生等都与他有联系，当他知道我们全世界华人UFO研究者团结起
来成立了自己的组织，非常赞赏。因此，当我提出全世界各国各地区UFO研究者
应该联合起来成立世界UFO联合会、共同探索UFO的建议时，他立即表示赞成
并提议由我来起草倡议书及相关的文件、草拟筹建方案等，为了慎重和更周密一
些，我又应邀在2003年8月16日赴芝加哥与海尼克UFO研究中心马克博士等举行
会谈。当我和儿子赶到他们在芝加哥的总部时，马克博士（研究中心总裁）以及副
总裁、秘书三人迎接了我们。进去以后，首先请我们参观了他们的资料室，这里可
是UFO大全了，房间四周全是书架及文件柜，书架上摆放着世界各地出版的UFO

书籍、杂志、报纸等。还有许多UFO的录像带、光碟等。最珍贵的是文件柜里的东西，那里存放着海尼克博士生前收集整理的UFO案例的资料，当即我们提出可不可以拍录一下，马克博士爽快的同意了我们的要求，随即我们便拿出照像机、数码摄像机把现场的一切都拍录了下来，接下来我们便坐下来认真的进行了交谈，在谈话中，马克博士详细介绍了美国的UFO研究情况，他说："海尼克UFO研究中心现有会员800多人，绝大部分都是高级科研人员，有少数的政府官员。他们纯粹是以研究为主，定期的编辑出版内部发行的资料。"说到这他送给了我最近出版的一套资料集，同样我也送给他一本《飞碟探索》。他非常高兴，他说："我这里世界各地的UFO出版物都有，就是没有中国大陆的，这回你送来了真是太感谢了！这样我这里就全了。"当谈到UFO的理论研究时，他介绍了一些观点，这些观点我基本都已经知道，看来目前各国在UFO问题还是没有太大的差距。我们中国虽然起步较晚，但由于当前信息传递快捷，所以获得的信息不差多少，在理论研究上，由于中国人的有其特有的文化传统，其思维方式有别于西方人，因此有些地方反倒比西方人想的更多一些，更灵活一些。甚至有些东西他们是无法想到的，比如说当我谈到中国人用太极思想解释宇宙现象时，他们感到非常新奇。我深入解释太极思想的机理时，他们新奇到了入迷的境地。连声说："太妙了，你们这个思想可以使很多无法认识的问题得到合理的解释。宇宙完全有可能就像你们说的那样，除了我们看得见的空间外，还存在着我们看不见感觉不到的空间。我们人类的认识太少了。"其间我们围绕外星生命存在的问题，谈到了超光速、正物质、反物质、暗物质等。他说他们也在分学科地专人进行研究，并经常在一起讨论，当他得知我国也有人在做这方面的研究，并且在做应用方面的研究，比如磁重力的应用时，他们感到很吃惊，当即表示要经常与我们保持联系，愿意到中国来参加我们的学术研讨会。通过我与他们的会谈给我最深的印象是：外星生命的存在应该是肯定的。正如当前美国政府为什么不遗余力地向火星发射控测器、寻找生命存在的条件，这其中必存有其不可公开的秘密。最后我又与马克博士谈了大家联合起来成立世界UFO联合会的事，他也表示非常赞同，并说："当初一个瑞典人曾建议成立这样组织，可是由于各种原因此事被放下了，现在你又提出来了。你们华人UFO联合会是一个很有代表性的组织，我们联合发起一定能办成的，再说联合国早已通过决议，要成立这样一个组织，如果我们办好了，将来还可以向联合国报告的争取他们的支持。"我告诉他这个想法也向约翰先生讲了，他也同意，他更高兴，连忙说："请你尽快地成立世界UFO联合会筹委会，将来成立大会可以到中国去开，我们都去。"他们这种城挚的态度使我没有预料到，所以只好很客气的说："感谢你们对我们的信任，欢迎你们在方便的时候到中国去。"我们这次会谈持续了近4个小时，在以后的日子里我们通过电子信箱，经常交换意见。通过一段时间的工作大家一致通过了成立世界UFO联合会的倡议书及成立筹委会的方案，并推荐了筹委会的负责人及组成人员等。相信在各国的UFO组织的共同努力下，世界UFO联合会一定会成立起来，UFO研究也一定会在全世界UFO工作者的共同探索中，取得更大进步。

在美期间我还参观了一个UFO展览馆。这个展览馆设在一个旅游区，里面展品制作非常的精致，以图片和模型为主，其中最珍贵的是一些案例的照片，尤其是1947年报道罗斯韦尔事件的原版报纸，这是非常难得的。模型大多是美国星球大战、外星人影片中的各种外星人等的模型，一个个活灵活现，很受儿童的欢迎。我们是免费参观的，老板还特别照顾，让我们拍照、录像等。我也向他介绍了一些中国的情况，他非常感兴趣，当即表示愿意与我们合作，愿意到中国来考察合作办展览。

我于2003年12月初离开美国途经日本东京，住了几天后返回了中国大连。回国后我现在仍然与他们保持着联系。相信我们两国之间在UFO研究的合作会越来越紧密的。我们之间可以发挥各自优势，取长补短。为关爱我们地球人类的家园，造福地球人类，在UFO探索的道路上勇往直前。

智利：UFO在这里筑巢

文_张春来

智利是一个细长的条带状国家，它沿着南美洲的太平洋海岸伸展至地球的南端。由如此之长的海岸线造就的这个国家对于任何一种地外飞行器来说都是具有吸引力的。因此，一些飞碟研究者毫不怀疑，很多飞碟基地就位于这里的太平洋洋底。

在智利的安第斯山脉有很多高达7000余米的巨大山峰，沿着海岸，有一块夹在两列山脉中的高原——细窄的条状地形中并没有多少平坦的土地，这里聚居着差不多1500万智利人。

总之，这样的地形似乎是超自然的，似乎是地球以外的，外星人一眼看中了这块土地，他们在那儿随意营造自己的"巢穴"，并在一瞬间隐藏起自己。

最近几年，各种不同的UFO成为距首都圣地亚哥400千米远的安哥尔市居民茶余饭后的谈资。从2002年1月开始，有关不明飞行物的消息从那里有规律地传出，甚至一连几天不断，不过最轰动的事件还是在2001年发生的，《同两个外星人惊心动魄的相遇发生在智利的安哥尔市郊》——这是当时报纸文章的标题。

26岁的安哥尔女市民、林业技术员英格瑞特·塞布尔维达和住在拉塞列纳的帕特里西欧·巴尔埃霍斯在一家俱乐部里相遇，两人说好了星期五再见。2001年2月16日帕特里西欧告诉姑娘，晚上20时30分他将乘坐公共汽车去。

星期五，工作日行将结束，英格瑞特问她的一位女同事，是否同意晚上用她的车和帕特里两欧一道去兜兜风。这位40岁的女同事同意了。到了约好的时间，英格瑞特来到了公共汽车站，他们乘车在市里转了不长时间，便决定到阅兵场去，从那里可以看见安哥尔市美丽的夜景。23时左右，他们来到了距安哥尔市东南1千米处的"米拉多尔"广场。当地居民把此地叫做"拉斯·纳斯"或"索斯内"。这里，在一处峭壁的坡上有一座小公园，广场的一侧是条公路，与公路并排的是一处洒满了砾石的停车场。

与以往不同，今晚停车场上没有任何其他的车辆，所以他们可以安静地充分享受无边无际的星空和月光映照下的荒野。英格瑞特的同事把自己的汽车停放在距铁门4米远的地方，这个铁门用大货车的轮胎象征性地装饰了一下，它把守着长满了松树和桉树的广场的入口。

从车上下来，英格瑞特和帕特里西欧走了20米左右便停住了，从这个地方已经能够看到闪烁着夜光的整个安哥尔市了，而英格瑞特的女同事则一个人留在汽车里等他们英格瑞特和帕特里西欧向广场方向看去，突然发现在距他们站立的位置150米处垂直升起一团白光。起初，他们认为光是南地面发出来的，不过一会儿就清楚了，它是从位于大约45°仰角的空中的一个圆形物中射出的留在汽车里的英格瑞特的女同事现在也走到他们近前，于是他们三人一起看到光团在向上扩展，并像扇子般张开，它的下部为金黄色，稍高处则变成黄色，最后变成红色。"扇子"的上部有一道柔软的紫色边缘，这个扇形光团照在地上大约有近40米的光影，铁门、整个洼地、树木和灌木丛此时都变得清晰可见。突然，扇形发光物开始缓慢地向地平线方向移动，但它自身发出的亮光并未发生变化。

"不知为什么在那一刻我感到非常害怕，"英格瑞特讲道，"我的朋友们都在尽情欣赏这幅景象，然而我却突然感到一阵恐惧。我转身回到了车里，我不喜欢观看任何一种怪异物体，甚至连有关UFO的故事我都持怀疑态度。"

坐进汽车后，英格瑞特想抽支香烟，可怎么也点不着火。看见她着急的样子，她的同事走了过来，想和她说说话，安慰她几句。她的同事试着要打开车的右前门，然而却没有打开，而车内的灯也黑着。英格瑞特用手打开了车灯，就在此时，她听到从外面传来一种奇怪的声音。

当发光的UFO消失时，三个人开始讨论到底发生了什么事。"我坚决要求，我们马上开车回家，"英格瑞特回忆说，"帕特里西欧试着安慰我，他说，'一切都过去了。'听了他的话后，我走下了汽车，我站在汽车的右边，我的同事站在左边。"

三个人继续谈论着UFO，突然，英格瑞特"听到一种类似于在沙砾上拖拽金属时发出的嘈杂声"，她抬起头，看见在铁门后有两个大约1.6米高又黑又瘦的身影。

"他们不是在走。"英格瑞特更准确地描述说，"他们好像是在石头上磨蹭着走，两个生物的面部、手、足无法看清楚。他们犹如影子一般，而他们单薄的身体罩着某种类似天主教神甫穿的祭服样的东西。开始我还认为，这一切都是我的幻觉，我一边费力地猜测，一边试图找出一种对所发生事件的合理的解释。我听到了金属的声音，我相信，左边的人影在身后拖拽着的就像是奇怪的两根金属条似的东西，但是我不知道，这到底是什么……"

两个生物就停留在距铁门约一米的地方，左边的那个似乎"渗透"过铁门，之后，他巡视着周围并穿过铁门退了回去，两个生物折回身沿着穿过田野的道路向下走去。

当他们走出约两米远时，英格瑞特开启了汽车的前灯，然而那两个生物就在这一瞬间消失了，就像熄灭了的灯光一样。正如英格瑞特所说，此事让她瞪目结舌。之后她开始央告帕特里西欧和自己的女朋友尽快地回家。另据Diaria Austral de Temuco报登载，目击者中没有一个人曾与这些生物有过交往。然而英格瑞特和她的同事坚信，她们听到了那两个生物发出一种类似于说话的声音。目击者们甚至说，他们突然使围空气的温度增高了，因为三个人都感到一股强烈的热浪。

"这种感觉就像我们站着的地方温度猛然地增高起来。"英格瑞特说。

还有一个三人共同说起的情节："空气突然间充满了一种如同平时燃烧电线

包皮时的奇怪气味。"

此事发生在2月，而在5月份，三个2米高的外星人又出现在拉斯·匹纳斯公司内，出现在来自康塞曾西翁市的五人组成的旅游团面前。目击者证实，三个奇怪的生物手中拿着发着红光的东西站在灌木丛后，似乎彼此交谈着，然而一会儿他们便回过身去并消失了踪影。研究者们询问了目击者，并从发现外星人的地点取了土样及录了像，然而却没有得出任何确切的结论。

"我无法给您解释，他们是物还是人。"研究小组负责人艾尔耐斯托·艾斯科巴尔对记者们说，"我不知道他们是幻影还是外星人，但是我们正在继续研究这个事件。"

然而，一连串的事件并未把人们吓倒，相反，它们吸引了众多有好奇心的人来到事发现场。人们趁夜晚赶到这里，希望能够看到不论何样的异常东西。有人坚信，外星人非常类似于人类，有人以前在此处见过他们。住在距此不远的朱丽雅·艾斯比诺扎声称，她在拉斯·纳斯山上看到过类似外星人的几个人。"一切都发生在带有两个装饰用金属轮子的大门旁，那里出现几个奇怪的生物。这里从前静悄悄的，很平静，但现在到处流传的都是关于外星人的消息，甚至吸引我来到这里。"朱丽雅坦陈道。

我们将记住发生在安哥尔市南部的这些事件，然而在其北部，在布塔科山中，人们也无数次地看到过UFO。这条长满了柳树和桉树的山谷，因有不少古代的废墟而广为人知。自2001年开始，UFO经常光顾山谷的上空。

彼德罗·利瓦斯每日早晨6时晚22时赶着自己的有篷马车有规律地往返这里已有几年了，一切都平静地不能再平静了。可就在一次不经意间，他成了一个难以置信事件的目击者——在空中意外地出现了一个巨大的家伙，它发出的橙黄色光芒照亮了整个山。

"我的马惊了起来，虽然四周很寂静。这个家伙很大，在空中逐渐升高。"42岁的利瓦斯讲道。他从前曾不止一次地遇到过UFO。

两个月后，又有几个目击者从河岸上同时观察到三个巨大的UFO。其中一个名叫阿尔曼多·马利塞兹的回忆说，三个圆状物在行进过程中形成一个非常明亮的三角形。

"我看见这个东西只有一次，"马利塞兹讲道，"不过我敢向您保证，这既不是卫星也不是星星，因为此物在距地面600米以下的低空移动，所以我可以看清楚它们。"

如果乘车来到人烟稀少的布塔科山符的腹地约7千米处，那儿可以看见一座很小的白色的木头小教堂，小教堂旁住着玛利亚·马西季尔，她已经78岁了，她不是一个爱谈论什么稀奇事情的人，但若有人打开她的话匣子，那么她可以讲出很多令人惊讶的东西。

"从1968年起我们经常在空中看见有亮光，"玛利亚说，"然而在很长一段时间内人们却都认为，这种现象其实没有什么，人们早已见怪不怪了。发生上回这件事的时候，我和丈夫又看见一个身高大约3米的巨形怪物，他站在那里，在距我们家房子的正下方，靠近河岸一带。"马西季尔太太讲述说，他们非常害怕，于是逃回屋中。

她的丈夫，84岁的马利奥·马西季尔双手抱着头，喃喃自语。

"我们不知道这是什么人，然而他如此之大，简直就是巨人！不过这里的所有人都曾看到过某种奇怪的东西。"他若有所思地说。

"某种奇怪的东西"在智利每年都会出现，某些异乎寻常的事件都被记录了下来。比如，1997年2月16日，当时奇韦灵戈的目击者们就在空中观看了一出完整的演出：12时30分出现了一块"椭圆形的云"，此"云"很快就变成一个巨大的雪茄状UFO。此物又分成四支较小的"雪茄"，其中每支"雪茄"都围绕着自身的轴心旋转。它们在空中形成一个规则的三角形，而几分钟后又重新合并成一支大"雪茄"。随后它又分为两支，然后两支"雪茄"中的每支又重新分为两部分，于是这四支"雪茄"以极快的速度向不同的方向飞去。

就在同一天，坐落于圣地亚哥以南的小城拉戈·德·勒拜尔，两个于16时30分回家的少年，一个16岁，一个14岁。突然发现一个UFO在追随着他们，他们失

魂落魄地奔跑回家，一头钻进父亲的怀里。于是父子三人透过窗户看见UFO落在地面上，而它的旁边站着一个身高约1.5米的小人，他长着一个大秃头，穿着一套浅灰色服装。三个人惊恐地从窗后跳开，并躲藏在屋中，直到UFO消失。

2001年2月13日23时30分，当玛尔塔·阿季拉尔·蒙托伊亚把两个小孩哄睡了之后，她突然听到一种奇怪的声音，就像电视机开着时没有调好频道一样。于是她往电视机的方向望了一眼，她清楚地看见一个身高约1.5米的生物。他穿着件紧身服，头上戴着头盔，玛尔塔没有看见"来访者"的眼睛，因为在头盔上遮着某种东西。她看见在这个生物的背上背着一个小背囊，从中伸出两条软管，每条软管都经过双肩。吓得要死的玛尔塔抓起自己的两个幼子，把他们紧紧地抱在怀里，目不转睛地看着这个不速之客。她等待着，不知下面将会发生什么。几分钟后，该生物转过身背对着玛尔塔，这时好又重新听到那种奇怪的声音，就在这时候，生物消失了，就像穿壁而过，两分钟后痕迹才褪色并消失。

类似的事件今天仍在智利继续着，地火、地颤甚至地震、煤矿塌顶，巨大的达400米宽的地层断裂，都起因于众多UFO在空中神秘恐怖的亮光，地震专家们已经不止一次地发现，地震和地火总是伴随着UFO现象而发生，正像2002年1月在土耳其发生的那样。"焦躁与不安笼罩着安哥尔市和其近郊的居民。"Austral de Araueania报2002年5月报道说。人们为何焦躁不安呢？UFO的浪潮已经多少次直接在该地区引起了轰动，如果你从现在起开始观察，那么你就可以看到一幅完整的天空"折叠画"，还有什么比这更引人入胜呢？

藏匿飞碟的"第18机库"探秘

文_吴再丰

坠落导弹发射场的UFO

每当UFO迷聚在一起时，总是经常谈论关于UFO的种种传闻。本文所述的这个传闻，因其怪异而使人们异常兴奋。传说是来自外星的飞碟坠落在美国西南部沙漠地带，坠落现场发现几具死亡的外星人（所谓的绿色小人）的尸体。据说这些外星人的尸体是从坠落的却几乎没有受损的机舱内回收的。

外星人的尸体通过军用运输机从新墨西哥州霍洛曼空军基地运到俄亥俄州的赖特帕特森空军基地，该基地是美国空军的生物医学研究所的所在地。尸体被收藏在冷冻容器里，现在还照旧被冰镇保存。

新墨西哥州辽阔沙漠地带东边的怀特桑兹导弹发射场占据9120平方千米的面积，场中还有怀特桑兹国家纪念碑。

据说在某天的早上发生了极异常的事，在导弹发射场宽大的雷达控制室里，管制员在雷达屏上发现三个未查明的飞行器。而在那个时段，试验场的上空没有飞机在飞行。事实上，这个巨大试验场的上空除了各种试验用的飞机外，规定是禁飞区。

管制员们为了确认这些飞行器的真面目，尝试用一切波段呼叫，但不见应答。管制员马上向领导紧急联系，称多个未查明目标正在入侵。

紧接着一个不可思议形状的飞行器着陆在一条跑道上，军官们往外奔，朝着停在跑道上的奇怪飞行器跑去。与此同时，从那个机舱里爬出二三个小人，造成发射场上一片混乱。正在此时，上级对导弹发射场的全体官兵发出命令：不准乱动，全都在宿舍待命。

事件发生后各种传说满天飞，据说几小时后禁止外出的命令被解除时，奇怪的飞行器也已消失无踪影。

在众多的传言中还有一种版本称，外星人的飞碟坠落在导弹发射场，机上乘员全部死亡。回收的尸体从霍洛曼基地运到其他空军基地，但是运送到哪个空军基地又是众说不一，有的说是得克萨斯州的布鲁克空军基地的航空航天医学院，还有的说是放在赖特帕特森基地的冷冻容器内。

在机库发现银色圆盘

坠落事件发生很长一段时间后，一位名叫S的空军大尉因为临时的任务被分配到赖特帕特森基地。一天，S大尉因工作晚了，驾车走夜路回宿舍。

当时赖特帕特森空军基地分为赖特基地和帕特森基地。S大尉想从赖特基地的一大排并列的机库旁边穿过时，注意到一个机库内射出耀眼的灯光，好像有人在里面工作似的。S大尉感到纳闷，因为没见过那个机库亮着灯。

机库是与S大尉驾车经过的路平行排列着。车靠近那个机库，只见机库大门牢牢地紧闭着，但是通过安检门上方的毛玻璃天窗，发现里面射出异样明亮的灯光。S大尉知道这一带是基地的研究开发的区域。在那样的地方，人们必须到深夜才干的重要工作到底是什么呢？好奇心驱使S大尉想弄个明白。

他猛然想起车从机库前通过之际，发现机库两扇门中一扇门是稍微开着的，可以从那儿往里看。为此，他把车再驶向机库门前，刚想把车停在路中间，他从车窗往外探头扫视机库的门，只见刚才开启的那扇门正在缓缓关闭，尽管那样，他还是看到了里面的秘密，不由得大吃一惊，那是一个银光闪闪的巨大物体，外形像圆盘，直径约18米，中央部分高度约4.5米。从其中心到周边高度逐渐减小，到周边部分薄得犹如刀刃那样锋利。

S大尉突然萌发了想看个究竟的念头，不由得从车上跳下来，往机库门前跑。但当被眼前上了锁的栅栏挡住去路，这才让他冷静下来，感觉翻越栅栏这么做太鲁莽，一旦撞上警卫更说不清楚了。此时原先开启的一扇门也紧紧关闭。

他重新开车回宿舍，这时他的脑子里一片混乱，神经却异常兴奋。在那儿偷看到的是什么呢？对于不该知道的事，应该向别人打听吗？这些想法接二连三在他脑中萦绕，使他彻夜未眠。第二天，他决定把自己看到的事对谁说一说，以释心头疑惑。那么，对谁谈好呢？S大尉尽可能忆起自己知道的上司、同事、朋友的名字。

这时，他想起了可以信赖的某人。

在"蓝皮书"计划总部访故友

S大尉想起了以前在别的基地一起工作过的老友、现在是在"蓝皮书"计划机构担任调查室主任的F大校，而且他也在赖特帕特森基地。一想起他，S大尉的情绪变得稍微平静下来。他拿起电话听筒，给"蓝皮书"计划总部打电话，告知传达室的人员他想拜见F大校。听见对方说乐于见到故友，请S大尉立即回复，S大尉一边轻松地答复，一边驾车向作为赖特帕特森基地中最高机密的海外技术部驶去。"蓝皮书"计划总部就设在FID大厦之中。

S大尉停车后，进入FID大厦的传达室。接待的空军中士向S大尉做了自我介绍后就带着S大尉走出警卫室。穿过长廊，走进宛如迷宫的大厦内部。不久到达"蓝皮书"计划总部所在的楼层。S大尉在中士引领下进入调查主任的房间，他与F大校互相握手寒暄后，S大尉切入主题，详细说明昨晚见到的事情。令人不解的是，F大校好像是第一次听到这样的内容，脸上毫不掩饰地露出吃惊的神情。听完了S大尉的介

绍后，F大校说准备亲自来调查，同时还补充说："即使查明发生了什么，或许也不会告诉你。万一是绝密计划，有可能只通知有资格知道秘密的人。"对此，S大尉理解地说："明白。"

飞碟原是地球制的假货

自那天起，F大校开始了调查。结果F大校调查出来的事实更加令人吃惊。

原来那个机库是情报部的训练设施，机库中确实存放了"飞碟"，正如S大尉所看到的那样，直径18米，中央部分高4.5米，其厚度越往周边越薄，表面是用金属材料制成，所以发出明亮的光辉。"飞碟"内部有像飞机那样的仪表和仪表盘。总之，凡是地球上有的，全部配齐。

根据训练教官的话说，这个"飞碟"是用于培训情报官候选人的实验计划的装置。让他们短时间内看这个圆盘后再回到训练学院，并就这种飞机蕴藏着多大的威胁、军事上有什么意义，以及那样的情报对美国的普通民众产生什么影响等诸多提问做出书面回答。

那个教官对F大校说："鉴于训练计划是保密的，当然作为卓越的训练工具的'飞碟'，暂时也需要保密。"对此F大校向那个教官指出，如果没有正当理由将这个计划保密的话，有可能产生出乎意料的危险。像向他报告的S大尉的例子那样，将此作为传闻散布出去，有可能被一般人相信。

教官同意F大校的看法，答应二三个星期后把"飞碟"挪到佛罗里达州的埃格林空军基地。该基地拥有庞大的飞机和武器试验中心，占地面积达1110平方千米。所以，在这个基地中藏匿"飞碟"是极其简单的，不易被人发现。

围绕"第18机库"的三个谜

但是真相是如何呢？怀特桑兹事件果真是UFO事件吗？很多人是那样说的。

但是也有人说那是当时被视为机密的飞机紧急的着陆。关于那架飞机，即使在空军中也只有极少数人知道。像SR-71那样具有与原来飞机完全不同的外貌（极高空侦察用间谍飞机，飞行员均穿航天服）。为此，在导弹试验场工作的人们须待飞机修理完后才可以走出宿舍，而且不知飞机停在什么地方，只说是返回原来的基地。

关于在赖特帕特森空军基地的"飞碟"是如何的呢？果真是地道的UFO，还是像教官所说那样是假货呢？有人说圆盘是真的，考虑从各个角度来研究它。再者，如果是假货，为什么要转移到埃格林基地呢？那里并不存在情报部的培训学校。

另外，关于尸体的问题，那么尸体现在在哪里呢？据空军当局的说法，无论在赖特帕特森基地的生物医学研究所，还是得克萨斯的布鲁克基地的航空航天医学学院，都没有外星人的尸体。

那么说来，从一开始就不存在尸体了。但是也有另一种看法，即如果有那样的尸体，或许预先发出了"就地马上销毁"的命令也未可知。当然这个命令是最优先的，这考虑到尸体对一般民众的健康有重大危害的可能性，因为一旦发生那样的问题，就无法控制了。

总之，关于"第18机库"至今还充满了各种各样的传闻，依旧是一个不解之谜。

"火焰战斗机"来自何方

文_候 涛

在"二战"期间，盟军飞行员在欧洲战场和太平洋战场时常会遭遇到神秘的"火焰战斗机"，奇怪的是，这些"火焰战斗机"只是观察，从来都没有开火过。当时盟军高层把"火焰战斗机"看成是敌人研发的秘密武器，不过在战争结束后，盟军才发现这并不是敌人的什么秘密武器！直到今天，人们仍然不知道这些"火焰战斗机"究竟来自何方。

关于"火焰战斗机"的第一份正式报告来自于1944年11月，当时盟军飞行员在飞越德国上空时发现，有许多不明飞行物跟在他们周围。一些飞行员把这些不明物体描绘成"圣诞灯"，而且这些飞行员认为这不是自然现象。报告指出不明飞行物成编队飞行，明显处于某种"人为"的控制中，但不明飞行物没有任何敌对行动。经过调查，盟军最高司令部发现这种现象普遍存在，盟军指挥部把它们命名为"火焰战斗机"。盟军指挥官们怀疑"火焰战斗机"是纳粹德国的秘密武器，但战后他们发现战时德国和日本的飞行员们也向上级报告过"火焰战斗机"现象。

1945年1月15日，美国《时代周刊》以"火焰战斗机"为题发表了一篇文章。《时代周刊》的记者曾采访过美军夜间战斗机飞行员，很多飞行员都声称亲眼见到过"火焰战斗机"，这并非胡说。《时代周刊》请一些科学家分析了此事，他们认为这是"圣艾尔摩之火"，即飞行员们在飞行时产生了错觉。

但令人意想不到的是，太平洋战场上的盟军飞行员也陆续报告了"火焰战斗机"，描述竟然和欧洲战场上发生的怪事极其相似。有一架B-29"超级堡垒"轰炸机的机枪手试图攻击"火焰战斗机"，但却突然无法正常使用武器了。和欧洲战场上的一样，没有一份报告显示"火焰战斗机"主动攻击过盟军。

　　见到"火焰战斗机"次数最频繁的是美国航空队第415夜间战斗机中队，美国科学家迈克尔·斯沃德斯在2005年向公众表示："'二战'期间，飞行员确实遭遇过'火焰战斗机'，这些报告被送给了当时著名的科学家研究，但从未得到过合理的解释。在这个问题上，军方情报部门隐瞒了许多信息。"

　　在一些已经解密的报告中，人们可以了解到"火焰战斗机"的大致情况：第8航空队的查尔斯·巴松报告在比利时和荷兰上空遭遇了"火焰战斗机"，他把它们描述成"飞行速度极快的飞行器，能任意改变方向"。基地的情报军官告诉他，英国皇家空军的2名飞行员也报告过同样的情况。不明飞行物研究家雷奥纳德·斯特林费尔德在"二战"时期曾是一名飞行员，1945年8月28日他在硫黄岛上空近距离遭遇到了3架"火焰战斗机"。"它们发出白光……突然我们的导航仪表出了故障，飞机失去了控制。正当我们准备跳伞的时候，不明物体离去了，我们的飞机又恢复了正常。"

　　战后，罗伯森调查小组仔细研究了"火焰战斗机"事件，调查结果肯定了"火焰战斗机"从未威胁过盟军飞行员，他们断然否认了"火焰战斗机"是纳粹德国或日本的秘密武器。几十年来，科学家对"火焰战斗机"有各种各样的解释，有些人认为这是飞行员在精神紧张状态下产生的幻觉；有些人坚持这是轴心国制造的秘密武器，只是还在实验阶段而已；也有相当一部分人认为这是地外智慧生物造访地球的证据。

UFO事件引发的奇案

文_杨孝文

在1965年，一个不明物体坠落于美国宾夕法尼亚州小镇凯克斯伯格。有目击者称，不明物体是外形如橡树果的金属物体。40余年过去了，美国民间调查人员将矛头直指政府，称其故意隐瞒真相，NASA还因违反《信息自由法案》被告上了法庭。

NASA成被告

1965年12月9日晚，凯克斯伯格的居民看到一个火球从夜空中划过，接着，这个不明物体就像有人控制一样直接撞向附近的小树林。据目击者称，不明物体的外形就像巨大的橡树果。事件发生后，美国军方立即封锁了凯克斯伯格，并用拖车从事发地点拖走了不明物体。这引发了人们的种种猜测，不明物体是陨石，还是美国秘密研制的飞机？是人造太空探测器，还是来自遥远星球的外星人飞船？

无论凯克斯伯格发生了什么事，NASA后来却因此成了被告，此等怪事的幕后推手是纽约一位叫莱斯利·基恩的记者。莱斯利供职于美国信息自由联盟，因为赢得了官司，她最终从NASA获得大量涉及凯克斯伯格事件的文件。

这事还得从2002年说起。那一年，莱斯利被要求负责一个《信息自由法案》

倡议，该倡议由美国科幻频道（现为SYFY）赞助，旨在从政府获取有关凯克斯伯格事件的文件。

次年，莱斯利就将NASA告上美国联邦法院。她在一份刚刚发表的报告中解释说："之前，NASA曾承诺加快寻找1965年凯克斯伯格事件的相关文件，但后来突然变卦，拒绝向我们提供这些文件，除了将他们告上法院，我们别无选择。4年后，即2007年10月，我们与NASA达成和解，他们提供了数百份新文件，并支付了我的律师费。"

在美国联邦法院的监督下，NASA在2009年8月结束寻找工作。2009年11月，莱斯利在信息自由联盟的网站上发表了她的报告，其中就包括了NASA提供的文件。报告题为《NASA诉讼结论：1965年宾夕法尼亚州凯克斯伯格UFO事件》，介绍了在美国联邦法院达成和解后调查工作的进展和结果。

美国政府被指隐瞒真相

莱斯利指出，虽然公布了尚无确凿证据的文件，但由于外界的反应以及很多文件丢失或被毁等事实，又惹出了很多引发争议的问题，出现了未得到解决的矛盾。莱斯利在报告中公开称，凯克斯伯格事件或同"月球尘埃"计划有关。"月球尘埃"是由美国政府提出的一个计划，旨在对非美国太空物体或未知来源物体展开调查。事实上，很多文件中都谈到NASA在回收和调查太空物体碎片时发挥的作用。

经过对NASA回收的太空物体碎片的几个月研究，莱斯利表示，虽然不明物体的轨迹很模糊，但仍带来一些线索。她在接受采访时说："我深信有东西落到了凯克斯伯格。"莱斯利认为，同外星球有联系的UFO事件"是一个必须考虑的可能性。这不能被排除。虽然其他解释还可以包括美国绝密计划或其他国家的硬件，但是很明显，上述两种解释是不可能的"。

如果是人造物体，那它究竟是哪个国家的？按照NASA做出的轨道碎片说明，莱斯利在她的研究结果中表明，当天落在凯克斯伯格的不明物体并不是任何国家的卫星和太空探测器。

莱斯利说："所以，我已将这种可能性排除，它要么是不明飞行物，要么就是美国秘密研制的武器。如果它确实是美国制造的，为何事情过去40年他们仍不能告诉我们真相呢？"或许，这才是不明飞行物的说法存在至今的原因。"虽然这同过去一样让人难以接受。"莱斯利补充说，"它可能是美国政府秘密研究出来的东西，或者是在测试什么东西。可能具有高度放射性，所以，他们不希望任何人知道。"

前白宫幕僚长参与调查

莱斯利调查报告传递的一个重要信息是，凯克斯伯格事件中的不明物体与外星人造访地球毫无关系——更多只是政府缺乏透明的政策所衍生的问题。莱斯利表示，她的调查再次突出了《信息自由法案》在"民主"的美国实践过程中遇到的一贯问题。她说："这已经有很长的历史了。凯克斯伯格事件与UFO无关。它只是指出了《信息自由法案》至今存在的问题。"

莱斯利表示，由于得到了一个颇具影响力的电视台的支持，对NASA的诉讼才得以实现。克林顿执政时期担任白宫幕僚长的约翰·伯德斯塔、一个档案研究机构、一位律师和华盛顿特区的一家公关公司也参与了这项调查。

认为凯克斯伯格事件同UFO有关的说法，最早是由时任美国科幻频道特别栏目组主任的拉里·兰德斯曼抛出的。兰德斯曼现在担任多个特别节目和电视连续剧的独立制片人。他在接受采访时说："2002年初，我们一帮人开始认真探讨可以推出什么样符合科幻频道精神的主题。经过激烈的自由讨论，我提议搞一个可推动揭开各种各样UFO和其他未解之谜真相的活动。我们是第一个提出这种倡议的公司，也是迄今为止唯一提出这种倡议的公司。我们开始通过各种渠道对这个问题展开调查。"

兰德斯曼指出，关于凯克斯伯格事件，"我们觉得这是一个值得调查的事件"，于是支持莱斯利对此事件进行全面和毫无保留的调查。兰德斯曼解释说："有很多人的生活因这件事而彻底改变，美国公民过去和现在都有权力知道事件的真相。显然，我们这个世界正在发生很多不能轻易解释的事情。民调结果显示，绝大多数美国人认为政府正在掩盖涉及UFO的信息。真相不应该仅仅掌握在政府机构和军事部门的少数人手里。"

外星人的太空飞船？

斯坦·戈登一直在对几十年前发生在凯克斯伯格的事件进行实地调查，希望彻底揭开事件的真相。对于他来说，这一事件远未尘埃落定。戈登说："时至今日，我对凯克斯伯格事件的态度仍未改变。我坚信，一个来源至今未确定的物体从空中落到凯克斯伯格附近的林地。"他还说，多位目击者称他们看到有物体从天空划过，在靠近凯克斯伯格时，不明物体缓缓降落，好像有人控制它着陆一样。

戈登说："很多独立的目击证人在现场看到外形如橡树果的金属物体半埋在土里。无论这个物体是什么东西，它的重要性毋庸置疑：军方迅速赶到现场，将不明物体运走。"戈登认为，一个可能的解释是，不明物体是功能先进的秘密人造太空设备，具备再入控制能力，因发生故障不得不降落。

戈登的另外一种理论则认为，不明物体可能是来自外星球的太空飞船。他最后总结说："在找到足以揭开谜底的确凿证据之前，我仍愿意听取任何有关不明物体来源的意见。"对于莱斯利而言，即便为揭开凯克斯伯格事件之谜付出了多年心血，"发生在那里的故事仍然是一个没有答案的问题。"

杰克·雷蒙德的UFO照片

文_约翰·亚历山大

在2000年2月下旬，彼得·吉尔斯滕就一张出现在CAUS网站上的UFO照片联系我。照片上的人穿着军装，彼得·吉尔斯滕想知道我对这张照片的看法。我请彼得帮我联系了照片的所有者（下文的名字为匿名）。

在互发了数封电子邮件后，杰克·雷蒙德同意在他居所附近和我们面谈。3月9日我们见面了，当我问及能否得到一份照片的副本时，雷蒙德说他已经调查过我了，并将给我临时借出照片原版用于研究。

雷蒙德说这张照片拍摄于1945年6月的一个清晨。当时他一个人坐在马背上。雷蒙德在美国海军服役期间曾负伤两次，因而回家休假。确切的日期无法考证，但是地点就在加州伯班克匹克威克骑马场附近。那时候此处是一个相对有田园风情的地方，骑马场很常见。照片的拍摄者是雷蒙德的父亲，是个有着相当技术经验的电影制片人。

照片属于雷蒙德本人。雷蒙德和父亲一样，对拍摄有着浓厚的兴趣，并拥有许多好的摄影设备。拍照使用的是德国产的福伦达相机，蔡司3.5光圈的镜头（也可能是4.5），焦距大约10厘米。雷蒙德认为当时光圈设置为11，快门速度为1/50秒，他强调指出快门速度和光圈设置是他回忆的，使用的是普通柯达120胶卷。

雷蒙德家将这张看似有污渍的照片在相册里放了50多年，雷蒙德父亲去世后，一些家庭成员开始对这些照片产生了兴趣。雷蒙德的职业有着更多的便利，他有经验和技术将这些照片转化为数码照片，使所有想要照片的家庭成员都有照片的副本。当他开始扫描这张照片时，看到了再次转移到照片副本上的污点，然后决定扩大污点部分。他这样做后，发现实际上这个污点是一个UFO。不幸的是，经过了50多年，这张照片的底片已经找不到了。

在调查这些照片的拍摄日期时，我发现鉴定相纸是不可能的。为了在这一过程中有所帮助，我联系了一个美国联邦调查局特殊摄影单位的退休人员，他对调查进行的方向做了指导。他指出，主要的历史数据库和纸质档案并不存在，最好的办法就是在照片上进行化学试剂检测。为了不破坏照片，我们使用传统的方法，结果什么也没有发现。再者，我比较了很多不同时期拍摄的照片，确认照片中的雷蒙德是同一个人。

下一步是找到前美国空军技术摄像师、照片分析人彼得·斯坦克维茨，他最近在拉斯维加斯开了最大的照片实验室。斯坦克维茨和我用显微镜研究了照片的原件，然后他将照片数码化并进行分析。光的角度和强度都显示正常，在显微镜下的粒状水平分析也没有任何异常，物体清晰表明不是被扔到空中的。在给出的快门速度下，一个被扔出的物体会变得模糊。物体的结构清晰可见，所有迹象都表明是在所报告的时间冲洗的（1945年）。

大量原始细节的消失，让调查陷于困境，最后这张照片的原件回到雷蒙德手中。事实上，为了亲自将原件归还给他，我第二次走访了他，还查阅了当地的UFO档案，寻找有相同物理特征的飞行物。有人从一本德国出版的书籍中找到一张图片给我。这张照片据说是1966年7月23日在西弗吉尼亚克拉克斯堡附近拍摄的电影片段的截图。根据剧本，两个人开车行驶在乡村公路上，他们发现一架UFO跟着他们。他们有两个短暂的机会进行了拍摄，他们估计这个飞行物大约直径3.6米，当他们拍摄时还发出了响声。

应该指出的是，对这张照片没有什么其他目的，提及它是因为它和1945年拍摄的照片有着结构的相似性。

我在与雷蒙德的交往中发现，他诚实直率。当我提出花钱购买复制品时，他拒绝了。雷蒙德说利用这张照片得钱会玷污其真实性。对照片，他不求回报，只是有兴趣向公众提供信息。由于他的职业背景，他选择不透露姓名。我已经看到了足够的证据证明他的职业的真实性，并尊重他不愿意卷入UFO之争的意愿。

雷蒙德的UFO是照明设备吗？

美国低空飞行科学研究所认为这个物体是某种道路照明设备，但这个说法能够被多种理由反驳。如照片的显微镜检验细到粒状水平，但仍没有发现任何悬挂或支撑装置。再者，在马的脖子后面、靠近马鞍的地方，能够看到一个可以开车进入的戏院的拱门，它也为高度提供参照。所讨论的物体正好在帐篷的背景后面。根据距离推断出物体比街灯要大很多，也高出很多。如果物体小并且在前面，支撑的装置将显而易见。但是我们看不到支撑物。

在检测1945年当地街灯时，可以肯定的是，那些"立刻认出"该物体的人所描述的街灯并没有在该社区使用。并且，这些现有的街灯是安置在混凝土灯柱上的顶灯。

实际上，当雷蒙德第一次向我提供图片时，他说他估计这个物体的高度在距地面220米～250米之间。物体轮廓是根据图片拍摄的角度而言，并且他认为物体大概超过3.3千米远。我并没有相信这个物体有那么远，或者超过210米高，但是它绝对超过正常的街灯高度。

还有一些观点认为，这张照片被做过手脚，人们看到的是数码版本。我们是在照片原版上研究的，对污点包括灰尘都进行了研究，就是为了证明没有造假。再者，对原版照片的显微镜检验中，没有发现任何异常物。如果这张照片拍摄于今天，在高技术的背景下可能就是毫无意义的了。这就是我们不遗余力地试着鉴别出这张照片的冲洗时间的原因。有些事情，雷蒙德和我们都无法做到，没有其他能够使用的方法，在基本不毁坏这张照片的前提下，测出照片拍摄的日期。我们认为日期是相当正确的。

"三·一八"UFO事件分析与综述

文_王思潮

国内外几十年的经验表明，单靠政府有关部门的调查和研究，常常难以破解UFO现象。

2007年，英国UFO项目前负责人波普曾说："英国将要公布的UFO文件会令人着迷。人们从中可以看出，近60年来国防部一直对这种神秘事物进行研究，但却找不到答案。"

为了一步步破解疑难的不明飞行物，我也另辟蹊径。

中国已形成一支人数较多、水平较高的天文爱好者队伍，他们热爱天文，熟悉小型天文望远镜，有较丰富的望远镜和肉眼实测经验。一些天文爱好者细心地观测了疑难UFO事件，并标出UFO运动时经过的星座背景上的位置和时间，详细说明UFO的变化细节。还提供了观测地点、目击者的姓名和通讯方式。因此，分布在全国各地的水平较高的天文爱好者队伍就形成一张有效的观测网。

而我又有多年的天文实测和野外调查火流星的经验，还多次组织过各地天文爱好者观测小行星掩星。从多个相隔足够距离的地点的较高质量的目击报告，我就可以通过球面天文方法计算出UFO的飞行高度、飞行方向、飞行速度和星下点位置，并用物理方法分析其机制。由于有不少较高质量的目击报告，因此所计算的参数可以相互验证。

39年来，我正是巧妙地借助这张有效的观测网，去粗取精，相互检验，并运用球面天文和物理的方法，对一些重大的UFO事件进行定量、半定量的分析。我已对十多种不同类型的UFO进行了较深入的调查和分析，积累了较丰富的经验。下面我就发生在上海虹桥机场的"三·一八"UFO事件进行综合分析，希望能对这次的萧山机场事件有所借鉴。

1991年3月18日18时13分～18时26分，上海—济南的3556航班起飞后，在空中遇到火球状的UFO。这个"火球"随后变成一溜"火球"，接着变成黑色鱼状拉烟UFO，后来再变成上圆下长二个黑色UFO，最后合二为一成为一个圆形的UFO。这个UFO的飞行方向、速度和高度不断变化，与3556航班时远时近，令3556航班不得不多次改变航向，以避免碰撞。

对这次"三·一八"UFO事件，不同的UFO研究者有不同的观点，这里首先介绍我的初步分析。与"三·一八"UFO事件有点儿相似的是火流星现象。我从事火流星研究已有30多年，火流星是外空的陨石或人造天体冲入地球大气层压缩空气产生的高温火球，其速度远超过普通飞机的10倍，因此不可能在13分钟内仍停留在视野内。其他的已知自然现象也可基本排除。

目前争论的焦点：是飞机产生的光学现象，还是我们尚未掌握的自然现象，抑或智慧生命制造的特殊飞行器？

现在我以当时上海虹桥机场塔台与3556航班飞行员的对话录音及飞行员和地面有关的观测、调查报告为依据，对这次事件进行半定量科学分析。

基本观测事实与分析

从对话录音和金鑫提供的目击观测情况表看，3月18日18时14分，地面仍能看到这个UFO，随后就看不到了。因此，虹桥机场塔台调度侯敏杰的观测时间为18时07分～18时14分，共7分钟。吴淞军港海军战士目视观测和摄像是在18时14分前后一段时间。而3556航班机组的观测时间为18时13分～18时26分。

从3556航班机组发现到观测该UFO消失，时间为18时07分～18时28分，前后21分钟。总体来看，"三·一八"UFO事件前后共有六个阶段。

第一阶段：18时07分～18时12分，悬停半空。从侯敏杰、金鑫和3556航班朱兆元的观测报告分析，18时07分～18时12分，该UFO呈橘红色带状，悬停在距上海虹桥机场西北十几千米远的地区的上空，高度为6千米。

据当时在塔台调度室的侯敏杰观测：开始时该发光体呈垂直带状，头部在下面；随后变成直角双向带状；后来呈水平带状，向西北方向快速飞远。整个过程，该发光体中心部分很亮且发白，像金属亮光，周围部分呈橘红色。

当时虹桥机场的雷达显示西北方有一架上海—济南的3556航班，但看不到这个不明发光体。

当时在塔台指挥3556航班的进近调度金鑫观测后分析，此物很古怪，不是光的反射、折射，是物体。

18时12分，3556航班飞机已在虹桥机场以西17.4千米处，位于青浦县城以北稍偏东8千米地区上空，高度约1.5千米。该不明发光体当时悬停在3556航班以东，在飞机的背后，所以机组人员还没有看到这个不明发光体。

第二阶段：18时12分～18时15分，UFO急追与超越3556航班。18时12分～18时15分，该不明发光体快速向西北飞行超过3556航班。18时13分，3556航班飞行员已能看到该不明发光体似直径2或3米的大火球，往北偏西飞，移动速度相当快。机场调度侯敏杰观测，此时UFO比飞机速度快多了。

18时15分，3556航班飞行员观测到该不明飞行物已离3556航班较远，像长度五六米的一溜火球，逐渐看不到了。这与机场调度侯敏杰与吴淞军港战士许群、盛林东和朱玉如所观测到的带状UFO相符合。

从军港战士的观测报告，可以看出"三·一八"UFO前面有一个亮点，金黄色的，若隐若现。

第三阶段：18时17分～18时19分，从向西北飞改向南飞向3556航班，颜色由红变黑。18时17分，3556航班飞到昆山上空，飞行员观测到该UFO由红色火球状变成黑色，好像一个什么东西拉烟似的，像一条大鱼在那里。

18时18分，3556航班临近苏州上空，UFO的飞行方向由向北飞改为向南飞，飞向3556航班，且飞到离飞机较近的距离，3556航班为此向西躲避。但UFO的飞行速度比18时14分时慢。从18时19分开始，"三·一八"UFO变得较模糊。

第四阶段：18时21分～18时22分，分成两个，由向南飞又改为向东北飞。"三·一八"UFO由一个黑色物体分成二个黑色物体，上圆下长，有二三百米的高度差。飞行方向又改成折头向东北方向移动。

第五阶段：18时23分～8时25分，在3556航班飞行员视线中暂时消失。

第六阶段：18时26分，"三·一八"UFO重现并合成一个，改向西北飞，爬高，升上高空，消失。"三·一八"UFO在18时26分开始重新出现在3556航班飞行员右前方视线。此时，3556航班飞机在距无锡以西18.5千米梅村镇与鹅湖镇之间地区上空，高度为1500米。

飞行员观测到，"三·一八"UFO距离已较远，而且由两个变成一个，圆形，飞行方向由东北改为西北，估计距离飞行员100千米。18时28分，3556航班飞行员报告"三·一八"UFO刚消失，消失前爬高，升上高空。

基本特性

从目击范围仅几十千米，可知"三·一八"UFO的飞行高度主要在十几千米高度以下的较稠密对流层。

"三·一八"UFO既可悬停半空，又可高速飞行，具有高度的机动性。

"三·一八"UFO的飞行速度可能高达每秒数百米，这在稠密对流层是相当于音速或超音速的高速。

如何得知的呢？①3556航班飞行速度为360千米/小时，相当于100米/秒，3556航班飞行员在18时13分看到"三·一八"UFO挺清楚，18时14分判断UFO在前方移动速度相当快，在18时15分已看不大清楚了。这相当于"三·一八"UFO

在2分钟内飞了100多千米，约为每秒800米的高速，相当于音速的2倍多。②在18时12分时，3556航班飞行员还看不到"三·一八"UFO，在18时28分已飞到离航班100多千米前方，而且其间"三·一八"UFO还有往返。由以上二点可估算其最高速度可能超过音速。

"三·一八"UFO还带有主观意图的高度机动性，时而远离3556航班，时而飞近，并且速度在13分钟内随着离3556航班的远近而快速变化。

"三·一八"UFO变化多端，且可以快速变化；但它的变化并非毫无规律，而是以带状和圆形特征为主。颜色前期以橘红色为主，后期以黑色为主。

至于"三·一八"UFO的物理特性，我们可以得出以下结论：①由飞机飞行员和地面机场塔台调度等有经验的人士从地面和空中观测，判断"三·一八"UFO是物体。②雷达探测不到。③地面未听到声音。

"三·一八"UFO机制讨论

由以上对"三·一八"UFO基本特性的综合分析，不难看出它是可喷射物质的特殊飞行器。这个特殊飞行器本身并不大，估计就在"三·一八"UFO头部的亮点之中。它在较稠密的对流层中有非常高的机动能力，既能在7分钟内悬停在半空，而且是头部在下，可能向上喷射；又能以超音速的高速飞行，地面并未听到声音。

"三·一八"UFO的颜色、亮度和形态特征，主要与这次特殊飞行器喷射物质的角度、种类和数量有关。如果向单一方向喷射，就是一字形带状；如果喷射物质较密且间断喷射，就是一溜火球状。颜色可能与喷射物质的种类、温度以及阳光是否照射到有关。

那么"三·一八"UFO属于哪一类特殊飞行器？国内特殊飞行器的可能性很小。上海是敏感的国际经济中心城市之一，特殊飞行器在这里做实验，且不向民航部门打招呼，万一出事，代价太高。国外特殊飞行器可能性也很小，这二三十年来，国际形势已趋缓和。

外星飞行器可能性不能排除。有学者认为太阳系以外的智慧生命离我们太远，它们来不了。这是以人类现有的科技水平去想象外星智慧生命，实际上它们的科技水平有可能远高于人类，其差距如同人类今天的科技与山顶洞人的差距，而且它们用不着自己驾驶飞船，可派高智能机器人驾驶外星飞行器来地球。

当然，要确认外星飞行器来访这一重大事件，尚需做更深入的观测研究。

但是，由"三·一八"UFO的基本特性已可以排除普通飞机和自然现象的可能性。2007年，在网上流传着一种观点，认为是另外二架飞机机身反光产生的光学现象。我原来在北京大学物理系学习，对光学现象较了解，而且经常于太阳下山前后在南京、广州的开阔地观察各个空域、各个高度的不同飞机在阳光下的机身反光。在夕阳下，机身有可能产生橘红色的较小光斑或狭长小光带，但不会产生火球状的光学现象。因此，机身反光的可能性可排除，而且3556航班机长朱兆元是有经验的飞行员，并不难识别是否机身反光现象。

现在，还有一种飞机的光学现象值得关注，这就是飞机喷射尾迹。尾迹中大量颗粒散射阳光造成的光学现象，与"三·一八"UFO事件有点儿相似。1991年3月18日当天，太阳日落时间为18时03分；太阳虽已西落，但仍可照射到空中飞机的尾迹，并产生橘红色的光带。如果3556航班正对前方飞机尾部，此时有可能产生类似火球状的光学现象。而当太阳日落后越来越低时，阳光已照不到附近飞机的尾迹，有可能变成黑色拉烟状的光学现象。但前方飞机尾迹光学现象难以解释"三·一八"UFO事件的多数特征。这是因为：①火球现象并非只是3556航班机长所见，当时机场指挥塔值班员金鑫也同时看到。不同角度同时将带状尾迹都看成火球，这几乎不可能。②若前面有二架飞机，开始与3556航班飞行在同一条直线上，则三架飞机必须分开相当大的距离。后来前面的飞机一架高飞，且恰好尾部对准3556航班，一架低飞，高度相差二三百米，从而产生二个上圆下长的黑色UFO。然后，前面的二架飞机与3556航班又恰好在一条直线上，且前面飞机尾部恰好对着3556航班，从而变成一个黑色的圆形UFO。上述的可能性实在太小了。

③前面二架飞机的飞行速度时快时慢，时低时高，尤其飞行方向不断变化，以致3556航班不得不多次避让，这不符合中国对飞机管理的规定。④据当时机场调度侯敏杰介绍，从雷达上看不到这次不明飞行物。

章云华先生当时参与了"三·一八"ＵＦＯ的调查，了解了不少第一手的珍贵资料，并撰有文章发表在《飞碟探索》杂志上。可惜作者缺乏对"三·一八"ＵＦＯ事件观测事实的细致分析，尤其是缺乏半定量的科学分析，他关于"三·一八"ＵＦＯ是"正常航行飞机"误认的学术观点，现在还只是停留在主观猜测的阶段。他认为3556航班目击到的ＵＦＯ是二架正常航行的飞机，但并未给出是哪二架飞机。而当时《新民晚报》表明当时上海、江苏上空并无其他飞机飞行。

章云华认雷达看不到的原因不外乎二点。第一，"三·一八"ＵＦＯ是虚影，但未说明理由。而从飞行员前后长达13分钟的观测和地面机场人员的观测，可以排除虚影的可能。第二，认为雷达显示的是正常航线上的飞机，所以地面人员不觉得有什么奇怪。但机场调度侯敏杰明确表示，雷达上看不到"三·一八"ＵＦＯ，《新民晚报》记者崔以琳的采访也明确当时上海、江苏上空无其他飞机飞行。

对"三·一八"ＵＦＯ还有一种学术观点，认为是"我们尚未掌握的自然现象所造成的不明飞行现象"。

提出这一观点的学者尚未具体说明"三·一八"ＵＦＯ的自然现象特征，更未提出属于自然现象的事实依据和科学依据。我们期待着。